U0351054

高温超导技术系列丛书

高温超导限流器

High Temperature Superconducting Fault Current Limiters

金建勋　著

科学出版社

北　京

内 容 简 介

本书完整讲述了各种利用高温超导体设计的电力系统短路故障电流限流器的原理、技术与应用。读者通过本书可以全面了解高温超导限流器这一新技术的不同工作或设计模式的原理、装置结构及其电力系统应用特性，也可以了解高温超导电力应用的基础原理与实际技术，以及电力系统限流与短路保护技术。

本书适合从事超导应用技术研究的科技工作者，电力设备、电力工程与电工技术领域的技术人员，仪器设备研制和生产行业的技术人员，以及高等院校相关专业的师生参考。

图书在版编目(CIP)数据

高温超导限流器＝ High Temperature Superconducting Fault Current Limiters/金建勋著. —北京:科学出版社,2017
（高温超导技术系列丛书）
ISBN 978-7-03-052946-6

I.①高… Ⅱ.①金… Ⅲ.①高温超导性-继电保护装置 Ⅳ.①TM774

中国版本图书馆 CIP 数据核字(2017)第 117937 号

责任编辑:裴 育 纪四稳 / 责任校对:桂伟利
责任印制:张 伟 / 封面设计:蓝 正

科 学 出 版 社 出版
北京东黄城根北街 16 号
邮政编码: 100717
http://www.sciencep.com

北京教图印刷有限公司 印刷
科学出版社发行 各地新华书店经销
*

2017 年 6 月第 一 版 开本:720×1000 B5
2017 年 6 月第一次印刷 印张:18 3/4
字数:365 000

定价: 108.00 元
（如有印装质量问题,我社负责调换）

前　　言

随着电力系统的不断发展,规模和容量的不断扩大,发电机组、电厂和变电站容量的逐渐增大,城市和工业中心的负荷和负荷密度的持续增长,高压电网内部的日益紧密连接,以及电力系统间的互联,出现了一个新的突出问题,即现代大型电力系统各级电压电网中的潜在短路电流不断增长。巨大的短路电流如不能得到有效的限制,可能导致重要电气设备的损坏,系统稳定性的丧失,甚至导致整个系统的崩溃。目前最先进的断路器的开断容量仍然有限,要进一步提高其开断容量非常困难。因此,为保证电网与设备的安全,进一步发展大容量集中输电电力系统,必须对短路电流进行有效的限制。常规限流装置不仅会带来电压损失和功率损耗,而且不能有效解决故障状态下限流与正常状态下产生一系列负面影响的矛盾,已无法满足电力系统发展的需求。目前输配电系统迫切需要实用有效的新型限流设备。

随着高温超导材料的出现和发展,研发新型和更有效的电力系统短路故障电流限流器出现了新的机遇。高温超导材料因其电磁特性特别适合用于设计高效和先进的限流器。高温超导限流器不仅没有电阻损耗,可以克服常规限流器的固有缺陷,而且具有集自动检测、自动限流和自动恢复于一体的特殊效能,是目前最理想的限流技术与装置之一。其在正常运行时呈现低阻抗,在电力系统发生故障时可自动产生高阻抗将短路电流限制到较低水平;当线路故障清除后,又可以自动恢复,并迅速为再次限制短路电流做好准备。其应用可大大提高输配电系统的稳定性和可靠性,提高输电能力和灵活性,大大降低系统升级改造的成本,也为未来的智能电网发展提供了新的技术方案。因此,高温超导限流器具有广阔的应用前景和巨大的市场需求潜力,将带来电力工业的重大变革。高温超导电力系统短路故障电流限流器是目前高温超导领域电力应用研究的热点,并已初步实现了工业化的制备与应用。其电力应用不仅为电力系统带来一种高效实用的保护技术与装置,也将推动高温超导技术向电力领域的全面拓展,并为未来电力系统的发展带来新的概念和模式。高温超导技术的实际应用将会引发多个领域的变革性发展,其在新材料、电力、高效节能技术、交通、国防、医疗、高能物理、先进设备制造等多个领域中的推广,符合人类社会发展的重大需求。

目前在高温超导应用及电力技术领域,尚无一部完整详细地描述高温超导限流器的专著。而系统的理论指导和装置的实际应用技术,有助于更好地理解高温超导限流器,引领这一技术快速有效地实用化发展。作者基于多年从事高温超导应用研究的经验,尤其是高温超导限流器技术和实际开发限流器装置的相关研究内容,结合近期实际创新工作,全面和深入地阐述高温超导限流器的概念、技术原理、装置技术、应用特性及发展趋势,进而形成一部对该领域发展有重要指导作用的著作,以期在系统总结相关领域国内外发展过程和反映最新动向的基础上,辨明方向并有效推进高温超导限流器的电力应用及高温超导的工业化发展。考虑到兼顾原理、装置技术及应用分析、发展背景几个主要方面,本书的主要内容和结构安排如下:①高温超导限流器的研究背景;②高温超导限流器的模式及原理;③高温超导限流器装置及应用技术;④高温超导限流器的研究历程及发展趋势。

本书在撰写过程中得到了窦士学教授、余贻鑫教授、吴培亨教授的大力支持,信赢、肖先勇、唐跃进、杜伯学、贾宏杰、王建华、王曙鸿、李长松等教授的宝贵意见,以及陈正华、巴烈军、游虎、邢云琪等学生在资料整理方面的协助,在此表示感谢。

2016 年 8 月

目　　录

第1章　电力系统与限流保护技术背景

1.1　现代电力系统

电力系统(electric power system 或 power system),简称电网,包括基本的发电、送电、变电、配电、用电设备和调相调压、加强稳定、限制短路电流等辅助设施,以及继电保护、调度通信、远动和自动调控设备等二次系统装置。

传统电力系统的构成可以概括为:

(1)电力流,由高压设备,如发电机、变压器、输电线路以及其他配电装置构成,即一次系统,实现电能的转化、变换、传输、分配、使用。

(2)信息流,由传感器、通信网络和计算机构成,通过监控、保护、自动控制、调度自动化等二次系统,实现电力系统可靠、稳定、安全和经济的运行。

(3)货币流,电能的市场交易活动。

电力系统运行的特点主要是:

(1)包含不同类型发电站,包含多种不同类型电力设备和连接众多不同类型电能使用用户的高电压、大容量和大网络的大区域电能输配系统。

(2)电能不能大量储存,要求电能的生产、输送、分配和使用几乎在同一瞬间完成。

(3)电力系统的暂态过程短促,因此电力系统的安全监测与控制非常困难。

电力系统中的关键技术环节非常多,涉及的领域非常广。其宏观结构包含发电、输电和用电部分,以及结合各部分的变电站。变电站是电力系统间的一个重要环节,主要承担电能的电压等级变换和能量分配的任务。变电站主要分为发电厂内升压变电站、一次变电站(输电变电站)、二次变电站(配电变电站)、用户变电所等,并有室内和室外之分。从主要装置角度看,涉及电机与发电技术,电缆、变压器与输电技术,电抗器、继电器与保护技术等。从主要系统角度看,涉及系统的构建、连接、控制与管理。其中的具体技术问题很多,这里以高压技术为例,说明现代电力系统与高压技术的关系。工程上把 1 千伏(kV)及以上的电压称为高电压。高电压技术所涉及的高电压类型有直流电压、工频交流电压和持续时间为毫秒级的操作过电压、微秒级的雷电过电压、纳秒级的核致电磁脉冲等。高电压技术可大致分为电力系统过电压及其限制、高电压绝缘、高电压试验和测量等几个方面。以试验研究为基础的高电压技术,主要研究在高电压作用下各种绝缘介质的性能和不同类型的放电现象,高电压设备的绝缘结构设计,高电压试验和测量的设备及方法,电力系统的过电压、高电压或大电流产生的强电场、强磁场或电磁波对环境的影响和防护措施,以及高电压、大电流的应用等。高电压技术对电力工业和电工制造业有重大影响,其影响还涉及其他领域,如现代物理中的 X 射线装置、粒子加速器、大功率脉冲发生器等。现代电力系统在设计技术上除涉及前面提到的高电压技术,其安全运行还会涉及保护技术。电力系统稳定运行意义重大,故需要有效的安全保护技术,如电力系统短路故障限流保护技术。

20 世纪以来,随着电能应用的日益广泛,电力系统所覆盖的范围越来越大,输电电压等级不断提高,输电线路经历了 35kV、60kV、110kV、154kV、220kV 的高压(HV),330kV、500kV、750kV 的超高压(EHV)和 1150kV 的特高压(UHV)的发展(其中 154kV 为非标准电压等级,60kV 和 330kV 为限制发展电压等级)。直流输电也经历了 ±100kV、±250kV、±400kV、±450kV、±500kV、±660kV、±750kV,以及 ±800kV 和 ±1100kV 特高压的发展阶段。在中国,特高压是指 ±800kV 及以上的直流电和 1000kV 及以上的交流电的电压等级。国际上,高压通常指 35~220kV 的电压;超高压通常指 330kV 及以上、1000kV 以下的电压;特高压通常指 1000kV 及以上的电压。高压直流(HVDC)通常指的是 ±600kV 及以下的直流输电电压,±800kV 及以上的电压称为特高压直流(UHVDC)。20 世纪 60 年代以后,为了适应大城市电力负荷增长的需要,以及克服城市架空输电线路走廊用地的困难,地下高压电缆输电得到快速发展,由 220kV、275kV、345kV 发展到 70 年代的 400kV、500kV 电缆线路;同时为减少变电站占地面积和保护城市环境,有绝缘和灭弧性能的气体绝缘全封闭组合电器(GIS)得到越来越广泛的应用。伴随高压的提升以及大容量的快速提升,其发展过程中自然也会出现新的技术问题。

20 世纪中叶以来出现的大型电力系统,是直至目前工业系统中规模最大、层次复杂、技术和资金密集的复合系统,是人类工程科学史上最重要的成就之一,也对人类社会具有最重要的影响。随着科学技术的进步及人类社会的发展,电力系统的概念及内涵也有相应的变化和发展,出现了智能电网、物联网,甚至有包含电力系统的更大规模的能源互联网的概念。

高压大容量集中输送电,并不是现代电网发展的唯一趋势。到目前为止,世界上大致出现了四种电网的概念,即大型电网、微型电网、智能电网和能源互联网。分布式发电系统、微型电网、孤立电网,三个概念之间存在一定的交叉和包含。智能电网是电力工业发展的必然趋势,同时智能电网概念也在扩展。能源互联网是一个新的概念。一方面,将能源从电力向气、热、冷、交通系统进行扩展;另一方面,在实施的范围上向全球扩展,全球能源互联网(global energy interconnection, GEI)的概念应运而生。全球能源互联网是以特高压电网为骨干网架、全球互联的坚强智能电网,是清洁能源在全球范围大规模开发、配置、利用的基础平台。

本节将对不同电网及其特征做一介绍,并进行简要对比分析。

1.1.1　大型集中式供电互联电网

电能作为一种清洁无污染的能源,可以远距离、大容量地输送和使用。电能利用的广度和深度,日益成为一个社会现代化程度的重要标志。为了满足电能在容量、质量、安全性和经济效益等方面的要求,保证社会生产和人民生活的需要,客观上要求现代电力系统用智能的高压电网把众多发电厂和用电区域连接成为一个整体,以便向电力用户提供充足、安全、经济且有一定质量保证的电能供应。

至目前为止,电网发展可分为三个阶段:一是 19 世纪末至 20 世纪中期,形成城市或地区独立电网;二是 20 世纪中期至 20 世纪末,通过互联逐步形成跨区跨国大电网;三是 21 世纪初至今,在拓展电网互联范围的同时更加注重电网支撑绿色转型的作用。当前和未来一段时期,发达国家电力转型提速,可再生能源快速发展,大电网资源配置作用凸显,对输电网进行重构和加强势在必行。发展中国家则面临发展与转型相结合的双重任务,电网仍处于加快扩张和加强联网阶段[1]。

现代电力系统已经逐渐发展成为地域辽阔、结构复杂的大系统,是人类有史以来最为庞大和复杂的基建设施及工业投资,是 20 世纪以来改变人类生活的最伟大成就,其重要性超过了汽车、高速公路、因特网及众多其他发明[2]。大型集中式互联电网的发展带来了巨大效益:一是保障大容量机组、大水电、核电、可再生能源的开发和利用,提高能效,降低运行成本;二是减少系统备用容量,推动多种电源互补调剂,节省发电装机;三是实现能源资源的大范围优化配置,有利于竞争性能源电力市场拓展;四是提高电网整体效率和安全可靠性。

中国大电网互联起步比发达国家约晚 20 年,但后来居上,目前正处在迅猛发展的时期。电力工业自"九五"期间已步入了高速发展时期,各大电网装机容量以每年 10%～20% 的速度递增。在建成的六个跨省区大电网的基础上,国家计划以三峡水电站为基础,建立起全国互联电网的框架,以促进全国统一电网的建设,实现西电东送、南北互供、全国联网。中国未来大电网区域如图 1-1-1 所示[3]。目前大范围推广应用特高压交直流输电技术的时机已经成熟。未来一个时期,中国电网的跨区输电规模和输电距离要明显超过国际上其他大电网,采用特高压交直流等先进输电技术是适合国情的战略性选择。同时,这种技术在国际上也有较好的应用前景。特高压交直流各自具有不同的功能定位,需要统筹兼顾、协调发展,共同满足大电网安全经济运行的需要。交流具有网络功能,可以灵活地汇集、输送和分配电力;直流主要是输电功能,在大容量、超远距离输电方面一般具有经济优势。但是从另一方面,随着大型互联电网规模的不断扩大,输电网的结构和运行日益复杂,造成已有输电系统的负担日益加重。

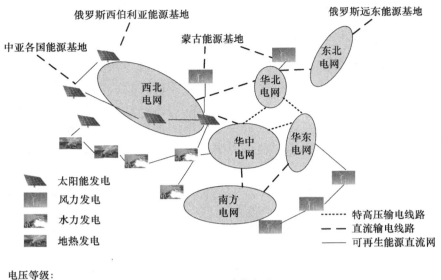

图 1-1-1　中国大电网发展示意图

从大型集中式供电互联电网看,随着经济和社会的发展,电力需求不断增加,电力系统不断发展,电网的容量和并网输电日益增加,电网的潜在短路功率和故障短路电流也随之大大增加,对电网中各种电器设备的潜在短路电流冲击也越来越大。因此,要求输电系统和在线设备的抗大电流冲击的能力越来越高,也要求高压断路器的开断容量相应增加,以避免保护闸在过大短路电流情况下无法开断导致整个系统烧毁和崩溃。这一增大的潜在短路故障电流给电力系统的设计、建设和运行带来一系列问题。首先,它对发电机、变压器、断路器等电力设备的动态稳定性及热稳定性参数要求更高,导致这些设备的体积、重量和成本增加;其次,故障电流等级增大会加大对并行的发电机和电气设备的扰动;最后,电力系统出现各种故障状态的概率增大。故障中最常见、危害最大的是各种形式的短路故障,短路故障可破坏电气设备,造成供电中断,进而给社会和国民经济带来巨大的损失。

电力系统的运行要求安全可靠、电能质量高、经济性好。随着电力需求日益增长,电力系统的规模也逐渐扩大。发电机单机容量的增大、配电容量的扩张及各大电网的互联,配电母线或大型发电机出口的短路电流值也将迅速提高,有可能达到 $100\sim200$ kA 的水平。电网的短路水平迅速提高,这就给电网内各种电器设备,如断路器、变压器以及变电站的母线、构架、导线和支撑瓷瓶等带来了更苛刻的要求。

一旦发生短路,系统中的开关设备应能在尽可能短的时间内隔离故障点。目前的电力系统需要容量更大的开关设备和新的更有效的保护技术。这既是发电、变电设备安全性保护的要求,也是电力系统安全、稳定及经济运行的需要。短路电流问题已开始成为影响电网发展和运行的一个重要因素。因此,限制电力系统短路电流成为一个亟待解决的问题。

现代集中式供电互联电网具有大容量、大规模、高电压、远距离的特点,可以基本满足人们对电能的需求。但是,鉴于大型集中式供电互联电网在世界范围内发生的多起停电事故所暴露的脆弱性问题,如输电系统的负担日益加重、配电系统的稳定性和安全性日益下降等,人们不禁要考虑,未来的电力系统应该采取什么样的发展模式?一味地扩大电网规模显然不能满足实际要求。自 20 世纪 80 年代末开始,发达国家如日本、美国甚至包括一些发展中国家,开始研究并应用多种一次能源形式结合的高效、经济的新型电力技术——分布式发电技术[4-7]。由于集中发电存在的问题和近年可再生能源发电技术的实用化发展,当今电力工业又出现了一个由传统的集中供电模式向集中和分散相结合的供电模式过渡的趋势。

1.1.2　分布式发电系统

1. 分布式发电系统的发展

世界范围内电力工业技术进步和地球资源日渐衰竭及人们对环境的关注,使得在电力系统中形成了一个新研究热点——分布式发电(distributed generation, DG)技术。分布式发电是指直接布置在配电网或分布在负荷附近的发电设施,它能经济、高效、可靠地发电。分布式发电由美国于 1978 年在公共事业管理政策法中公布并正式推广,其定义为:①与传统供电模式完全不同的新型供电系统,为满足特定用户需要或支持现有配电网的经济运行,以分散方式布置在用户附近、发电功率为数十千瓦至 50MW 的小型模块式、与环境兼容的独立电源;②任何安装在用户附近的发电设施,不论其规模大小和一次能源的类型(包括分布式发电、热电联产、冷热电联产以及各种储能技术等)。基于可再生能源的分布式发电有良好的前景,如预期到 2020 年,其将占到美国总发电量的 25%。相对于大型集中式发电系统,分布式发电系统具有电源容量小、电压等级低、小型模块化、接近负荷中心、运行方式灵活等特点。而这些特点也恰恰使分布式发电系统弥补了超高压、远距离输电的不足,满足了电力系统和用户的特定要求,如电力调峰、为边远用户或商业区供电等,成为现代电力电网规划的新课题[8]。

分布式发电系统通常是利用环境友好的可再生能源(renewable energy)产生电能[9,10],而不是采用煤炭作为一次能源。目前,分布式发电技术是与新型可再生能源技术的发展密切相关的,主要包括太阳能发电技术、风力发电技术、燃料电池、微型燃气轮机等,图 1-1-2 为分布式发电系统结构特点示意图。以上几种主要分布式发电技术的特点见表 1-1-1。

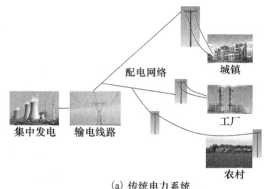

(a) 传统电力系统

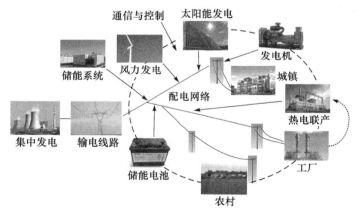

(b) 分布式发电系统

图 1-1-2　分布式发电系统结构特点示意图

表 1-1-1　分布式发电系统的特点

造价及特点	光热发电	光伏发电	风力发电	燃料电池	微型燃气轮机	海浪发电
单元功率范围 /kW	高 5~100000	低 1~100	高 1~8000	高 1~23000	低 25~500	低 3~800
发电成本 /(美元/kWh)	中 0.20~0.30	中 0.10~0.15	低 0.05~0.10	高 0.43~0.50	低 0.08~0.13	低 0.08~0.10
环境影响	无废气排放、存在噪声和景观影响	无污染、无噪声	无废气排放、存在噪声和景观影响	低废气排放、低噪声、低污染	有废气排放,较常规发电机组污染轻	清洁、可再生能源、无污染
输出功率特点	功率较平稳、功率密度低	功率不平稳、功率密度低	功率不平稳、功率密度低	功率平稳、功率密度高	功率平稳、易调节	功率不平稳、功率密度低

　　集中发电、远距离输电和大电网互联的电力系统,是近年电能生产、输送和分配的主要方式,曾为全世界 90% 以上的电力负荷供电。它有效缓解了用于发电的一次能源的巨大运输压力问题,减少了过程损耗和成本,也解决了城市发电厂的占地和污染问题。但同时也存在一些弊端,主要包括:

　　(1) 对于偏远地区的负荷不能进行理想的供电。

　　(2) 不能灵活跟踪负荷的变化。例如,夏季空调负荷的激增会导致电力供应短时不足,而为这种短时的峰荷建造发输电设施,利用率低,得不偿失。随负荷峰谷差的不断增大,电网的负荷率正逐年下降,发输电设施的利用率都有下降的趋势。

　　(3) 大型互联电力系统中,局部事故极易扩散,导致大面积的停电;而电力系统越庞大,事故(如雷击等)发生的概率越高。

　　因此可以说,现有的电力系统是既“笨拙”又“脆弱”的。另外,在全球范围内正在进行的电力市场化改革,使得独立发电运营商经营模式成为可能,并有机会进入原本被电力系统垄断的发电侧电力市场,在市场经济体制下参与电力市场竞争,由国家垄断的进行能源基础设施建设投资的主体局面将会被打破。以建设速度快、投资规模小为特点的分布式发电技术为众多投资者提供了投资和获利空间,也增加了能源设施建设的投资渠道。分布式发电系统具有小型化、对建设场所要求不高、不占用输电走廊、施工周期短、能迅速应付短期激增的电力需求、供电可靠性高等优点。但是由于分布式发电系统设备一次性投入较大,而且一般使用天然能源,成本较高,所以只有保持较高的能源利用率,并且保证一定的运行小时数才能显现出其良好的经济性。然而,如果系统独立运行,由于电力负荷的波动,很难保证发电机能够连续满负荷运行。而当分布式发电系统并网之后,产生的多余电量可以向外输送,不足部分由电网补充,可以使发电系统始终运行在一个比较经济的工况下。同时并网后由于有大的电力系统作为支撑,用户的用电质量可以得到很大改善。在中国,集中发电、远距离输电和大电网互联的电力系统也成为目前电能生产、输送和分配的主要方式。但是,西部地区地广人稀,经济与东部相比还很落后,地区负荷小而分散,要在广大的西部地区完全采用具有一定规模的、大的集中式供配电网络需要巨额的投资和很长的时间周期,能源供应问题已经严重制约了这些地区的经济发展和人民生活质量的提高,必须采用分布式发电系统与集中网络相结合的供电方式。而且广大西部地区蕴含丰富的可再生能源,如风能、太阳能等,且其太阳能及风能的开发利用居全国之首,具有发展分布式发电技术的客观条件。中国是世界上最大的煤炭生产国和消费国,煤燃料的使用已成为中国空气污染的主要原因。因此,尽可能多地用洁净能源替代高含碳量的矿物燃料,是能源建设遵循的原则。大力开发太阳能、风能、生物质能、地热能和海洋能等能源和可再生能源利用技术,大力发展分布式发电技术,将成为增加能源供应及减少环境污染的重要措施之一。

　　分布式发电系统与接入电网之间的协同是关键命题,包括故障穿越技术、并网技术、运行技术和协同控制技术等。在分布式发电系统中,由于新能源发电大量接入电网,电网必须面临新能源发电的波动性、间隙性,面临新能源发电装置对电网故障的穿越能力等诸多问题。要解决这些问题,在利用现有技术的同时,也正在探寻诸如超导短路故障电流限流器、超导储能装置等新技术方案。

2. 分布式发电系统中的故障电流

由于分布式发电系统同配电网并网运行,能够充分发挥分布式发电单元的优势,提高能源利用率,减少污染物的排放,降低配电网网损,提高供电可靠性。因此,分布式发电系统的开发利用正处于快速发展的阶段,风能、太阳能、地热能等的利用已经为部分地区的电供应问题提供了解决方案。但是分布式发电系统同配电网并网运行对配电网也会产生一些不利的影响,如当分布式发电单元并网时将直接影响输配电网络对一般用户的供电质量。由于在局部增加了一个电源会造成电压被抬高,有可能超出规定的正常范围;而对于使用感应发电机的风电厂等工业用户,由于其运行要吸收无功功率,可能会造成线路无功损耗加大,从而使线路电压下降。另外,还会造成配电系统的电压波动和闪变以及产生电压和电流谐波等。

由于传统的配电网为单电源放射状结构,其保护系统较为简单。一般配电系统主要采用速断和过流两种保护方式。速断保护线路的全程,瞬时动作切除故障;过流保护作为线路的后备保护,延时 0.5～1s 动作。电网 80%～90% 的故障为瞬时性故障,考虑不同线路的具体特性,研究接入分布式发电单元后如何才能快速从瞬时性故障恢复,提高供电可靠性[11]。因而,了解分布式发电系统对配电网的影响,有利于充分发挥其优势,研究不利影响产生原因及其解决措施,对于分布式发电系统的进一步发展和应用有很大的意义。分布式发电系统的存在对电力系统的故障行为和保护功能都会产生一定的影响,主要有以下几个方面:

(1) 分布式发电系统的出现会改变故障电流的大小、持续时间及其方向;分布式发电系统本身的故障行为也会对系统运行和保护产生影响。分布式发电单元对故障电流的作用可能会影响配电网的可靠性和安全性。单个小型分布式发电系统所贡献的短路电流并不大,但许多小型分布式发电系统的综合贡献或大型分布式发电机组会改变短路电流水平,足以导致过电流保护配合失误和过大的故障电流,妨碍熔断器运行及故障检测。

(2) 当包含分布式发电系统的电网与主电网分离后,分布式发电系统仍继续向所在的独立电网输电,就是所谓的孤岛。无意中形成的孤岛,可能会对系统、用户设备、维修职员等造成危害,而且低劣的电能质量会损害孤岛中的负荷。

(3) 馈线潮流的不确定性,将会给电力系统继电保护设置和动作整定带来一定的难度。传统的保护系统是在假定配电系统都是放射状的基础上设计的,而随着分布式发电系统在配电网的渗透,保护系统的设计基础就发生了改变。

分布式电源对配电网保护系统的影响主要有：

（1）分布式电源引起保护拒动作。分布式电源提供的故障电流降低了所在线路保护的检测电流值，使相应保护因达不到动作值而不能启动，即分布式电源会降低所在线路保护灵敏度或缩小保护范围。例如，一个分布式电源接在远离线路末端处，当线路末端发生短路故障后，它将向故障点送出短路电流，减少了线路保护检测到的故障电流，从而降低了保护的灵敏度。当分布式电源接入配电线路后，由于使得整条线路的灵敏度降低，尤其在线路的某些位置，速断保护根本无法启动，形成速断保护死区，使线路故障不能及时切除。若分布式电源并网点位于速断保护死区，在不改变保护系统的情况下，只能通过后备过流保护动作切除故障，增加了故障对电网的影响。若调整速断保护整定值，就可能造成速断、过流保护和其他控制装置之间无法协调，导致保护误动作。

（2）分布式电源引起保护误动作。相邻线路发生故障时，分布式电源的反向电流使其所在的健康运行线路的保护误跳闸。相邻线路故障，分布式电源会引起所在线路保护误动作。若相邻线路三相短路故障发生在距离母线较远的部分，由于分布式电源的作用，保护装置检测到的故障电流值将大于速断保护整定值，从而引起误动作，使分布式电源所接线路无故障跳闸。

（3）配网故障水平的变化。分布式电源既可能造成故障电流的增加，也可能造成故障电流的减少。若某配电区域的分布式电源容量很大，而使故障电流产生大幅的变化，则必须提高其断路器的容量和升级保护装置。

（4）造成非同期重合闸，降低供电可靠率。在放射式配电网结构下，重合闸在迅速恢复瞬时性故障线路供电时，不会对配电系统产生任何冲击和破坏。当分布式电源接入配电线路后，如果线路因故障跳闸，分布式电源所形成的电力孤岛保持功率和电压在额定值附近运行，分布式电源极有可能在重合闸动作时没有跳离线路，这将产生两种潜在的威胁。首先是非同期重合闸。由于电网电源的失去，电力孤岛很难与电网保持完全同步。在电网电源跳开后至重合闸时的这段时间内，两者之间的相角差可能出现在0°和360°之间的任何一个位置。非同期重合闸时，在此冲击电流的作用下，线路保护可能发生误动作，而使重合闸失去了迅速恢复瞬时故障的能力。其次是故障点电弧重燃。在失去电网电源后，故障点可能由于分布式电源的维持没有消除。当进行重合闸时，由于电网电源的作用，可能引起故障电流跃变，引起故障点电弧重燃，导致绝缘击穿，设备受损，线路无法及时恢复运行，进一步扩大事故。

（5）电压不能合理调节。大容量的分布式电源使所在线路电压越上限，而当其因故停役时，又可能引起线路电压越下限。相邻线路必须增加附属设施才能满足电压调整需求，增加了接入分布式电源的投资总成本。

分布式电源的限流保护装置，如利用基于电力电子控制的故障电流限制元件，可消除分布式电源与保护的协调性问题。电网正常运行时，故障电流限流器的电抗并不投入使用,当系统发生短路故障时迅速投入大电抗,把短路电流限制在设定值之下。在分布式电源回路中串入用于故障电流限制的电抗器,其高电抗值使得在线路短路故障时,分布式电源所提供的短路电流大幅度降低,从而有利于故障点电弧熄灭和降低分布式发电机组检测到的负序电流,确保了重合闸的正确动作和发电机组的健康运行。

1.1.3　微型电网

微型电网,主要基于电力电子技术,将分布式电源、储能元件和负荷以分散供电形式连接成电力网络,既可以并入大电网并网运行,也可以脱离电网孤立运行,并形成了"即插即用"(plug and play)与"对等"(peer to peer)的控制思想和设计理念。美国电力可靠性技术解决方案联合会(Consortium for Electric Reliability Technology Solutions,CERTS)最早提出了微型电网的概念及微型电网基本结构[12],如图 1-1-3 所示。目前,国际上对微型电网的定义各不相同。CERTS 给出的定义为:微型电网是一种由负荷和微型电源共同组成的系统,它可同时提供电能和热量;微型电网内部的电源主要由电力电子器件负责能量的转换,并提供必需的控制;微型电网相对于外部大电网表现为单一的受控单元,并可同时满足用户对电能质量和供电安全等的要求[13]。欧盟微型电网项目"European Commission Project Micro-Grids"给出的微型电网定义是:利用一次能源;使用微型电源,分为不可控、部分可控和全控三种,并可实现冷、热、电三联供;配有储能装置;能使用电力电子装置进行能量调节。国际上对微型电网的定义不尽相同,但各种定义方案均认为:微型电网应该是由各种微能源(风力发电、太阳能发电、水力发电、海浪发电、燃料电池、微型燃气轮机等)、储能装置(蓄电池、超导电磁储能、超级电容器、飞轮储能等)、负荷以及控制保护系统组成的集合;电源系统容量一般为千瓦至兆瓦级别;通常接在低压或中压配电网中;具有并网运行和独立运行的能力,能够实现即插即用和无缝切换。

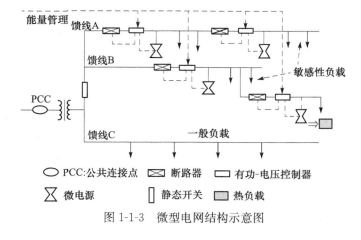

图 1-1-3　微型电网结构示意图

从能源利用形式来看,微型电网与分布式发电的基础是相同的,两者均以新能源或可再生能源为主进行发电,且电源均为分布式电源。两者的本质区别在于组成及运行方式的不同,由此造成功率平衡控制、电能质量、并网、保护等一系列问题的差别。微型电网带有固定区域的负荷,通常只含有容量较小的微型分布式电源,既能与配电网并联运行,也可独立运行,同时依靠自身调节能力维持微型电网稳定运行并保证较高的供电质量。微型电网作为完整的电力系统,在功率平衡控制、系统运行优化、故障检测与保护、电能质量等方面都必须依靠自身的控制及管理功能实现。换言之,微型电网与配电网并联运行等价于互联电力系统间的并联运行;而分布式发电系统与配电网并联运行等价于分布式电源嵌入配电网中[14]。

目前,美国、日本、欧洲等国家和地区已对微电网进行了比较深入的研究[15-17],但结合自身电网的不同特点关注的重点不同。美国近年来发生了几次较大的停电事故,使其电力工业十分关注电能质量和供电可靠性,因此美国对微型电网的研究着重于利用微型电网提高电能质量和供电可靠性。日本本土资源匮乏,其对可再生能源的重视程度高于其他国家,但很多新能源具有随机性,穿透功率极限限制了新能源的应用,所以日本在微型电网方面的研究更强调控制与电储能。欧洲希望通过优化从电源到用户的价值链来推动和发展分布式电源,以使用户、电力系统及环境受益。欧洲互联电网中的电源大体上靠近负荷,比较容易形成多个微型电网,所以欧洲微型电网的研究更多关注于多个微型电网的互联问题。在中国众多研究单位也相继开始了对微型电网的相关研究[13,18,19],自 2006 年将微型电网技术研究相继列入国家高技术研究发展计划(863 计划)、国家重点基础研究发展计划(973 计划)专项资助项目,以天津大学、合肥工业大学、西安交通大学、中国科学院电工研究所为代表的多家科研院所建立了自己的微型电网试验系统,相关研究包括建立各类分布式电源及其并网运行数学模型,搭建包含分布式发电及其他供能系统的微型电网仿真环境,开展微型电网运行特性分析,研究微型电网与大电网相互作用机理等。

2010 年中国首个商业运行的微型电网项目在河南郑州建成;2011 年国家电网公司在西安世界园艺博览会上建设了"风光储联合微电网示范工程";2014 年国家863 课题示范工程"浙江温州南麂岛海岛微电网示范配网工程"建成试运行,它是世界上首个建成的兆瓦级独立型海岛微型电网项目,它的建成也标志着中国的微型电网技术及应用已走到世界的前列。此外,863 计划 2015 年度也将"交直流混合配电网关键技术"、"高密度分布式能源接入交直流混合微电网关键技术"等列为指南项目;目前对于此种混合形式的微型电网还没完全系统、理论、科学的认识,尤其是混网的基础理论、系统规划、控制策略等基本理论需要进一步研究和完善,使用交直流混合微型电网的经济效益也需要具体推论验证。

微型电网的总体短路电流水平较低,实现保护相对容易,尤其是益于储能限流保护技术的利用。但微型电网的保护问题与传统保护有着极大不同,典型表现有:

①潮流的双向流通;②微型电网在并网运行与独立运行两种工况下,短路电流大小不同且差异很大。因此,如何在独立和并网两种运行工况下均能对微型电网内部故障做出响应,以及在并网情况下快速感知大电网故障,同时保证保护的选择性、快速性、灵敏性与可靠性,是微型电网保护的关键,也是微型电网保护的难点[18]。

1.1.4 孤立电网

孤立电网,简称孤网,是一种由分布式电源和负荷共同组成的系统,一般泛指脱离大电网的小容量电网,即孤立运行的机网容量比大于 8% 的电网。孤网运行最突出的特点,是由负荷控制转变为频率控制,要求调速系统具有符合要求的静态特性、良好的稳定性和动态响应特性,以保证在用户负荷变化的情况下自动保持电网频率的稳定,这就是通常所说的一次调频功能。运行人员关注的问题不再是负荷调整,而是孤网频率调整,使之维持在额定频率的附近。这种调整通过操作调速系统的给定机构来完成,称为二次调频。由于孤网容量较小,其中旋转惯量储存的动能和锅炉群所具备的热力势能均较小,要求机组的调速系统具有更高的灵敏度、更小的迟缓率和更快的动态响应。孤网最大的优势是能够将多种分散的分布式电源融合到一个系统,内部的分布式电源主要由电力电子器件负责能量的转换,并提供必要的控制。孤网与大电网断开独立运行,能够充分利用当地资源,提高负荷中心的供电能力,有利于对岛屿、边远地区、重要负荷进行供电,孤网系统的安全稳定运行由系统内的分布式电源承担。

电力建设规程曾有规定,电网中单机容量为电网总容量的 8%,以保证当该机发生甩负荷时,不影响电网的正常运行。电网中的各机组,一般都有 10%~15% 的过载余量,假如电网中的机组调速系统都正常投进,一旦某机组发生甩负荷,并且该机组容量为电网总容量的 8%,则电网所失去的功率可以暂时由网中其他机组过载余量负担,电网频率下降 0.2Hz,相当于机组转速下降 12r/min,对供电质量的影响仍在运行规程规定的范围内。

最大单机容量小于电网总容量的 8% 的电网,可以称为大电网。目前,中国各大地区电网的机网容量比已经远小于 8%,可以看成无限大电网。

相比之下,机网容量比大于 8% 的电网,统称为小网;孤立运行的小网,称为孤网,孤网可分为以下几种情况:①网中有数台机组并列运行,单机与电网容量之比超过 8%,称为小网;②网中只有一台机组供电,即单机带负荷;③甩负荷带厂用电,称为孤岛运行工况,是单机带负荷的一种特例。

由于孤网运行的优势以及特殊性,很多国家和地区的电力工业界专家和学者都重视对孤网相关方面的研究,美国、欧盟、日本等国家和组织针对孤网不同方向展开了深入研究并且取得了显著成效,提出了各自的孤网结构,而中国对孤网系统的研究和应用相对于发达国家还处于初级阶段,技术方面的差距限制了其在中国的发展[20]。

图 1-1-4 为美国典型孤网结构示意图。微型燃气轮机作为主电源,维持系统电压频率稳定,将蓄电池等储能装置安装在其直流侧,通过电力电子接口将分布式电源和储能装置构成的整体连接到孤网,形成了"即插即用"与"对等"的控制思想和设计理念[21],该方式各部分微电源只需测量输出端的电气量、独立的参数与电压和频率调节,与其他微电源通信要求不高。

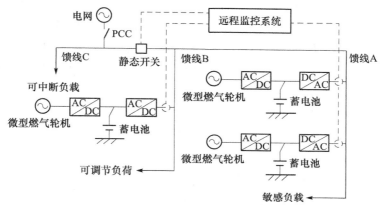

图 1-1-4　美国典型孤网结构示意图

目前欧盟已有多个国家参与对孤网系统的研究,欧盟孤网研究注重提高可再生能源利用率、控制系统灵活可靠、提高电能质量等方面,欧盟孤网系统一般采用分层控制方式,上层经济调度控制,下层分布式电源和负荷控制,上下层可以独立运行以保证系统运行的可靠性。目前欧盟已建成多个研究基地,如希腊雅典国立技术大学(National Technical University of Athens,NTUA)孤网实验室建立了以光伏、风机与储能为主要电源的孤网系统[22,23]。图 1-1-5 为欧盟典型孤网结构示意图。

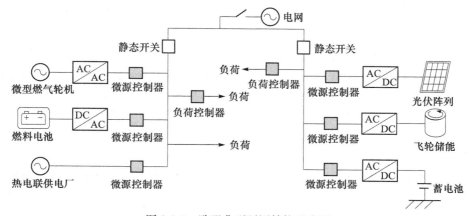

图 1-1-5　欧盟典型孤网结构示意图

日本国内能源缺乏,海岛多,用电量大,日本政府希望加大对孤网系统的研究来解决能源问题。近年来,日本大力支持孤网的研究及应用,并成立了相应机构专门负责统一协调国内孤网结构的应用研究[24]。

中国对孤网的研究相对国外较晚,孤网理论研究的不成熟以及相应示范工程的缺失减缓了其发展速度,但是可再生能源如风能、太阳能的研究以及相关应用研究领域的发展,为孤网的快速发展提供了必要基础。孤网的研究与建设随即开始得到国家的重视,包括天津大学的 973 计划项目"分布式发电供能系统相关基础研究";合肥工业大学的包含多种分布式电源、采用分层控制的高校孤网试验平台等。图 1-1-6 为电子科技大学与东电集团在杭州研制和建设的风光柴储孤网系统结构示意图。

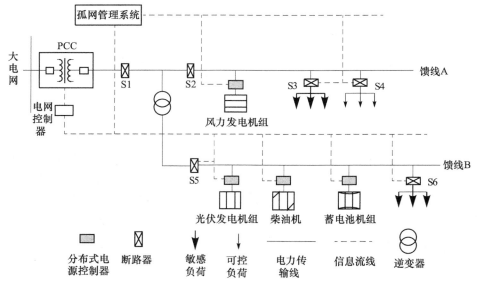

图 1-1-6　风光柴储孤网系统结构示意图

孤网不仅可以解决孤岛、边远地区的用电问题,同时也是未来智能电网的一个重要补充,具有巨大的市场和研究价值。随着孤网的迅速发展,孤网系统的安全稳定运行及能量管理也日益成为一个急需得到解决的技术难点和重点,孤网控制的完善便于孤网系统在实际中的应用。

1.1.5　智能电网

随着全球资源环境压力的不断增大,社会对环境保护、节能减排和可持续性发展的要求日益提高。同时,电力市场化进程的不断推进以及用户对电能可靠性和质量要求的不断提升,要求未来的电网必须能够提供更加安全、可靠、清洁、优质的电力供应,能够适应多种能源类型发电方式的需要,能够更加适应高度市场化的电力交易的需要,能够更加适应客户的自主选择需要,进一步提高庞大的电网资产利用效率和效益,提供更加优质的服务。为此,以美国和欧盟为代表的不同国家和组织不约而同地提出要建设灵活、清洁、安全、经济、友好的智能电网,将智能电网(smart grid,SG)视为未来电网的发展方向。

智能电网的思想[25-29]就是通过一个数字化信息网络系统将能源资源开发、输送、储存、转换(发电)、输电、配电、供电、售电、服务,以及储能与能源终端用户的各种电气设备和其他用能设施连接在一起,通过智能化控制实现精确供能、对应供能、互助供能和互补供能,将能源利用效率和能源供应安全提高到全新的水平,将污染与温室气体排放降低到环境可以接受的程度,使用户成本和投资效益达到一种合理的状态。

智能电网,就是电网的智能化,也被称为"电网 2.0"。智能电网是建立在集成的、高速双向通信网络的基础上,通过先进的传感和测量技术、先进的设备技术、先进的控制方法以及先进的决策支持系统技术的应用,实现电网的可靠、安全、经济、高效、环境友好和使用安全的目标。智能电网的核心内涵是实现电网的信息化、数字化、自动化和互动化,也被称为坚强智能电网(strong smart grid)[30-32]。美国国家标准与技术研究院(National Institute of Standards and Technology, NIST)提出的智能电网示意图如图 1-1-7 所示[33]。一般来说,智能电网具有以下特点:①自愈——稳定可靠。自愈是实现电网安全可靠运行的主要功能,指无需或仅需少量人为干预,实现电力网络中问题元器件的隔离或使其恢复正常运行,最小化或避免用户的供电中断。通过进行连续的评估自测,智能电网可以检测、分析、响应甚至恢复电力元件或局部网络的异常运行。②安全——抵御攻击。无论是物理系统还是计算机遭到外部攻击,智能电网均能有效抵御由此造成的对电力系统本身的攻击伤害以及对其他领域形成的伤害,一旦发生中断,也能很快恢复运行。③兼容——发电资源。传统电力网络主要是面向远端集中式发电的,而通过在电源互联领域引入类似于计算机中的"即插即用"技术(尤其是分布式发电资源),电网可以容纳包含集中式发电在内的多种不同类型的电源甚至是储能装置。④交互——电力用户。电网在运行中与用户设备和行为进行交互,将其视为电力系统的完整组成部分之一,可以促使电力用户发挥积极作用,实现电力运行和环境保护等多方面的收益。⑤协调——电力市场。与批发电力市场甚至是零售电力市场实现无缝衔接,有效的市场设计可以提高电力系统的规划、运行和可靠性管理水平,电力系统管理能力的提升促进电力市场竞争效率的提高。⑥高效——资产优化。引入最先进的信息和监控技术优化设备和资源的使用效益,可以提高单个资产的利用效率,从整体上实现网络运行和扩容的优化,降低其运行维护成本和投资。⑦优质——电能质量。在数字化、高科技占主导的经济模式下,电力用户的电能质量能够得到有效保障,实现电能质量的差别定价。⑧集成——信息系统。实现包括监视、控制、维护、能量管理(EMS)、配电管理(DMS)、市场运营(MOS)、企业资源规划(ERP)等和其他各类信息系统之间的综合集成,并实现在此基础上的业务集成。

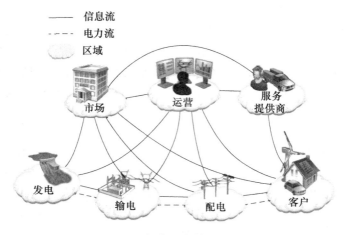

图 1-1-7　智能电网结构示意图

　　智能电网概念发展[34]经历了三个重要阶段。第一个是 2006 年美国 IBM 公司与全球电力专业研究机构、电力企业合作开发的"智能电网"解决方案[35]。这一方案被形象地比喻为电力系统的"中枢神经系统",可看作智能电网最完整的一个解决方案,标志着智能电网概念的正式诞生。第二个是美国提出的能源计划,拟全面推进分布式智能能源管理,建立美国横跨四个时区的统一智能电网系统。第三个是"互动电网"概念[36,37]。"互动电网"是指在创建开放的系统和建立共享的信息模式的基础上,以智能电网技术为基础,通过电子终端将用户之间、用户和电网公司之间形成网络互动和即时连接,实现数据读取的实时、高速、双向的总体效果,实现电力、电信、电视、远程家电控制和电池集成充电等的多用途开发。

　　在智能电网快速发展的新形势下,电网安全运行也面临着新的挑战。首先,超/特高压互联大电网是智能电网中的重要特征之一,也对电网保护产生了一定影响[38]:

　　(1)特高压电网故障时谐波分量大,非周期分量衰减缓慢,暂态过程明显,影响保护动作的可靠性和快速性;电流、电压互感器在暂态下的工作特性更差,故障状态转换时容易造成保护误动作。

　　(2)超/特高压长线路分布电容对电流差动保护和按集中参数模型构成的保护产生不利影响。

　　(3)同塔双回或多回线路的跨线故障以及互感和线路参数不平衡会对保护造

成影响。

（4）变压器保护利用谐波含量区分内部故障与励磁涌流的难度增大。

（5）电网间的相互影响使故障特性更为复杂,故障计算误差增加。

（6）对继电保护设备,要求具有更高的可靠性、安全性和电磁兼容能力。

此外,智能电网的建设使一次系统中出现了大量电力电子设备,这些设备使电网短路电流的特征和分布发生了质的变化：

（1）柔性交流输电系统元件的安装位置、投入运行与否以及所涉及参数的调整变化会对电网短路电流的特征和分布产生影响。

（2）直流输电系统的控制和保护问题仍然很突出,交、直流系统的故障会互相影响。

（3）风机类型、风机的工作状态、风机所采用的控制方法、故障类型以及风电场的弱电源特征是影响风电接入电力系统故障电流的几个重要因素,会对不同时段的保护以及选相功能等产生影响。

现代电力系统的特征可由表 1-1-2,通过大电网、微型电网、孤网、智能电网的比较得到定性描述和总结。

表 1-1-2　不同类型电网的比较

电网类型	电源形式	与电源连接方式	智能化（或控制系统难易）	容量	电网等级	运行模式	初始发展时间	研究现状
大电网	大型集中	远距离和大网络互联	否	高	高压、超高压	并网运行	20 世纪中期	技术成熟
微型电网	分布式	分布式发电技术与储能技术相结合	否	低	低压或中压配电网	并网运行或独立运行	20 世纪90 年代	示范工程
孤网	分布式	分布式发电技术与储能技术相结合	否	低	低压	独立运行	21 世纪初	示范工程
智能电网	大型集中与分布式	大网络互联与分布式发电相结合	是	高	高压、特高压	并网运行	21 世纪初	理论研究

1.1.6　现代电力系统中的电能质量问题

伴随着微型电网和智能电网概念的兴起,现代电力系统正朝着综合化、智能化、一体化的方向发展,逐渐形成集中和分散相结合的综合供电模式,构建资源节约型、环境友好型电网。最大限度地满足电力用户不断提高的电能质量（power quality,PQ）要求,是完善现代电力系统的主要目的。

电能质量问题的定义如下:任何电能质量问题表现为电压、电流、频率的偏差,导致电力用户设备的损坏或不正常的工作[39]。现代电力系统中的电能质量问题主要包括[40,41]：电压暂降或跌落（voltage sag/dip）、电压上升（voltage swells/surge）、过电压（over-voltage）、欠电压（under-voltage）、电压缺口（notching）、电压波动或闪变（voltage fluctuations/flicker）、电压不平衡（voltage imbalance）、中断（interruptions）、脉冲式瞬变（impulsive transient）、重复性脉冲式瞬变（repetitive impulsive transient）、振荡式瞬变（oscillatory transient）、噪声（noise）、谐波（harmonics）、间谐波（inter-harmonics）、直流偏移（DC offset）、电源频率变化（power frequency variations）等。

电能质量问题所带来的危害主要包括[42]：

（1）电压的瞬变、波动、缺口等作为一种扰动信号，其幅值瞬间波动比正常时大得多，而且扰动作用可能是脉冲性的、重复性的、振荡性的，可能影响或损坏敏感设备的正常工作。

（2）电压的过压或欠压、上升或暂降、瞬时或持续中断，都可能会对敏感设备的正常工作产生影响或损坏，造成各种重要场合的巨大损失，如银行、医院、工厂等。

（3）谐波的危害主要包括增加电网的附加输电损耗，影响用电设备的正常工作，引起某些继电器、接触器的误动作，对周围环境产生电磁干扰，容易使电网产生局部的并联或串联谐振，并可能进一步恶化和加剧各种电能质量问题。

随着现代工业的发展，危害电能质量的因素不断增加，如各种非线性电力负荷、各种大型用电设备的启停等。与此同时，各种复杂精密的、对电能质量敏感的用电设备不断普及，人们对电能质量的要求越来越高。近年来，上述问题的矛盾越来越突出，保证电能质量、提高供电可靠性和稳定性，已成为国内外电力系统领域迫切需要解决的重要课题。

为了解决以上电能质量问题，除了发展结构更加合理、功能更加完善的综合性电力系统，还需要在现有电力系统中引入各类电力变换、补偿和控制的技术手段，能对发电、输电、配电、用电各领域的运行状况进行实时、精确调控，以确保整个电力系统的安全、经济、高效运行。

目前，有关电能质量问题的解决方案可分成两大应用技术及其领域，一是面向输电系统的柔性交流输电技术，二是面向配电系统的用户电力技术。两者的技术基础都是电力电子技术，各自的控制器在结构和功能上也基本相同，其差别在于额定电气值的不同，只是针对不同的需要分别应用于不同的领域。其主要装置器件包括：电网动态电压恢复器（DVR）、静止无功补偿器（SVC）、静止同步补偿器（STATCOM）、静止同步串联补偿器（SSSC）、统一电能质量调节器（UPQC）等。

柔性交流输电系统（flexible AC transmission systems，FACTS）[43,44]，也称为灵活交流输电系统，是美国电力研究院（Electric Power Research Institute，EPRI）

的电力专家 N. G. Hingorani 于 1986 年提出的面向输电系统的技术概念。根据电气电子工程师学会(IEEE)及国际大电网会议(CIGRE)于 1995 年的共同认定,柔性交流输电系统的定义为:以电力电子技术为基础,并具有其他静止控制器的交流传输设备,能够增强电网的可控能力并增大输电容量。柔性交流输电系统的主要内容是应用电力电子技术和现代控制技术实现对电网电压、线路阻抗及功率角等交流输电系统参数的快速、灵活控制,达到电网输送功率的合理分配和调节,最终提高整个电力系统的稳定性和可靠性。

用户电力技术(CUSPOW)是 Hingorani 于 1988 年提出的面向配电系统的一个新的技术概念[45]。用户电力技术是伴随着柔性交流输电技术发展起来的,可认为用户电力技术是配电系统中的柔性交流输电技术(D-FACTS)。从功能上说,用户电力技术可用于解决配电系统中出现的各种电能质量问题,如消除电压的波动、跌落、闪变、谐波等,从而使电力用户获得满意的供电品质,保证电力用户的供电可靠性。

21 世纪被称为可再生能源的世纪,可再生能源利用技术、新型发电技术将会有重大突破,其工业应用规模将有大幅度提高。预计到 22 世纪中叶,如果实施强化可再生能源的发展战略,可再生能源可占世界电力市场的 3/5。但是,可再生能源供用最大的缺陷在于其不稳定性和不连续性。若采用储能技术,不仅可以实现稳定供电,还可以通过先进电力电子技术改善系统输出的电能质量,提高可再生能源发电系统运行的稳定性和可靠性。因此,现代储能技术成为可再生能源发电系统中的关键组成部分。

结合电力用户对电能质量的要求和电力系统的智能化发展趋势,输电网中的柔性交流电力传输调控和配电网中的用户电力配电调控变得越来越重要。无论在柔性交流传输系统还是在用户电力技术中,储能技术始终都是实现实时、高效、智能化调控的关键技术[46-48]。在电力系统的实际运行过程中,系统供给功率和负荷需求功率都是动态变化的,并且两者并不是每时每刻都能达到供需平衡。因此,必须引入先进的电力电子技术,配合快速、高效、大容量的储能装置系统,在系统总发电功率大于负荷总需求功率时,需将多余的能量储存在储能装置中;同样,在系统总发电功率小于负荷总需求功率时,需将储能装置中的储能以恰当的方式释放出来,以维持电力用户端的供电稳定性和可靠性,保证其供电品质。具有储能功能的限流保护装置等先进技术,也作为智能电网技术的高新内容得到探讨。

1.1.7　现代电力系统中的稳定性和可靠性

随着社会生产技术的发展,现代电力系统由于机组容量不断提高,电网规模不断扩大,电压等级不断提高,超高压远距离输电以及互联电网形成,电网结构更加复杂,造成现代电力系统的控制管理极为困难,一个严重干扰都能波及全系统导致瓦解的严重后果。因此,保证电力系统安全稳定运行是一个极其重要的问题。

　　自1969年加拿大Saskatchewan大学的R. Billinton教授发表了关于大电网可靠性评估的第一篇学术论文以来,大电网可靠性评估日益受到人们的重视。然而,由于大电网可靠性评估具有系统规模大、建模困难、计算困难等特点,该课题对人们来说仍然是巨大的挑战。针对上述困难,国内外专家学者在计算模型、评估方法和工程应用等各方面都做了大量的研究工作。目前主要采用的两种大规模电力系统可靠性评估方法是状态枚举法(解析法)和蒙特卡罗模拟法(模拟法),二者各有长处,可根据研究目的的不同而进行选择,此外,将解析法和模拟法结合的混合法也很受关注。

1. 电力系统的稳定性

　　对电力系统而言,安全和稳定都是系统正常运行所不可缺少的最基本条件。安全和稳定是两个不同的基本概念。"安全"是指运行中的所有电力设备必须在不超过它们允许的电压、电流和频率的幅值和时间限额内运行,不安全的后果是导致电力设备损坏。"稳定"是指电力系统可以连续向负荷正常供电的状态,有三种必须同时满足稳定性要求:一是同步运行稳定性或功率角稳定性;二是电压稳定性;三是频率稳定性。电力系统失去同步运行稳定的后果是系统发生电压、电流、功率振荡,引起电网不能继续向负荷正常供电,最终可导致系统大面积停电;失去电压稳定性的后果则是系统的电压崩溃,使受影响的地区停电;失去频率稳定性的后果是发生系统频率崩溃,引起全系统停电。

　　电力系统的同步运行稳定分析曾是电力系统中最受关注的一种稳定性。国际上对电力系统同步稳定性尚无严格统一的标准定义。电力系统的同步运行稳定性可以分为静态稳定、动态稳定和暂态稳定。①电力系统的静态稳定性。如果在任一小扰动(短路、负荷变化)后达到与扰动前运行情况一样或相接近的静态运行情况,电力系统对该特定静态运行情况为静态稳定,又称为电力系统的小干扰稳定性。②电力系统的动态稳定性。当正常运行的电力系统受到较大扰动而功率平衡发生较大波动时,过渡到新的运行状态或回到原来的运行状态,继续保持同步运行而不发生振幅不断增大的振荡而失步的能力,为动态稳定性。③电力系统的暂态稳定性。在该扰动后(如三相短路等大扰动)达到允许的稳定情况,电力系统对该特定运行情况或对该特定扰动为暂态稳定。电力系统的暂态稳定水平一般低于系统的静态稳定水平,如果满足了大扰动后的系统稳定性,往往可同时满足正常情况下的静态稳定要求,但是,保持一定的静态稳定水平,仍是取得系统暂态稳定的基础和前提,有了一定的静态稳定裕度,就有可能在严重的故障下通过一些较为简单的技术措施去争取到系统的暂态稳定性。提高系统稳定性的措施有两大类:①加强网架结构;②加强系统的稳定控制和采用保护装置。

电压稳定性,是指在给定的初始运行状态下或遭受干扰后电力系统维持所有母线电压在可接受的稳态值的能力。当一些干扰发生时,如负荷增加或系统状态变化引起电压不可控制地增高或降低时,系统进入电压不稳定状态。引起电压不稳定的原因大多是电力系统没有满足无功功率需求的能力。频率稳定性,是指电力系统受到严重扰动冲击后,发电和负荷需求出现大的不平衡情况下,系统频率能够保持或恢复到允许的范围内,不发生频率崩溃的能力。频率稳定既可以是一种短期现象也可是一种长期现象。

电力系统两大国际组织:国际大电网会议(Conseil International des Grands Réseaux Electriques,CIGRE)和电气电子工程师学会电力工程分会(Institute of Electrical and Electronic Engineers,IEEE;Power Engineering Society,PES)组成的稳定定义联合工作组于 2004 年给出了新的电力系统稳定定义和分类。报告指出:根据电力系统失稳的物理特性、受扰动的大小以及研究稳定问题必须考虑的设备、过程和时间框架,根据扰动的大小,功率角稳定分为小扰动功率角稳定和大扰动功率角稳定。①小扰动功率角稳定:小扰动功率角稳定是指电力系统遭受小扰动后保持同步运行的能力,它与系统的初始运行状态有关。小扰动功率角稳定可表现为转子同步转矩不足引起的非周期性失稳以及阻尼转矩不足造成的转子增幅振荡失稳,分别对应静态功率角稳定和小扰动动态稳定。②大扰动功率角稳定:大扰动功率角稳定是指电力系统遭受严重故障时,保持同步运行的能力,它受系统的初始运行状态和扰动的严重程度影响。大扰动功率角稳定也可表现为非周期失稳(第一、第二摆失稳)和振荡失稳两种形式。前者对应暂态功率角稳定;后者对应大扰动动态稳定,是指电力系统受扰后不发生发散振荡或持续振荡。

电力系统调控中心通过在线安全分析对电力系统在当前运行情况下的安全状况作出评价,从而预先采取合理的控制措施。近十年来,电力系统安全分析研究取得了如下成果:

(1) 静态安全域思想。在静态安全分析研究中,过去很长时间广泛采用的是逐点分析法,它需要对偶然事故表中所有运行条件逐一求解潮流方程,取得潮流的再分布状况,对所求的母线电压和各支路的功率进行越限检查,并检查是否满足安全性,因此计算量大。静态安全域思想是由美国麻省理工学院(Massachusetts Institute of Technology,MIT)的 E. Hnyilieza 等在 1975 年首次提出的,它的优点是减少了大量潮流计算。

(2) 人工智能。人工智能(artificial intelligence)方法在电力系统安全分析中的应用研究已成为这一研究领域的一个活跃分支。人工智能是指用机器来模拟人类的智能行为,包括机器感知(如模式识别、人工神经元网络等)、机器思维(如问题求解、机器学习等)和机器行为(如专家系统等)。人工智能是当前发展迅速、应用最广泛的学科,其中专家系统(expert system)和人工神经网络(artificial neural

network)是目前人工智能领域中的两个很活跃的分支。

2. 电力系统的可靠性

电力系统的可靠性是对电力系统按可接受的质量标准和所需数量不间断地向电力用户供应电力和电能能力的度量。电力系统可靠性包括充裕度和安全性两个方面。

充裕度是指电力系统维持连续供给用户总的电力需求和总的电能量的能力，同时考虑系统元件的计划停运及合理的期望非计划停运。充裕度又称静态可靠性，即在静态条件下电力系统满足用户对电力和电能量的能力。

安全性是指电力系统承受突然发生的扰动，如突然短路、未预料的短路或失去系统元件现象的能力。安全性又称动态可靠性，即在动态条件下电力系统经受住突然扰动，并不间断地向用户提供电力和电能量的能力。

电力系统规模很大，习惯上将电力系统分成若干子系统，可根据这些子系统的工程特点分别评估各子系统的可靠性。

发电系统可靠性是对统一并网后的全部发电机组按可接受标准及期望数量，满足电力系统负荷电力和电能量需求的能力的度量。其可靠性包括充裕度和安全性两方面。

输电系统可靠性是对从电源点输送电力到供电点按可接受标准及期望数量，满足供电负荷电力和电能量需求的能力的度量。其可靠性包括充裕度和安全性两方面。

发输电系统可靠性是由统一并网后运行的发电系统和输电系统综合组成的发输电系统按可接受标准和期望数量向供电点供应电力和电能量的能力的度量。其可靠性包括充裕度和安全性两方面。

配电系统可靠性是对供电点到用户，包括配电变电所、高低压配电线路及接户线在内的整个配电系统及设备按可接受标准和期望数量向供电点供应电力和电能量的能力的度量。

发电厂变电所电气主接线可靠性是对在组成主接线系统的元件（断路器、变压器、隔离开关、母线）可靠性指标已知和可靠性准则给定的条件下，评估整个主接线系统可靠性准则满足供电电力及电能量需求的能力的度量。

电力系统可靠性是通过定量的可靠性指标来度量的。一般可以由故障对电力用户造成的不良影响的概率、频率、持续时间、故障引起的期望电力损失及期望电能量损失等指标描述，不同的子系统可以有专门的可靠性指标。

在20世纪60年代后，世界范围电力系统曾发生过多次严重的大面积和长时间停电事故，从而使电力系统稳定性和可靠性问题受到极大重视，并为此进行了大量的理论科学研究和工程实践，但到目前还有不少问题尚未得到很好解决。例如，在中国,发电能源分布特别是可再生发电能源的分布与电力负荷中心在地域上的不均衡状况,导致特高压大容量远距离点对点或点对网的输电需求。特高压交流/直流输电都可以实现 1000~2000km 及以上的大容量输电。分析输电模式的可靠性,采取经济合理的稳定措施,提高可靠性和运行稳定性,因地制宜地规划建设特高压交/直流输电工程,将有利于智能电网目标的实现[49]。

1.1.8　直流输电系统及其短路保护

1. 直流输电系统的系统特性简介

随着可再生能源发电的发展及用户对电能要求的不断提高,传统交流电网已难以满足可再生能源发电和负荷随机波动性对电网快速反应的要求。此外,有别于煤炭、石油和天然气等可直接运输的不可再生能源,水力、风能、太阳能和潮汐能等新兴可再生能源只能以电力的形式输送,而大型可再生能源所在地通常远离城市和工业区等用电中心。因此,开发利用的可再生能源越来越多,远距离输电的市场需求也越来越大。与此同时,采用直流输电网的模式建设未来大规模的可再生能源电网得到了越来越多国家的认可,欧、美、日等发达国家和地区已经就直流配电网的建设着手制定标准和建立示范工程。目前,美国的 Grid 2030 构想和欧洲的 Super Smart Grid(SSG)构想,均提出了以直流输电网为骨干的网络结构和输电模式;美国电力科学研究院(EPRI)提出了 Macro-Grid 的概念,其基本设想也是利用直流环形电网来解决资源的综合利用问题和提高供电的安全可靠性;欧洲计划到 2020 年左右将北海地区的海上风电场通过直流电网相连并网,美国也规划在 2020 年前后将大西洋沿岸建设的海上风电场通过直流电网向用户提供清洁的能源供应。

高压直流(high voltage direct current,HVDC)输电系统组成主要包括换流站(整流站和逆变站)、直流线路、交流侧和直流侧的电力滤波器、无功补偿装置、换流变压器、直流电抗器以及保护、控制装置等,其中换流站是直流输电系统的核心,它完成交流和直流之间的变换。高压直流输电依据不同的换相方式、不同的端口数目或与交流系统的不同连接关系可以有不同的分类。例如,可以按照连接端口的数目分为两端直流输电系统和多端直流输电系统,也可以按照直流输电线路的单极结构、双极结构和同极结构来分类。

自 1954 年 ABB 公司建成了世界上第一条高压直流输电线路后,对直流输电的研究日益深入。特别是近十几年来,基于电压源换流器(voltage source converter,VSC)的轻型直流输电技术的提出和发展,使直流输电的实际使用变得更加灵活,并可延展到近距离、小容量的输电场合。1997 年,ABB 公司建成了首条轻型高压直流输电线路,现在利用该技术已经可以建成如±500kV/1800MW 的直流输电系统。该技术一般采用地下或水下线路输电,它的出现为改善交流电网的供电质量提供了新的可能。由于交流和直流电间的转化需要整流逆变设备,高压直流输电一般在远距离输电时才能体现出经济效益,特别是 600km 以上的架空线路和 50km 以上的水下电缆。例如,一条输电容量 600 万 kW 的线路,如果采用传统的 800kV 交流输电技术,1500km 输电距离的电能损耗约为 7%;如果采用 800kV 直流输电线路,则电能损耗可降至 5%;即便采用电压相对较低的 500kV 直流输电线路,损耗也仅为 6%。

面对经济社会的快速发展,用户对电力系统提出了很多新的要求,如环境友好性、安全可靠性的提升,更加优质经济且支持用户进行与电网的双向互动等,因此研究兼具可靠性、安全性、稳定性、经济性的直流电网具有巨大的市场价值和经济价值。与传统交流电网相比,采用直流输电网络不仅可将可再生能源与传统能源广域互联,充分提高可再生能源的利用率,而且可降低线路损耗,增加传输容量与传输距离,同时可解决系统同步运行的稳定性问题。具体来说,高压直流输电具有以下优点:

(1)直流电缆线路传输容量大、造价低、损耗小、不易老化、寿命长,且传输距离几乎不受约束。

(2)直流输电架空线路只需正负两极导线,杆塔结构简单、线路造价低、损耗小。

(3)高压直流输电系统有利于实现非同步电网之间的互联,互联电网的短路容量以及相匹配的断路器、电缆等设备的限制电流均得到有效控制而不会增加。

(4)直流输电系统中,控制系统能够实现对传输的有功功率以及消耗在换流器上的无功功率的自由控制,直流输电系统的这种快速可控性有利于提高交流输电系统的运行水平,交流输电系统的运行性能得到较大改善。

(5)直流输电可方便地进行分期建设和增容扩建,有利于发挥投资效益。

(6)直流输电系统相对于交流输电系统稳定性较高、输送距离远、容量大。

(7)直流输电系统输送的有功功率及两端换流站消耗的无功功率均可用手动或自动方式进行快速控制,有利于电网的经济运行和现代化管理。

作为一种大容量远距离输电技术,高压直流输电在工程中的应用日益广泛,将会成为未来大区域电网互联的主要手段之一。近年来直流输电系统运行经验表明,虽然中国在超/特高压直流输电技术领域已经达到国际领先水平,但在直流输电系统设计、一次设备制造和控制保护系统技术性能及可靠性等方面仍然存在诸多缺陷,这些缺陷对直流输电系统安全运行造成威胁,也成为影响电网安全运行的重大隐患。交流输电系统中广泛应用的过电流保护原理和输电线路电流纵差保护原理并不能适用于直流输电系统,在直流输电线路保护中常用的是行波保护和电压突变量保护。目前直流输电的保护具有冗余性更强、动作策略更丰富、时序要求更高,保护范围广、保护类型多等特点。为了保障直流一次主设备的安全和交直流互联电网的稳定运行,需要在高压直流输电工程中配置完备的直流保护系统。

2. 直流输电系统的短路电流特性

自第一个高压直流输电工程投入运行起,直流保护技术便得到关注。与交流保护相比,直流保护因直流输电系统的故障特性而具有其自身的特点。直流电流无过零点的特性,使得断口中的电弧不易熄灭,因此交流断路器不能直接用于开断直流电流。在工程技术和学术研究领域,直流保护系统的软硬件结构、直流保护的动作原理及动作策略、交直流系统运行状态对直流保护的影响等方面都得到了探索。

由于直流系统的阻尼相对较低,相比于交流系统,直流系统的故障影响更快,尤其对基于 IGBT 的柔性直流输电系统,控制保护难度更大。在未来的输电系统中结合新技术,如超导输电技术,在降低损耗的同时系统的阻尼也会进一步减小,直流保护设备的故障电流开断级别以及反应速度都需要相应提高。例如,对于构建能源互联网可选用的一种重要方式 VSC-HVDC 而言,直流短路故障电流的快速断开问题是 VSC-HVDC 电网亟待解决的关键技术问题之一。VSC-HVDC 电网的直流侧线路上一旦发生短路故障,相当于换流器直流侧的电容直接放电,其短路电流会在几毫秒内达到峰值,快速的电流上升速度将带来热量集中、电弧火花、电磁应力等问题,同时因为换流器中有反并联的二极管会形成不可控整流桥,所以单纯控制换流器无法切断故障电流。一般认为,直流故障电流应在 2~5ms 内开断或切除,这对高压直流保护设备的故障电流开断级别以及快速性提出了非常高的要求。因此,迫切需要能够匹配直流输电系统的短路电流变化速度的新技术方法来限制电网短路电流的增加。

3. 直流输电系统常用限流装置

短路故障电流的快速断开是直流电网发展面临的关键技术问题之一。制造大容量高压直流断路器目前仍是电工技术领域中的一个难题。从原理上讲,直流侧短路故障的处理主要有三类方法:①通过换流器闭锁实现故障的自清除;②通过交流断路器的动作使故障点与交流系统隔离;③通过直流断路器的动作使故障点与交流系统隔离。

高压直流断路器作为直流电网的工程化应用关键设备,其研究开始于 20 世纪五六十年代。作为规定时间内承载并开断直流电网正常电流以及各种故障电流的开关设备,高压直流断路器是直流电网设计、运行、控制与保护的基础。到 80 年代,ABB 公司生产的基于自激原理产生人工过零点的 500kV 压缩空气高压直流断路器能够开断 2200A 的直流电流。同一时期,西屋电气公司生产的 500kV SF_6 高压直流断路器也能够开断 2200A 的电流。2012 年,ABB 公司研发了一种新型混合式直流断路器,其额定电压为 320kV,能够开断直流电流 9000A。近两年,日本三菱公司仿真研究出基于他激原理的 320kV 高压直流断路器,该直流断路器的额定电流为 500A,最大开断短路电流为 16kA,能在 10ms 内开断直流电流。Alstom 公司研制出超快速机械电子式断路器(1.6ms 内限制短路电流),该高压直流断路器额定电压为 120kV,额定电流为 1500A,额定短路开断电流为 7500A,短时耐受电流大于 3000A,冲击耐受电压大于 650kV。然而,对于额定电压为 ±800kV 的直流回路,故障电流将达到数百千安,高压直流断路器的遮断容量仍然难以满足需求。目前直流断路器主要分为三类:机械式断路器、全固态断路器以及混合式断路器。其中机械式断路器由于灭弧困难,不适用于高压场合;全固态断路器采用电力电子开关器件,具有分断速度快、分断不产生电弧等优点,但存在开断容量较小、器件通态损耗高、造价昂贵等不足。混合式断路器是目前研究的热点,但该断路器方案不但需要限流电抗器来限制短路电流,还需要大量的 IGBT 辅助电路,不仅造价昂贵,而且增加了稳态运行损耗。

在电力系统中,更换高遮断容量的断路器是解决短路电流超标问题最直接的解决措施,但一方面大规模更换断路器需要很大的投资,另一方面断路器的遮断容量也不能无限制增大。目前,高压直流断路器被认为是解决直流电网短路故障问题的有效办法之一,随着直流电网的进一步发展,高压直流断路器也将面临更多的挑战。因此,采取各种可行的措施限制超标站点的短路电流是解决这一问题的最优途径。

限流电抗器(current-limiting reactor,CLR)作为限制短路电流常用的装置,可根据安装位置的不同分为线路 CLR 和母线 CLR。在直流系统中的直流电抗器也称为平波电抗器,一般串接在换流器与直流线路之间,用于改善电容滤波造成的输入电流畸变,改善功率因数,减少和防止冲击电流造成整流桥损坏和电容过热。作为高压直流输电最重要的设备之一,其主要作用可概括为:

(1) 直流系统发生扰动或事故时,可抑制直流电流的上升速度,避免事故扩大。

(2) 当逆变器发生故障时,可避免引发换相失败。

(3) 在交流电压下降时,可减少逆变器换相失败的概率。

(4) 当直流线路短路时,可在调节器的配合下,限制短路电流的峰值。

(5) 可同直流滤波器一起极大地抑制和削减换流过程中产生的谐波电压和谐波电流,大大削弱直流线路沿线对通信的干扰。

(6) 在直流低负荷时,可避免因电流发生间断而导致换流变压器等电感元件产生很高的过电压。

(7) 可限制线路和安装在线路端的容性设备通过换流阀的放电电流。

由于在制造技术上相对成熟,其限制短路电流的效果也是明显的。在发电厂用电系统以及变电所中早已采用了这项措施。在输电线路装设 CLR,等同于增加了输电线路的电气距离,增大了线路阻抗,从而限制短路电流。母线分段处装设 CLR 与采用母线分段的原理是相同的,同样是利用改变系统联系和结构来限制短路电流。CLR 除了限制短路电流的作用,还能起到控制潮流的作用。然而,CLR 串入后也会对系统产生负面影响,主要包括:

(1) 增加系统的网损。

(2) 降低系统稳定性,特别是系统电压跌落增大。一般而言,功率因数越大,CLR 的阻抗越大,线路末端电压降就越大,而电压跌落过大,会影响用户端的供电质量。

(3) 造成开关暂态恢复电压的上升。

(4) 对保护配置的影响。主要影响与阻抗或距离相关的保护。

(5) 对电磁环境的影响。例如,干式空心 CLR 周围空间的漏磁是很大的。若安装地点的地面、墙壁、屋顶等周围建筑中存在导磁性材料,则在 CLR 运行时,会使这些导磁物发热,破坏钢、铁等构件的刚性。因此,在安装布置时,必须保持 CLR 线圈至周围金属部件间的最小间隙,减少金属中的涡流发热,避免危及操作人员的健康。

综上所述,高压直流断路器将面临遮断容量不足等问题,而加装 CLR 又会增加损耗和降低系统稳定性。解决上述问题的一种方法是将 CLR 与断路器并联,发生故障时,断路器快速断开将 CLR 投入运行。

未来模块化多电平换流器(modular-multilevel-converter,MMC)的柔性直流输电,在清洁新能源并网、海上孤立负荷送电、多端直流供电等领域具有广阔的应用前景。由于柔性直流输电技术的快速发展,直流电网(HVDC grid)已具雏形,新型直流限流装置对直流电网的发展至关重要,未来电网对这种过电流的快速保护设备将有重大需求。

1.2　现代电力系统中的短路故障问题

1.2.1　电力系统短路故障原因、分类与危害

1. 短路的原因

电力系统的短路故障,是指一切不正常的相与相之间或相与地(对于中性点接地的系统)之间发生"短接"而出现异常通路产生电流忽然急剧增大的现象的情况。电力系统短路的类型主要有:三相短路、两相短路,在接地系统中还有一相接地短路和两相接地短路[50]。在同一时刻,电力系统内仅有一处发生上述某一种类型的故障,称为简单故障。同时有两处或两处以上发生故障,或在同一处同时发生两种

或两种以上类型故障,称为复故障,即复杂故障或多重故障。由于故障点的阻抗很小,短路故障会致使电流瞬时急剧升高,同时短路点以前的电压下降,对电力系统的安全运行极为不利并产生严重破坏。当线路发生短路时,能使导体温度迅速升高,绝缘破坏,甚至使导体发红、熔化,导致设备损坏。高压电网的短路故障可引起电网瓦解。短路产生的电弧、火花可引发火灾、爆炸、电伤等恶性事故。

电力系统发生短路故障的原因有自然原因、人为原因和系统自身的问题等。自然界的地震、洪水、大风,人为的如交通意外、过失操作事故,系统自身的设备故障、绝缘失效,这些都可造成电力系统发生瞬时或持续性短路故障。其中电气设备载流部分的绝缘损坏是电力系统中发生短路故障的一个主要原因,如果预防性的绝缘试验没有进行,或者进行中有疏漏,则随着绝缘的自然老化就可能引发短路故障。此外,雷击等过电压和任何机械损伤(如掘沟时损伤电缆等)也会引起绝缘损坏;运行人员未拆地线就合闸或带负荷拉隔离刀闸等误操作,鸟兽跨越线路裸露的载流部分时,都可引发短路故障。

具体来说,电力系统短路故障形成原因如下。

(1)线路金属性短路故障:①外力破坏造成故障,架空线或杆上设备(变压器、开关)被外抛物短路或外力刮碰短路;汽车撞杆造成倒杆、断线;台风、洪水引起倒杆、断线。②线路缺陷造成故障,弧垂过大遇台风时引起碰线或短路时产生的电动力引起碰线。

(2)线路跳线断线弧光短路故障:线路老化强度不足引起断线;线路过载接头接触不良引起跳线线夹烧毁断线。

(3)跌落式熔断器、隔离开关弧光短路故障:①跌落式熔断器熔断件熔断引起熔管爆炸或拉弧引起相间弧光短路;②线路老化或过载引起隔离开关线夹损坏烧断拉弧造成相间短路。

(4)小动物短路故障:①台墩式配电变压器上,跌落式熔断器至变压器的高压引下线采用裸导线,变压器高压接线柱及高压避雷器未加装绝缘防护罩;②高压配电柜母线上,母线未作绝缘化处理,高压配电室防鼠不严;③高压电缆分支箱内,母线未作绝缘化处理,电缆分支箱有漏洞。

(5)雷击过电压:打火放电及绝缘击穿短路。

(6)线路瞬时性接地故障:①人为外抛物或树木碰触导线引起单相接地;②线路绝缘子脏污,在阴雨天或有雾湿度高的天气,出现对地闪络,一般在天气转好或大雨过后即消失。

(7)线路永久性接地故障:①外力破坏;②线路隔离开关、跌落式熔断器因绝缘老化击穿引起;③线路避雷器爆炸引起,多发生在雷雨季节;④直击雷导致线路绝缘子炸裂,多发生在雷雨季节;⑤由线路绝缘子老化或存在缺陷击穿引起,多发生在污秽较严重的沿海地区。

短路故障的发生也与季节有关：①恶劣天气，台风、暴雨、雷阵雨期间，常发生短路、接地故障，如倒杆断线、杆基塌方、树木压导线；②冬季过后的第一场春雨时，常发生接地故障，多发生在粉尘较严重的沿公路、街道两侧架设的线路上，如绝缘子因污垢沉积过多而发生闪络击穿。

2. 短路的分类

一般而言，电力系统的故障分为开路故障和短路故障。开路故障的特征是在故障相出现电流下降的同时电压和频率上升；而线线或线地短路故障的特征是在故障相出现电流上升的同时电压和频率下降。在通常的三相电力系统中，当其中一相或两相发生开路故障时，余下的两相或一相将出现非平衡故障。通常的实际电力三相系统中发生的短路有四种基本类型：①三相短路；②两相短路；③单相对地短路；④两相对地短路。其中，除三相短路（三相回路依旧对称，因而又称对称短路）外，其余三类均属不对称短路。在中性点接地的电力网络中，以一相对地的短路故障最多，约占全部实际发生故障的90%。在中性点非直接接地的电力网络中，短路故障主要是各种相间短路。

短路故障可以分为如下两种。①相间短路故障：一是线路瞬时性短路故障（一般是断路器重合闸成功）；二是线路永久性短路故障（一般是断路器重合闸不成功）。常见故障有：线路金属性短路故障；线路引跳线断线弧光短路故障；跌落式熔断器、隔离开关弧光短路故障；小动物短路故障；雷电闪络短路故障等。②接地故障：线路瞬时性接地故障；线路永久性接地故障。线路永久性接地故障，要采用对线路支线断路器进行分段试拉的方法，来判断故障线路段。如果是瞬时性接地故障，则线路的每一点都有可能发生。

3. 短路的危害

电力系统在运行中，相与相之间、相与地或中性线之间发生非正常连接，即发生短路时，流过故障点或系统的电流，其值可远远大于额定电流。同时随着电力系统规模和容量的增大，短路电流急剧增大，成为制约电力系统安全的一个重要因素。电力系统发生短路时，短路回路的总阻抗很小，因此短路电流很大，其数值是正常电流的十几倍，甚至几十倍，以致在大容量电力系统中，短路电流可达几十万安。当线路发生短路时，能使导体温度迅速升高，绝缘破坏，甚至使导体发红、熔化，导致设备损坏。高压电网的短路故障可引起电网瓦解。短路产生的电弧、火花可引发火灾、爆炸、电伤等恶性事故。

短路电流过大对电力系统将产生极大的危害，主要包括[51,52]：

（1）故障点的短路电流过大，甚至超过电气设备的安全许可值，从而破坏电气设备，甚至造成灾害；

（2）靠近故障点的地区电压大大降低，影响非故障区用户的用电稳定性；

（3）破坏电力系统运行的稳定性，以致系统瘫痪。

发生短路时，电力系统从正常的稳定状态过渡到短路的稳定状态，一般需 3～5s。在这一暂态过程中，短路电流的变化很复杂。在短路后约半个周波（0.01s）时将出现短路电流的最大瞬时值，称为冲击电流。它会产生很大的电动力，其大小可用来校验电工设备在发生短路时机械应力的动稳定性。在短路电流忽然增大时，其瞬间放热量很大，大大超过线路正常工作时的发热量，不仅能使绝缘烧毁，而且能使金属熔化，引起可燃物燃烧发生火灾。

在发生短路后，由于电源供电回路阻抗的减小以及产生的暂态过程，短路回路中的电流急剧增大，其数值可能超过该线路额定电流的很多倍。短路点与发电机的电气距离越近，短路电流越大。例如，在发电机端发生短路时，流过定子绕组的短路电流最大瞬时值可能达到发电机额定电流的 10～15 倍。在大容量电力系统中，短路电流可达几万安甚至几十万安，对电气设备冲击很大。

故障点很大的短路电流燃起的电弧，可使故障设备损坏。在短路点处产生的电弧可能会烧坏设备，而短路电流流经导体时，产生的热量可能会引起导体或绝缘体的损坏。从电源到短路点间流过短路电流，它们引起的发热和电动力将造成在该路径中有关的非故障元件的损坏。另外，导体可能会受到很大的电动力冲击，致使其变形甚至损坏。

短路将引起电网中的电压降低，特别是靠近短路点部分区域电压大幅度下降，使部分用户的供电遭到破坏或受到影响。例如，负荷中的异步电动机，由于其电磁转矩与端电压的平方成正比，电压下降时，电磁转矩减小、转速下降，甚至可能停转，造成产品报废、设备损坏等严重后果。

短路故障可能引起系统失去稳定，如破坏电力系统并列运行的稳定性，引起系统振荡，甚至使该系统瓦解和崩溃。

不对称短路引起的不平衡电流产生和由此产生的不平衡磁场，会在附近的通信系统及弱电设备中感应出很大的感应电动势，产生电磁干扰，影响其正常工作，甚至危及通信设备和人身安全。

1.2.2 电网短路电流的评估

国标 GB/T 15544.1—2013 对短路电流的定义为：在电路中，由于故障或不正确连接造成短路而产生的过电流。同时标准给出提示，需要区分流过短路点电流和电网支路中的短路电流。在进行电力系统规划和一次设备初步设计选型时，通常根据某电压等级下的短路电流水平进行设计（如 500kV 按照 50kA 或 63kA）。这里提到的短路电流水平通常是指短路点允许的最大短路电流有效值，而不是经过电网支路的短路电流水平[53]。

1. 短路电流的估算

电力系统可能发生的故障类型比较多,常见的对电力系统危害比较严重的有:短路、断相以及各种复杂故障等。而短路故障则是电力系统中危害最严重的故障。所以,短路故障分析是电力系统分析的重要组成部分,是电力系统三种基本计算之一,在电力系统设计和运行的许多工作中都必须有短路电流计算的结果作为依据。因此,短路电流计算在电力系统分析中占有重要的地位。

以无限大容量三相短路为例分析,如图 1-2-1 所示,短路时刻($t=0$)前,供电回路的电压电流方程为

$$\begin{cases} u = U_{\mathrm{m}} \sin(\omega t + \theta) \\ i = I_{\mathrm{m}} \sin(\omega t + \theta - \varphi) \end{cases} \tag{1-2-1}$$

式中,电流峰值 I_{m} 与电压峰值 U_{m} 和线路阻抗 Z 加负载阻抗 Z' 的关系为 $I_{\mathrm{m}} = \dfrac{U_{\mathrm{m}}}{|Z+Z'|}$;由线路电感引起的电流落后电压的相角 $\varphi = \arctan\left[\dfrac{\omega(L+L')}{R+R'}\right]$,$R$、$L$ 为线路负载,R'、L' 为工作负载;θ 为电源电压初相角;ω 为电源电压角频率。

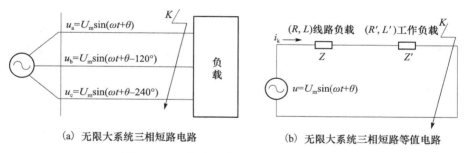

(a) 无限大系统三相短路电路　　　　(b) 无限大系统三相短路等值电路

图 1-2-1　无限大系统三相短路等值电路图

从短路时刻($t=0$)开始,短路回路的电压方程为

$$U_{\mathrm{m}} \sin(\omega t + \theta) = R i_{\mathrm{k}} + L \frac{\mathrm{d} i_{\mathrm{k}}}{\mathrm{d} t} \tag{1-2-2}$$

求解上述微分方程,得

$$i_{\mathrm{k}} = I_{\mathrm{pm}} \sin(\omega t + \theta - \varphi_{\mathrm{k}}) + A \mathrm{e}^{-\frac{R}{L}t} \tag{1-2-3}$$

式中,φ_{k} 为短路回路阻抗角,$\varphi_{\mathrm{k}} = \arctan\left(\dfrac{\omega L}{R}\right)$;$I_{\mathrm{pm}}$ 为短路电流周期分量的幅值,$I_{\mathrm{pm}} = \dfrac{U_{\mathrm{m}}}{|Z|}$;$A = I_{\mathrm{m}} \sin(\theta - \varphi) - I_{\mathrm{pm}} \sin(\theta - \varphi_{\mathrm{k}})$。

通过无限大系统三相短路分析,可看出短路电流中周期分量为交流分量,非周期分量为直流分量。周期分量是由系统电源电压和短路阻抗所确定的,因此短路

电流周期分量始终是不变的,是按正弦规律做周期变化的电流。非周期分量是由短路过渡过程中自感电动势和短路阻抗所确定的一个按指数规律衰减变化的电流,与电源电压初相角 θ 有关,其衰减速度由回路中的 L/R 决定,一般经过 $t=0.2s$ 就衰减完毕达到稳定状态。

由此可知,短路发生后,将产生一个短路冲击电流。短路冲击电流是短路全电流的瞬时最大值,出现在短路后半个周期位置,即 $t=0.01s$ 时刻。

断路器应能在最严重的情况下开断短路电流,故开断计算时间为 $t=t_p+t_{in}$。其中, t_p 为主保护动作时间,对于无延时保护为保护启动和执行时间之和; t_{in} 为断路器固有分闸时间。作为实际装置,近年来电力系统 $6\sim500kV$ 常用的国产断路器主保护动作时间或固有分闸时间一般为 $10\sim40ms$。

通常在计算短路电流时,首先要求出短路点前各供电元件的相对电抗值,为此通常要绘出供电系统简图,并假设有关的短路点。供电系统中供电元件通常包括发电机、变压器、电抗器及架空线路(包括电缆线路)等。目前,一般用户都不直接由发电机供电,而是接自电力系统,因此也常把电力系统看作是由"元件"构成的。作为基本原理,供电系统各种元件电抗的计算及短路容量和短路电流的计算简述如下。

系统电抗的计算:短路电流的计算,一般均换算到 100MVA 基准容量条件下的相对电抗,即 $X_{xt}=S_{jz}/S_{xt}$,其中 S_{jz} 为基准容量,取 100MVA, S_{xt} 为系统容量(MVA)。

短路容量的计算: $S_d=S_{jz}/X_\Sigma$(MVA),即先求出短路点前的总电抗值 X_Σ,然后用 $S_{jz}=100MVA$ 除以 X_Σ。

短路电流的计算: $I_d=I_{jz}/X_\Sigma$,其中 I_{jz} 表示基准容量为 100MVA 时的基准电流(kA)。

短路冲击电流的计算:对于 6kV 以上高压系统, $I_{ch}=I_d\times1.5$, $i_{ch}=I_d\times2.5$。

短路电流计算的结果可以用于电力系统的设计和运行,包括:

(1) 电气主接线方案的比较和选择,或确定是否需要采取限制短路电流的措施。

(2) 电气设备及载流导体的动、热稳定校验和开关电器、避雷器等的开断能力的校验。

(3) 接地装置的设计。

(4) 继电保护装置的设计与整定。

(5) 输电线对通信线路的影响。

(6) 故障分析。

短路电流计算的结果也可以用于实时应用,如在配电网络重构时进行保护自动整定和设置以及故障定位等。在保护自动整定和设置中,由短路计算得到的最大、最小故障电流用于确保保护设备能够保护整个区域并且在指定时间内切除故障。这些数据还可以用于确保保护设备能够相互协调以及校验过载设备,为了确定故障部分的位置,短路分析的结果可以用于比较在变电站记录的切除时间内所有可能故障部分的保护动作的次数[54]。

短路电流计算的基本方法是对称分量法。应用对称分量法可分析三相电网不对称故障电流,通过求解网络的正序、负序和零序分量,对各序网进行变换即可求得网络每相的故障后电压和故障电流。对称分量法最大的优点在于对三个序网分别处理,因而具有简单、直观的特点,基于这种方法的短路分析在过去几十年中一直得到普遍应用。在基于对称分量的分析方法中,又逐渐对原有的以节点阻抗矩阵为基础的分析方法进行改进,提出了基于节点导纳矩阵的分析方法,并综合应用了节点优化、压缩存储、稀疏技术等先进技术,大大提高了计算速度,有效地减少了对计算机资源的需要量。在复杂故障的分析方面,进行了多种方法的尝试,如解边界条件方程的方法、模拟复合序网的方法及采用多端口网络理论的方法等。

中国的配电网有一个显著的特征,就是中性点不接地,在发生单相接地时,仍允许供电一段时间。这一特点也使得中国的配电网短路电流计算不能照搬国外的计算方法。因此,借鉴国外的先进思想和技术,结合中国的实际情况,开发出适合中国电网实际的配电网短路电流计算程序是短路电流计算研究的任务之一。

近年来,短路电流计算大致沿着如下三个方向发展。

第一个发展方向:这个方向是在传统的基于对称分量和序网概念的基础上继续前进,结合近年来出现的新技术,为了解决电力系统发展中出现的一些新问题而对原有的分析方法作进一步的研究和改进。近几十年来,基于对称分量原理的故障分析方法已经有了很大发展。在这方面国内学者做了大量的研究工作,对变结构电力系统、有互感的电力系统、不对称电力系统[55],以及对跨线故障[56]、断相加短路等复杂故障的短路电流计算进行了深入研究。

第二个发展方向:这个方向是在现代新思想、新技术蓬勃发展的背景下,将这些新思想、新技术应用到电力系统中,提出新的短路电流计算的分析方法。最具有代表性的是近几年,随着人工智能技术的兴起,出现的应用专家系统[57]、人工神经网络[58]计算短路电流的新方法。

第三个发展方向:这个方向是适应配电自动化技术的飞速发展,研究适合配电网特点的配电网短路电流计算方法,如应用迭代补偿法计算配电网短路电流的方法[59];快速且直接地计算弱质网目工业配电系统三相短路电流的方法[60],结合混合补偿技术的相域分析方法;计算任意多重短路故障电流的方法等。在这方面国外的研究工作开展得较早,并已经取得了一些成果。

2. 实际短路电流水平评估

大电网的稳定破坏、电压崩溃、系统瓦解事故既取决于电网结构的强与弱,也与电网是否能保持正常频率运行、是否有足够的备用容量有关;既要加强电网结构,特别是受端电网结构,也可以采用快速保护、强行励磁、按频率降低自动减负荷、远方切机乃至电力系统稳定器(power system stabilization,PSS)等装置。而更为重要的,则在于在指导思想上分清主次,在事故发生后,要确保主要地区的供电,而不是保证所有地区都能供电。美国电力系统的可靠性准则规定,当出现一个电厂全厂停电,一条线路走廊全部停电,或一个变电站某一电压等级全部停电时,都不得产生连锁反应。西欧则采用 N-1 准则。美国、西欧的电力系统大都能满足这些可靠性准则的要求,其电力不足概率(LOLP)能达到十年一天的标准,但仍然会出现一些稳定破坏或电压崩溃的大面积停电事故,表明企图全面保证整个系统是难以做到的。要求全保,往往保不住、做不到;相反,如果要求在事故发生后,确保主要地区的供电,则可能更为有效,中国的经验也证明了这一点。因此,在研究大停电事故、大电网结构等问题时,需要从电力系统整体出发,区分主次,加强主要地区的电网结构,能保住主要地区,也就更容易使整个电网恢复正常供电。电路电流问题也是如此,不仅仅计算某一处的短路电流,不仅仅考虑采用大容量开关,也不仅仅考虑某一处或某一种限流措施,而是考虑各层之间的短路电流水平的配合,从电网整体上安排短路电流。

随着电力系统的不断发展,发电机组、电厂和变电站容量增大,城市和工业中心的负荷和负荷密度的继续增长,高压电网内部的日益紧密连接,以及电力系统间的互联,使现代大型电力系统各级电压电网中的短路电流不断增长。运行在电网中的各种电器和设备,包括送变电设备和开关设备、变压器及互感器、一级变电所内的母线、架构、导线、支撑绝缘子和接地网等都必须适应增大的短路电流引起的热应力及动应力要求,因此产生了短路电流水平的配合问题,即电网中现有送变电设备和新设计变电所的设备,其技术参数和性能与目前及预期的电力系统短路水平相配合的问题。它既是现有系统运行中的实际问题,也是现代电力系统规划和设计的一个重要问题。如果短路电流水平超过了电网中现有变电所设备可以承受的水平和通信干扰允许的水平,则要么设法限制短路电流,要么改造变电所设备和通信线路。在短路电流水平不高的电网发展初期阶段,还可以更换开关设备以及电流互感器来适应电网发展过程的需要。如果短路电流发展到更高水平,全面改造既有的变电所设备,在经济上和技术上都未必可行,因而在规划变电所时,需要有一个长远的规划。开关设备的允许最大短路电流水平,随着制造技术的发展,已经日益提高,但总有技术上的一个绝对限度和经济上的合理限度。因而,对规划的各级电压电网的最大短路电流水平需要有合理的规定,同时采取相应措施,以限制设计和运行短路电流水平,使之低于允许最高数值。对于高速发展的中国电力系统,即使 500kV 电网,也即将面临短路电流水平可能过高的问题。加强受端系统是绝对必要的,但也并非将受端电网连接得越强大越好,而应以适度的短路电流水平为限制。许多西方国家也是这样做的。解决的办法：一是升高一级电压，形成更高一级输电网，将现在的最高一级电压密集电网解环运行；二是合理规划与运行电网，将过分密集的电网恰当地分区而用相对弱联系的同级电压线路相连接，而作为原有电网中变电所设计短路容量过低的一种补救措施，即在短路故障发生后自动塞入阻抗以降低短路电流。

而在另一方面，电力系统各点的坚固性，往往和一定的短路电流水平相联系。如果高压电网枢纽点的短路电流水平过低，整个电网就可能因此不稳定，此时，设法合理地增大短路电流水平，乃是提高系统稳定性的一种重要手段。

电网短路电流水平还包括这样一些因数，如短路电流的周期和非周期分量的数值，恢复电压的上升陡度，单相接地短路电流和三相短路电流之比以及电网元件统计短路电流值的分布等。这些因素影响断路器的开断性能和设备参数的选择。它们与电网的结构、中性点接地方式和变电所的出线数有着密切关系。

综上所述，确定电力系统的短路电流水平及其配合，需要着重考虑以下几方面的问题。

（1）系统短路电流水平上限值选择决定了开关设备的开断容量、开关设备及变电所各元件-母线、导线、接地网、支撑绝缘子等的动、热稳定以及对通信线路的干扰和接地网的接触与跨步电压等。短路电流水平越高，各项费用越多。

（2）从保持系统稳定运行和足够的抗干扰动能力考虑，系统中各枢纽点必须维持一定的短路电流水平。为保持短路故障后的电力系统稳定性和发电厂的安全稳定运行以及减小电网中大负荷波动对其用户的影响，保持系统电压有足够的稳固性是绝对必要的。因此，需要从技术上和经济上协调选择一个合理的短路电流水平。

（3）在确定短路电流水平时还需要研究系统结构上的一些问题，系统结构对短路电流水平的影响很大，如发电厂、变电所在系统中的位置及其接入系统的电压等级。如果发电厂、变电所过于集中或发电厂出现电压过低，则可能造成系统中局部地区的短路电流水平过高。

（4）由于负荷密度增大，需要增加电网的紧密连接以满足供电的需要，在调度运行方面往往希望闭环运行以提高供电的安全性和减少线损，结果都导致短路电流大量增加。实践证明，过分的闭环运行对系统的可靠性可能反而不利，而必须加以限制，有时甚至必须将电力系统或变电所母线分列或解列，以限制短路电流。

（5）为了保证系统继电保护的可靠性和灵敏度，系统各点必须保持一定的短路电流水平。如果系统或发电厂特别是水电厂的运行方式和潮流变化很大，则需要专门加以研究。

（6）在规划预期的短路电流水平时必须考虑到对已有变电所各项设备的影响，包括对自耦变压器承受短路电流的冲击问题。对现有变电所设备的改造和更换不仅投资大而且由于运行条件的限制，实现起来往往非常困难。这对规划工作来说是一个很重要的问题。

（7）在设计新建变电所,尤其是超高压变电所时,对设备的选择和元件的设计需要按设备更换的难易、增容改造所需费用及预期的短路电流水平值进行综合考虑。例如,对较易更换的设备,其短路电流水平可按较近期考虑,而对母线、架构、接地网等则要按较远期的短路电流水平考虑,以节省将来增容改造的投资。

随着中国国民经济的发展,电力系统负荷的迅速增长以及大容量机组的不断投入运行,短路电流水平日益增高。特别是近几年来,中国电网的规模迅速扩张,导致目前电力系统各电压等级电网中的短路电流不断增长。超高压电网的规模与容量逐渐扩大,中国 500kV 交流电压等级电网已有超过 38 年的发展历史,2004 年的电网规模已达到 1982 年的 6 倍以上;地区电网网际互联日趋紧密,全国六大电网(东北、华北、西北、华东、华中、南方)已经进入实质性的电能互补阶段,有效促进了能源的优化配置,增强了国家对电力的宏观调控能力。同时,中压电网变压器容量增大,小容量电源也不断并入大电网,如众多新建电厂正不断接入 110kV 和 220kV 电网[61]。上述技术措施虽然有效提高了电网的输电能力,满足了人们日益增长的电力需求,但也导致了短路容量的快速增长。

电网发展规划中、近期,中国一些负荷密度大的地区和城市中的一些 500kV、220kV 和 10kV 变电站的短路电流将迅速增加。以广东省电网发展规划的概算为例[62,63],对于 500kV($525kV=500kV+500kV\times5\%$)等级,2010 年最大短路电流达 68kA,三相短路电流超过 59.9kA($63kA\times0.95$)的变电站达 17 个,超过 47.5kA 的变电站达 94 处;2015 年最大短路电流将达 81kA。对于 230kV 等级,2010 年最大三相短路电流达 87kA,超过 59.9kA 的变电站达 40 处;2015 年最大短路电流达 105kA,三相短路电流超过 59.9kA 的变电站达 68 处,超过 47.5kA 的变电站达 142 处。这就要求电网内各种输变电设备,如高压断路器、变压器、互感器以及变电站的母线、构架、导线、支撑绝缘子和接地网等,必须满足短路电流水平提高所带来的更加苛刻的要求。

1.2.3 现代电力系统的短路故障问题与危害

1. 现代电网的基本情况

大型电力系统具有明显的优越性,例如,可以合理开发与利用能源,节省投资与运行费用,增加对用户的供电安全性等,因而也促进了超高压大电网的形成与发展。目前,世界上大部分电力系统已发展成为以火电、水电以及核电为主的集中式发电和远距离超高压输电的大型互联网络系统。其直接表现是区域电网规模的不断增大,并且通过区域电网间的互联,形成地区联网、全国联网、跨国联网以及更大规模的联合电网,从而达到充足、可靠、优质、经济地供电。例如,欧洲地区的五大互联电网,即西欧电网(UCPTE)、东欧和俄国电网(UPS)、中欧电网(IPS)、中部电网(CENTRAL)和北欧斯堪的纳维亚国家互联电网(NORDEL),还有北美地区主要覆盖美国、加拿大和墨西哥的北美联合电网(NABPS)。

欧洲电网不仅是世界上最大的区域互联电网,世界上电源装机总量最大的电网,世界上仅有的实现了多国互联的电网,也是世界范围内推进以高比例可再生能源为特征的能源转型典范[64]。1997 年,北非地区的摩洛哥、阿尔及利亚、突尼斯与西班牙通过 1 回 400kV 交流电缆跨越直布罗陀海峡实现同步互联;2006 年,摩洛哥与西班牙之间的第 2 回 400kV 交流电缆投运;2010 年,拥有大量可再生能源的土耳其电网与欧洲电网实现互联。电网互联以取得联网效益,实现了水火互补、峰谷互济、调峰资源共享的大电网优越性。由于电源结构、负荷特性不同,欧洲电网各国之间电量交换频繁。例如,北欧水电资源丰富,欧洲大陆有大量火电和核电。北欧通过 11 回直流与欧洲大陆交换电力,实现电力互济,解决能源结构性矛盾。挪威夏季丰水期 8 月出口电量达到 17.9 亿 kWh,枯水期 4 月进口电量达到 19.3 亿 kWh,电网规模不断扩大。发展至今,已形成覆盖欧洲 32 个国家、装机容量 10.07 亿 kW、用电量 3.27 万亿 kWh 的大型互联电网。21 世纪以来,欧洲电网高度重视电源结构的清洁化,欧盟承诺到 2020 年 20% 电力来源于可再生能源。为推动清洁能源在更大范围内的有效配置,欧洲电网在增强自身内部互联的同时,开始考虑向周边清洁能源富集地区扩展。欧盟制定了"2050 能源路线图计划",试图在 2050 年构建强大的互联电网,以完成从日照条件非常好的西班牙等南欧国家向德国、法国等传统工业国家输送高达约 5000 万 kW 的国际化电网框架。

早期北美电网是由私有或公有公司根据各地负荷和电源条件建立的,同时早期电网互联存在单个扰动导致互联系统的崩溃风险,因此大部分是孤立系统。受电力需求发展、规模化工业生产以及政府的积极推动的影响,1915 年开始,北美各孤立系统开始互联并且规模不断扩大。其中,美国和加拿大由于地理位置紧密相连,为实现资源优化配置,获得更多效益,20 世纪 20 年代,美国东北部与加拿大进行连接,成立加拿大-美国东部互联电网(Canada-United States Eastern Interconnection,CANUSE)。20 世纪 60~70 年代,北美逐步形成四大同步电网格局,即东部电网、西部电网、得克萨斯州电网和加拿大魁北克电网。20 世纪 90 年代至 2010 年,受北美经济增长缓慢影响,人均用电量增长缓慢。1990 年美国净发电量为 30378 亿 kWh,2000 年 38021 亿 kWh,年均增长 2.2%;2013 年为 40659 亿 kWh,较 2011 年增长 3293 亿 kWh,年均增长 0.7%。目前,促进可再生能源并网,改造电网的基础设施,提高电网可靠性,提升电网智能化水平是北美电网发展的主要动力[65]。在 2013 年就有分析表明,发达国家大电网进入新一轮的发展机遇期。在美国,随着可再生能源发展,电源结构调整加快,输电网需要扩张和改造。当时预计未来 20 年,美国输电线路年均建设长度需要达到 1500～2000mi[①],相比过去 10 年年均增长 50%～100%。在欧洲,随着风电、太阳能等可再生能源发展和欧洲能源电力市场一体化进程加速,未来欧洲电网主网架将得到明显扩展和加强[1]。

中国目前也已步入了大电网、高电压和大机组的时代。实际中,许多超高电压大电网问题的出现和解决,往往同时涉及不同的专业技术领域而具有综合性质。随着用电需求的不断增加,电力系统的规模也日益扩大。例如,在中国目前已形成了几个容量超过 2000 万 kW 的大区电网。

据统计,到 2004 年 5 月,中国现有发电装机容量在 2000MW 以上的电力系统 11 个,其中东北、华北、华东、华中电网装机容量均超过 30000MW,华东、华中电网甚至超过 40000MW,西北电网的装机容量也达到 20000MW。南方电力联营系统连接广东、广西、贵州、云南四省电网,实现了西电东送。其他几个独立省网,如四川、山东、福建等电网和装机容量也超过或接近 10000MW。目前中国各大电网分布如图 1-2-2 所示。据国家发展和改革委员会关于中国电力行业的发展情况统计,截至 2004 年底,中国发电装机容量达到 4.4 亿 kW,居世界第二,新投产机组 5050 万 kW,发电 2.19 亿 kW[66]。2005 年中国发电装机容量超过 5 亿 kW,新投产机组 6500 万 kW 以上。2005 年中国发电量为 25002 亿 kWh,至 2009 年已增至 36506 亿 kWh,年均增长约 10%。原预计 2015 年有望突破 10 亿 kW,超越美国成为世

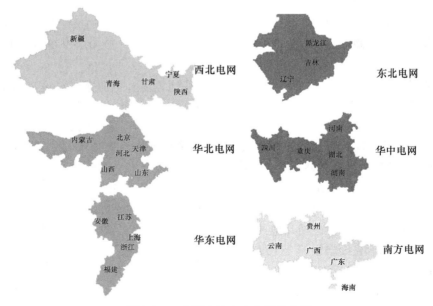

图 1-2-2　中国内地六大电网分布图

① 1mi＝1.60934km。

界第一电力大国,而实际增速更快。2012 年 3 月装机容量达 10.6 亿 kW,居世界第二位,年发电量达 4.8 万亿 kWh,居世界第一位。新能源发电更是增长迅速,根据国家能源局 2011 年 8 月数据显示,2011 年上半年,中国风力发电量达到 386 亿 kWh,同比增长 61%,居各大能源发电之首。2012 年 8 月中国并网风电达到 5258 万 kW,中国已取代美国成为世界第一风电大国。随着三峡水电站(18.20GW)、广西龙滩电站(4.20GW)和云南小湾电站(4.20GW)的竣工,中国传统水电的系统容量将不断扩大。到 2015 年,中国电力总装机容量已经达到 15.06 亿 kW。其中,全国风电并网装机容量达 147.6GW,占全部装机的 8.6%,占世界风电装机的 1/4 以上;而光伏累计装机容量 43.18GW,占全部装机的 2.84%,装机容量居全球之首[67]。2020 年将形成除新疆、西藏、台湾之外的全国其他地区统一的大区互联电力系统。

直流输电技术及其实际应用近年也尤其得到快速发展。2012 年,国家电网在特高压建设上取得重大突破,建成世界输送容量最大、距离最长、技术最先进的锦屏—苏南 ±800kV 高压直流工程,每年可向华东地区输送水电 360 亿 kWh,在建的特高压交直流工程每年可输送电力约 1300 亿 kWh。2013 年 4 月 11 日,浙北—福州特高压交流输变电工程建设全面启动;4 月 16 日,向家坝—上海 ±800kV 高压直流输电示范工程首次实现双极满负荷运行,成功将 640 万 kW 电能高效输送近 2000km,刷新了单回输电线路输送功率的世界纪录;同日,“西电东输”重要项目哈密南—郑州 ±800kV 高压直流输电工程成功跨越黄河,整个标段全部完工。这些特高压项目的开工、投运、安全稳定高效环保运行,标志着中国特高压输电工程进入加快发展的新阶段。截至 2015 年底,国家电网公司建成投运“三交四直”特高压工程,累计输送电量超过 4300 亿 kWh,正在建设“四交六直”特高压工程。在运在建的特高压交流和直流工程,线路总长度 2.88 万 km,变(换)电容量 2.94 亿 kVA(kW)[68]。昌吉—古泉(原准东—皖南)±1100kV 高压直流输电工程(新疆段),于 2016 年 5 月 11 日全面开工,这是目前世界上电压等级最高、输送容量最大、输送距离最远、技术水平最先进的特高压输电工程。新疆段工程预计将于 2018 年 6 月具备带电条件。昌吉—古泉工程,起于新疆昌吉换流站,止于安徽古泉换流站,途经新疆、甘肃、宁夏、陕西、河南、安徽六省区,线路路径总长度约 3304.7km,输送容量 1.2 万 MW。新疆段线路起于新疆昌吉换流站,止于新甘交界处红柳河火车站,途经昌吉回族自治州吉木萨尔县、奇台县、木垒县和哈密市,路径长度 599.6km,共有 1109 座铁塔。昌吉—古泉工程是实施“疆电外送”的第二条特高压输电工程。工程建成后将推动新疆能源基地的火电、风电、太阳能发电打捆外送,保障华东地区电力可靠供应,并对大气污染防治、拉动新疆经济增长等具有十分重要的作用。该工程建成后,将每年向中东部送电约 660 亿 kWh,减少燃煤运输 3024 万 t,减排烟尘 2.4 万 t、二氧化硫 14.9 万 t、氮氧化物 15.7 万 t。电网迅速发展的同时,系统的短路电流也在快速增加。预计到 2020 年,金沙江电站送电后的 500kV 主网的短路电流超过 50kA,三峡电厂的最大短路电流周期分量将超过 300kA[69],上海一些 500kV 变电所的短路电流超过 300kA。

2. 电网故障实例与危害

电网的容量越来越大,供电密度越来越高,电网向超大规模方向发展,对供电质量和电网的稳定可靠性要求也越来越高,同时电网向超负荷运行的趋势也明显增加。由于电网的脆弱,局部短路故障可造成大面积的电力系统瘫痪。大电网快速发展的同时也带来了潜在的威胁,局部电网出现了某些个别问题,特别是发生了短路故障等情况,其影响将波及邻近的广大地域,可能诱发恶性连锁反应,最终酿成大面积停电的重大事故。在国外的超高压电网中,从 20 世纪 60 年代开始,这种大面积的停电事故已时有发生,而开始受到广泛注意的是 1965 年 11 月 9 日的美国"东北部停电事故",即著名的(第一次)纽约停电事故。这次事故从一条 220kV 线路因过负荷继电保护动作断开开始,不过 12min,就造成 21000MW 用电负荷停电,最长停电时间 13h,停电区域 20 万 km²,影响居民人数约 3000 万。此后,避免电力系统发生恶性连锁反应引起的长时间、大面积停电事故,普遍受到国际上的高度重视,并把它列为衡量和审定电力系统安全性的基本标志。从电网安全角度看,国际上的大停电事故是由多种因素造成的。据对 1965 年以来的 140 次国际大停电事故样本进行分析,设备故障与自然灾害是最主要的诱因,二者占比达 79.5%;系统保护等技术措施不当或处置不力是事故扩大的直接原因;电网结构"先天不足"是造成某些国家电网事故频发的重要原因,例如,北美电网缺乏统一规划,电压等级较为混乱,长距离、弱电磁环网较多,存在潮流转移容易导致发生连锁反应等严重隐患;管理体制分散、调度运行机制不畅则是多起大停电事故的深层次原因[1]。

近几十年来,多个国家的大型互联电网相继发生多起系统失稳或崩溃事故。1978 年 12 月 19 日,法国电网发生电压崩溃事故,造成全网 75% 的负荷停电,停电时间最长达 8h。1987 年 7 月 23 日,日本东京电网发生电压崩溃事故,有 8168MW 的负荷停电,停电时间最长达 3h 21min。1996 年 7 月 2 日和 8 月 10 日,美国西部电网两次发生电压崩溃事故,使得美国将大停电事故提高到"危及美国国家安全"的地步。2003 年 8 月 14 日下午 3 时 32 分,美国俄亥俄州克利夫兰市郊外,由于短路事故造成整条电路输送瘫痪,出现的大停电波及美国的 8 个州和加拿大局部地区。2005 年 8 月 18 日,印度尼西亚境内因发电容量不足而发生大面积停电,波及近 1 亿人口。

在这些重大停电事故中,由短路故障直接或间接引起的占很大的比例,下面举例简单说明。

2003 年 8 月美国东部时间 14 日下午 4 时左右,美国东北部和加拿大的北美联合电网发生大面积停电事故,引起美国东北部和加拿大部分地区大面积停电。事故起始于俄亥俄州克利夫兰市的一家电力公司没有及时修剪过分茂密的树木,高压电缆下垂,导致在用电高峰期,触到树枝而短路。随后,俄亥俄州的一家发电厂因此下线,接连发生的一系列突发事件产生累计效应,历时 1h 发展成大面积停电事故。在发生大停电事故前 1h,即美国东部时间 15 时 6 分,美国俄亥俄州的一条 345kV 输电线路(Camberlain-Harding)跳开,其输送的功率转移到相邻的 345kV 线路(Hanna-Juniper)上,引起该线路长时间过热并下垂,从而接触线下树木。当时由于警报系统失灵没能及时报警并通知运行人员,15 时 32 分该线路因短路故障而跳闸,使得克利夫兰市失去第二回电源线,系统电压降低。此后,发生了一系列连锁反应,包括多回输电线路跳开、潮流大范围转移、系统发生摇摆和振荡、局部系统电压进一步降低,引起发电机组跳闸,使系统功率缺额增大,进一步发生电压崩溃,同时有更多的发电机和输电线路跳开,造成大面积停电的发生。在首先跳开的 5 回 345kV 线路中,除第 4 回属于 AEP 公司外,其他 4 回均属于 FE 公司。他们认为,虽然有一些线路跳闸,系统也是安全的,因而未与其他相连系统解列,导致事故扩大。此次北美历史上最大规模的停电波及美国和加拿大的很多城市。这是北美历史上最大规模的断电事故,除了纽约、底特律和克利夫兰等大城市电力全部中断外,断电的还有新泽西、俄亥俄、密歇根、康涅狄格、宾夕法尼亚、佛蒙特、马萨诸塞等州和加拿大首都渥太华、第一大城市多伦多、西部城市温莎和安大略省北部地区的诺斯贝市,给当地交通、通信和居民的生活造成了严重的影响。随后,美国关闭了位于纽约等四个州境内的九座核电站。北美大停电造成的影响:在纽约市,停电影响了地铁、电梯以及机场的正常运营,成千上万的市民受停电影响,涌上街头,街道上到处是拥挤的人群。在付费电话前,人们排成了长队,因为大部分手机由于停电而无法接通。市区的桥梁和通道开始禁止车辆进入市区。14 日纽约市发生了 60 起严重火灾,电梯救援行动多达 500 次,紧急求救电话接近 8 万次,急诊医疗服务求助电话也达创纪录的 5000 次。15 日早上,尽管电力供应得以部分恢复,但由于地铁停开,交通信号灯仍没有恢复正常,成千上万的纽约市民一大早起来显得有些手足无措,街头景象忙乱不堪。15 日,美国密歇根州和俄亥俄州部分地区又开始面临缺水威胁,密歇根州东南部的 5 个县进入紧急状态,俄亥俄州的克利夫兰市,100 多万居民 14 日晚靠国民警卫队运来的水度过了一个夜晚。美国这次大停电,造成了三大美国汽车制造厂停止生产、地铁停驶、交通阻塞、班机延误以及人民生活上的各种不便。加拿大南部安大略省的大部分地区一切似乎都陷入停滞之中,1000 万人无电可用。在加拿大最大的城市多伦多,地铁运输全部停顿,绝大部分商店都关门停业。纽约市地铁全部瘫痪,全市的地面交通也全面停止。大停电至少造成 8 人死亡,至少有 21 家发电厂在停电期间关闭。估计一天的停电所造成的有形和无形损失大约为 300 亿美元,影响了 5000 万人的正常生活[70]。

2011年9月8日发生了美墨大停电事故。事故原因是亚利桑那电力公司下属的一名员工在尤马郡北吉拉变电站更换该变电站内监控设备的故障电容器时操作失误,导致变电站监控系统发生故障,变电站员工在进行恢复操作时发生了意外短路,尤马郡5.6万用户停电。由于变电站保护装置未动作,停电事故未能限制在当地,北吉拉变电站负责向加州外送电的500kV线路跳闸并退出运行,停止向南加州外送电。南加州地区负荷中心圣迭戈市的第一大电能来源是本地的圣奥诺弗雷核电站,从亚利桑那州进的电能是圣迭戈市的第二大电能来源。亚利桑那州到加州联络线路跳闸停运导致南加州系统突然出现大量功率缺额,该系统受到线路跳闸的大扰动10min后电压下降,并向北传递至该地区系统的主要电源(圣奥诺弗雷核电站),导致该核电站2座核反应堆因电力中断而自动关闭,系统失去主要电源后,电压进一步下降,当地系统中的发电机组相继退出运行,最终导致系统完全崩溃[71]。

2009年11月10日当地时间22时13分,巴西伊泰普(Itaberá)水电站因强降雨和雷电恶劣天气影响,765kV Ivaiporã-Itaberá线路的Itaberá侧阻波器支撑绝缘子底座B相对地闪络,此次事故中,Itaberá-Ivaiporã C3线路的高抗中性点小电抗瞬时过流保护未能躲过区外多重故障短路电流而误动跳闸,造成Itaberá侧三回线路和母线发生接地短路相继跳闸,连续切机导致系统失稳,南部和东南部电网开始发生振荡,使事故范围迅速扩大。大范围潮流转移及系统失稳振荡使得南部和东南电网525kV Bateias-Ibiúna联络线两端电压逐步降低,线路电流增大,最终导致其过流保护在700ms左右动作跳闸。系统振荡导致其多回线路因距离保护动作先后跳开,最终导致圣保罗(São Paulo)地区440kV电网与Minas Gerais地区525kV电网解列。伴随着交流受端系统电压跌落、频率降低,元件相继跳闸,经过8s后系统崩溃。这次事故的起因是三回765kV线路因故障直接跳闸,导致Itaberá水电站的5条高压电线发生短路。出现大范围的电网潮流转移及系统振荡,各电压等级线路几乎都在无序动作,Itaberá水电站规模巨大的交流外送通道在Ivaiporã变电站与低电压输电网形成复杂的电磁环网是本次事故扩大的客观基础。另外,部分线路保护不具备选相功能,以及振荡时为闭锁距离保护也加速了系统的崩溃。此次,巴西最大的两个城市里约热内卢和圣保罗以及周边地区突然遭遇大停电,两大城市的交通一度严重瘫痪,经济损失惨重,停电范围约占巴西国土面积的一半,导致巴西26个州中的18个州及用电90%依靠Itaberá水电站供应的巴拉圭一片黑暗,电力供应几乎完全中断,总停电时间在四个小时左右,电力至11日凌晨才开始慢慢恢复。事故影响了巴西1.9亿人口中的约5000万,损失负荷24.436GW,约占巴西电网全部负荷的40%。这起事故是近年来世界范围内发生的影响较大的大停电事故之一,事故波及人数在当时的世界范围内历次大停电事故中排第三。巴西曾经在1999年和2002年发生过两次大面积的停电事故,停电范围分别占全国领土面积的 70% 和 60%。前两次主要是由供电短缺所造成的,此次是由气象原因造成的[72]。

2011 年 9 月 24 日晚,智利中部地区突然大面积停电。据悉,中央电力互联系统出现的问题很可能由"输电线路振动"导致碰线引起。此外,一家电力公司位于安考阿的变电站出现故障也是造成此次智利中部大规模停电的主要原因。智利境内的 13 个州共通过 4 个电力系统统一起来。北部地区的输电系统斯恩和中央区域的中央系统斯戈的发电量占国内总需求的 90%,是智利的两大电力系统。智利全国 13 个大区中有 9 个大区由中央电网供电,但这一网络实际上十分脆弱,比奥比奥大区几大发电厂生产的全部电能都通过同一线路向圣地亚哥附近等用电量大的地区输送,该输电线路出现问题,会对整个供电系统的运作产生影响。事故造成包括首都圣地亚哥在内的 4 个大区电力供应全部中断,受影响的地区从中北部的科金波大区延伸至中南部的马乌莱大区,停电范围在狭长的智利版图上延伸达 1300km。停电使超过 600 万人生活受到影响[73]。

2015 年 3 月 27 日荷兰当地时间 9 时 37 分,位于阿姆斯特丹东南约 11km 的迪门(Diemen)变电站发生技术故障,导致变电站全站失压,随后发生连锁反应,最终导致荷兰北部大面积停电。运营商 Tennet 公司于 2015 年 6 月 12 日发布的研究报告对此次停电原因进行了更详细的分析:在 Diemen 变电站发生故障的一个星期前,Diemen 与 Krimpen 之间的相关电力线路进行了二次系统的维护安装。为了确认安装工作效果,决定在 2015 年 3 月 27 日开展一次测试试验,此次测试安排在 Diemen 变电站主备变电系统进行正常倒换操作期间。为了对 Diemen 变电站 380kV 隔离开关 A 进行测试,同时保证 380kV 电网的电力供应,在进行隔离开关 A 测试操作之前须将作为平行备用的隔离开关 B 转为运行状态(隔离开关 A 与平行备用隔离开关 B 在变电站的具体安装位置报告中并未描述)。由于隔离开关 B 其中一相电机故障导致此相没有按照操作指令正确合闸,最终状态显示为隔离开关 B 某一相状态为"断开",无法进行后续拉开隔离开关 A 的操作。经过 Diemen 变电站现场人员目测判断,认为隔离开关 B 状态为正常合闸,现场显示隔离开关 B"断开"只是新的二次系统故障而非隔离开关 B 本身的机械缺陷。根据现场人员的目测判断,同时依据两天前隔离开关 B 曾经正确执行操作的记录,为了让后续测试工作顺利进行,站内运行人员同意执行临时操作,将隔离开关 B 的一相显示"断开"的状态屏蔽,但此时隔离开关 B 中的某一相实际并未合闸到位。当天上午 9 时 37 分,当站内运行人员执行将隔离开关 A 拉开操作时,由于隔离开关 B 实际上一相"断开",隔离开关 A 一相出现了开断电弧(正常情况下隔离开关 A 上的电流应转移至隔离开关 B 流过)。此外,荷兰当天强劲的西风将电弧吹动,电弧引发该相与相邻相之间相间短路,由于此时 Diemen 变电站主备系统电气相连,保护动作导致 Diemen 全站故障退出运行。Tennet 公司在事故调查报告中将此次停电原因总结为设备故障以及人为误操作的组合结果。据统计,约 100 万户居民受到停电影响,主要为 Noord-Holland 和 Flevoland 两个省,包括首都阿姆斯特丹。截至当天下午 3 时,大部分电力系统基本恢复,这是 1997 年以来荷兰发生的最严重的停电事故[74]。

中国近 20 年来因电力系统失稳造成的重大停电事故达百余起,每次损失数千万元,乃至数亿元。近几年事故发生率虽然有所下降,但其规模和造成的损失却大幅度扩大和上升。

在中国,因电网故障或自然灾害而导致局部地区停电的事故时有发生,使大量用户供电中断,造成巨大的经济损失。典型的实例如 2008 年初的冰雪灾害天气带来的南方部分省区电网大范围停电事故[75-77]。全国共有 14 个省级(含直辖市)电网、约 570 个县的用户供电受到不同程度的影响,部分地区电力设施受损坏极其严重。这次雪灾对电力系统影响如此严重,除了目前大量电力设备无法承载罕见的雨淞、覆冰带来的巨大重压的原因之外,也暴露了中国电力系统的电网结构、布局等方面存在的缺陷。由于大型发电厂和负荷中心距离较远,远距离输配电比例大,而多条大型省间交直流远距离高压输电通道由于雪灾导致中断,导致主要依靠外来远距离大容量送电通道的省、区在此次冰灾中陷入了大范围、长时间停电状态[78,79]。

自 1970 年中国开始大规模发展 220kV 电网以来,稳定破坏事故大增,初期平均每年发生 20 次左右,于是对电网稳定的关注和研究大大加强。1981 年中国第一条 500kV 平顶山武汉送电线运行之后,东北、华北、华东等电网都相继进入了 500kV 电网阶段。750kV 和 1000kV 技术目前也发展成熟并得到越来越多的应用。随着电网规模的增大,事故的规模和危害也在增大,近年来国内的几次大的短路事故,让人们认识到大电网保护的不足。

2005 年 9 月 26 日清晨 1 时左右,第 18 号台风"达维"对海南电力设施造成了严重破坏,引发了部分电厂连续跳机解列,最终系统全部瓦解,导致了罕见的全省范围大停电。台风造成 220kV 玉官线短路故障,并造成 220kV 玉洲变电站玉官线线路保护的直流电源异常,保护拒动,主网崩溃。台风造成控制保护室玻璃窗损坏,进风进水,引起直流电源分配屏上两套线路保护共用的直流熔断器接触不良,造成线路保护装置的直流电源异常,导致线路保护拒动。220kV 玉官线官塘侧耦合电容器引下线受台风影响发生 B、C 相间间歇性短路后,由于玉洲侧线路保护拒动,玉洲侧开关未能及时跳开故障线路,引发 220kV 马玉线、洋浦电厂机组、海口电厂机组及 220kV 洛玉线后备保护先后动作跳闸,海口电厂♯5 机(出力 66MW)、♯7 机(出力 79MW)、洋浦电厂♯11 机(出力 44MW)、♯13 机(出力 34MW)相继跳闸后,造成系统损失 88%出力,有功功率严重不平衡,系统频率迅速降低,进而引发了南山电厂、大广坝水电厂机组先后跳闸,海南主网崩溃。海南"9·26"大停电事故有两个明显的特点,一是停电波及面广,电厂全部解列,停电范围涉及全岛;二是从正常状态到全网崩溃时间较短,仅 4min 左右电网全黑[80]。

　　2006 年 7 月 1 日，华中电网发生新中国成立以来最大的电网稳定破坏事故。当天，500kV 嵩郑 I 、Ⅱ 线因保护装置故障误动，先后跳闸，连带使 500kV 郑祥线和郑白线停运，形成 500kV 电网"N-4"故障，嵩郑断面电磁环网运行方式引起大规模功率转移，使 5 条 220kV 线路严重过负荷并跳闸。河南中调在事故发生后，2min 内紧急拍停河南北部 2.15GW 机组，但由于当时华中和华北电网仍通过 500kV 辛洹线相连，大量潮流经由该线路从华北涌入河南，抵消了调度员拍停机组的努力。此后，因线路过载由继电保护动作切除 4 条 220kV 线路，又因线路过载严重使得距离Ⅲ段保护动作切除 1 条 220kV 线路。在此期间，河南电网又有 6 台机组分别由于发电机过负荷保护、失磁Ⅲ段保护动作、定子过电流反时限保护动作而跳闸。事故发生 11min 后，薄弱不堪的电网失去稳定，开始剧烈振荡，华北—华中 500kV 联络线功率在 ±1.70GW 之间振荡，川渝—湖北联络线功率在 ±1.80GW 之间波动。幸亏国家电力调度通信中心在事故发生 12min 后解开 500kV 辛洹线，河南中调也果断切除大量负荷，最终该事故范围得到了控制，没有扩大成为全国性的大停电。但是事故仍然造成极大的影响，事故中共 26 台机组退出运行（总装机容量为 6.34GW），河南、湖北、湖南、江西四省损失负荷 2.60GW[72]。

　　2009 年 3 月 7 日上海电网发生一起三相短路事故。上午 10 时 38 分，检修人员在进行 5031 断路器测量接地电阻工作时误合 50311 隔离开关，造成 500kV 一母线三相接地故障。母差保护正确动作在 40ms 内隔离故障，事故造成上海电网系统三相电压剧烈波动，徐行、杨行、顾路、南桥、泗泾、黄渡等变电站低压电抗器电容器自动投切装置动作切除所有电抗器，投入电容器。上海地区低压释放自动装置动作，切除负荷约 1.435GW，恢复这些负荷耗时 50min。本次事故中所有的负荷跳闸设备均发生在用户端，属自行跳闸。统计负荷损失情况：市东 300MW、市南 300MW、市区 531MW、金山石化 25MW、宝钢 279MW，合计 1435MW，其中包括了众多重要用户，造成了许多严重后果。例如，造成英特尔芯片工厂产品大量报废，损失巨大；造成电视台停电，当时正有重要领导参加现场节目直播，政治影响恶劣；造成浦东机场飞机定位系统失灵，威胁飞行安全，引发用户强烈不满；造成金茂大厦电梯失电，客户较长时间被关在电梯中[72]。

1.3　电力系统短路故障问题的解决方案

1.3.1　短路故障问题的传统处理措施

　　应对电力系统短路故障问题，一方面是提升系统所有在线设备的抗短路电流的能力；另一方面更重要和更有效的是利用过流保护装置和引入限流装置。

　　关于提升在线设备的抗短路电流能力的方法，这里以变压器实际工业制备为例,做简单描述。在变压器短路运行的事故运行状态下,变压器绕组中将流过巨大的电流,从而产生巨大的电磁力和热能。变压器抗短路能力就是对所产生的电动力和热能的承受能力,即变压器动稳定强度和热稳定强度。提高变压器的抗短路能力,可采取以下措施:①在设计上,尽量保持绕组的安匝平衡,对所发生的电动力作精确计算,在此基础上确定绕组的机械强度,满足标准要求。②在制造过程中,按工序对各相线圈进行干燥、压紧、压力测试,调整高度以保证各线圈高度满足设计要求。③线圈选用硬拉组合铜导线和自黏性换位导线来提高导线的屈服强度,采用增加导线面积、减小电流密度等措施来减小应力,从而增强线圈动稳定性。④线圈绕制在由特硬纸板制成的纸筒上,且增加内线圈的支撑条,并增加铁芯柱对硬纸筒的支撑点,即形成以线圈的内径为短跨距的刚性点;线圈采用整体套装、恒压干燥技术;绝缘垫块全部经密化处理,以提高线圈的机械强度。⑤铁芯本体采用环氧固化,计算出铁轭所承受力的大小,确定拉板数量、压板厚度和强度、夹件腹板厚度,形成刚性结构。可以看到,工艺处理可以在一定程度上改善电力设备的抗短路电流能力,但是对于更高的短路电流,必须采用短路保护设备。

一般来说,短路保护设备及适用性可归纳如下:

(1) 对于低压设备,电流可通过功率电子器件、保护闸或断路器、保险丝或熔断器等限流保护装置。

(2) 对于中压设备,高至 36kV,电流可通过保险丝、保护闸等限流保护装置。保险丝在每次故障后要更换,这很不便利,而且保险丝不适应高压系统。

(3) 对于高压大电流设备,保险丝或保护闸通常并有能在故障时快速打开的接点。

对于不断增加的故障短路电流级别,可能的处理方法包括:

(1) 增加保护闸的容量。

(2) 分裂电网,增加更高级电压连接的互连。

(3) 增加变电站短路电流的承受能力。

(4) 通过操作方式限制短路,如通过控制系统进行分区和顺序网络跳闸。

(5) 发展和引入限流器。

为了应对潜在不断增加的短路电流问题,目前最传统的技术解决方案是更换大容量断路器,提高其断路能力。高压断路器是高压电器中最重要的设备,是一次电力系统中控制和保护电路的关键设备。当系统中出现严重故障时,最终要通过继电保护装置使断路器跳闸来对故障进行切除,以维护系统稳定。高压断路器在电网中起三方面的作用:一是控制作用,即根据电网运行的需要,将部分电气设备或线路投入或退出运行;二是保护作用,即在电气设备或电力线路发生故障时,继电保护自动装置发出跳闸信号,启动断路器跳闸,将故障设备或线路从电网中迅速切除,确保电网中无故障部分的正常运行;三是灭弧作用,高压断路器不仅能可靠地开断空载电流和负荷电流,而且能可靠地开断短路电流。目前,高压断路器主要可分为如下几种[81]。

(1) 油断路器:以绝缘油为灭弧介质,有多油断路器和少油断路器两种形式。

(2) 空气断路器:以压缩空气作为灭弧介质,具有防火、防爆、无毒、无腐蚀性、取用方便等优点。

(3) 六氟化硫(SF_6)断路器:以具有优良灭弧能力和绝缘能力的 SF_6 气体作为灭弧介质,具有开断能力强、动作快、体积小等优点,但金属消耗多、价格较贵。SF_6 断路器灭弧装置有不同的类别,按所利用能源的不同可分为外能式灭弧装置、自能式灭弧装置、混合式灭弧装置;按开断过程中灭弧装置工作特点的不同可分为气吹式灭弧装置、热膨胀式灭弧装置、磁吹旋转电弧式灭弧装置、混合式灭弧装置。

(4) 真空断路器:在高度真空中灭弧。开断能力强、开断时间短、体积小、占用面积小、无噪声、无污染、寿命长,可以频繁操作,检修周期长。

由于油断路器检修周期短、维护工作量大、存在潜在火灾危险,目前在电力系统中已经很少使用,空气断路器和真空断路器开断电流较小,目前 SF_6 断路器开断电流最大,使用率最高。

断路器经几十年的发展,中断时间已由 8 周期降至 5 周期、3 周期,最终到了 2 周期。更快的断路器仍在探讨和研究。在 20 世纪 70 年代初,高至 500kV 的超高压 1 周期断路器(one-cycle circuit-breaker),得到实际发展[82]。1 周期断路器,借助 1/4 周期的继电器,可在 12.5ms 开断。快速的 1 周期断路器应用带来的益处还有[83]:①增加电网负荷能力;②降低控制的复杂性;③减小发电机的应力。

关于高压断路器,就目前情况来看:

(1) 主要使用的是 SF_6 断路器和真空断路器两大类;

(2) 中压范围(6~40kV)几乎全部是真空断路器,而 126kV 及以上则几乎全部是 SF_6 断路器;

(3) 真空断路器性能十分优越,但因原理上的限制,电压等级很难提高,目前最高电压的商用断路器为 126kV;

(4) 更高电压等级的只有 SF_6 断路器,其主要问题不在于价格,而是温室气体效应严重,国际上开始限制使用。

短路故障电流水平迅速提高,现有的断路器往往难以满足急剧增大的断路容量的要求,只能被迫更换不满足要求的大容量电气设备。为了应对潜在不断增加的短路电流问题,更换大容量断路器,提高其断路能力,这将大大增加成本。更为严重的是,目前能够制造的断路器的最大断流能力有限,如目前产品的最大开断能力为国内 63kA 和国外 100kA。解决这一问题更为经济可行的方法是设法限制电力系统的短路电流,以避免更换新设备所需要的昂贵费用和复杂的设计测试工作,使电网的互联以及新发电厂和电网的连接不受系统增加的短路容量的限制。

传统的限制短路故障电流的措施有:分层分区,母线分列运行,采用高阻抗设备,变压器中性点接小电抗,加装串联电抗器,加装故障限流器,短路电流限制措施优化配置。一般是从电力网结构、系统运行方式和设备等三方面进行考虑。

(1)在电网结构方面,采取高一级电压或采用直流联网等均可控制系统短路电流水平。

(2)在系统运行方式方面,对具有大容量机组的发电厂采用单元接线;对环形供电网络可以在环网中穿越功率最小处开环运行;在降压变电所中可采用多母线分列运行或母线分段运行。这两种方法都需要极其昂贵的改造费用。

(3)在设备方面,如采用高阻抗变压器、分裂电抗器、分段电抗器和出线电抗器等。

这些措施会导致电压降和网络损耗增加,并降低电力系统运行的稳定性。为了保证电力系统安全稳定运行,快速限制短路电流水平就成为当前电力系统极其紧迫的问题。具体为:

(1)从电网结构方面考虑,变压器分开运行比变压器并联运行时的短路阻抗要大,可以限制短路电流,但这样就影响了系统运行的灵活性,功率损耗也更大。当电网容量日益扩大、短路电流相应增加到一定程度时,可以发展高一级电网,低压电网分片或将母线分列、分段运行,甚至将电网解列。但发展高一级电网投资大并且涉及环境污染问题。

(2)从系统运行方式考虑,低压分片、采用多母线分列运行或母线分段运行,甚至解列电网简单易行且效果显著,但一般只在必要时才采用,因为它可能降低系统的安全裕度,限制运行操作和事故处理的灵活性。随着500kV电网的发展,对220kV电网实施合理分区运行后,当系统短路电流不再对设备造成威胁时,分裂厂站应重新合环运行。采用超高压直流联网也是减小短路电流的一种方法,大区电网以直流互联的主要优点在于,两交流电网可以非同步运行,两电网可以互相隔离,不传送短路功率。但这种方法投资较大,随着可控硅整流等电力用半导体元件的普及与推广,脉冲开断、可控硅集成等技术的开发,可以期待成本会大幅度下降。

(3)从设备方面考虑,目前系统内应用的限流设备已有串联电抗器、高阻抗变压器、分裂电抗器、分段电抗器和出线电抗器等多种方式。在工厂用电系统及10~35kV变电所中有串联电抗器的方法,但在高压电网中不宜采用,这种措施会导致电压降和网络损耗增加,并降低系统的稳定性。串联电抗器限流技术在发生短路故障断开断路器时,还会引起瞬态恢复电压(transient recovery voltage,TRV),易将断路器及其他设备损坏。例如,加拿大 BC Hydro(British Colombia Hydro)电网的 25kV 线路上采用 2.1~3.5mH 的电抗器限制短路电流至 12.5kA,但切断短路故障时产生的瞬态恢复电压导致两条线路上的断路器损坏,安装限制过电压的浪涌电容(surge capacitor)可以解决这一问题。在大容量发电厂中为限制短路电流可采用低压侧带分裂绕组的变压器,在水电厂扩大单元机组上也可采用分裂绕组变压器。为了限制 6～10kV 配电装置中的短路电流,可以在母线上装设分段电抗器。分段电抗器能限制发电机回路、变压器回路、母线上发生短路时的短路电流,当配电网络中发生短路时则主要由线路电抗器来限制短路电流。采用高阻抗变压器、分段电抗器和出线电抗器的方法由于简单、可靠性高,应用较为广泛,但是系统正常运行时有较大的电压降和有功功率及无功功率损耗,效率低。分裂电抗器在电力系统正常运行时由负载引起的电压损失比普通电抗器要低,但是分裂电抗器有可能使无故障支路侧电压超过额定电压。

在配电网广泛应用的快速熔丝不具备自动复位功能,且不能应用于高压系统,而采用 SF$_6$ 断路器只能断开 63kA 以下的短路电流。目前,世界上已成熟生产的 100kA 气体绝缘金属封闭开关设备(GIS)是目前最大容量的断路器,中国尚无生产能力[84]。因此,电力系统急需一种有效的保护措施。

从中国实际情况看,根据国家电网规划,自 2010 年以后,已经逐步形成以三峡水电站为核心的全国互联电网。随着中国各大电网互联,在 220kV 以上的电网系统,如果发生短路故障,涉及面广,影响巨大,损失惨重。普遍采用的办法是限制短路电流的增长。目前解决短路电流的危害通常从电网结构、系统运行方式和设备性能三方面考虑:①增大主系统到配电设备间的"计算阻抗",如采用高阻抗变压器,中性点经小电抗接地限制单相短路电流等。②改变系统运行方式来限制短路电流,如分割系统、分割母线、采用短路电流限流器、采用静止无功发生(ASVG)或统一潮流控制器(UPFC)等柔性输电技术及"背靠背"技术间接限制短路电流。③对开断容量不足的断路器进行更换。通过改造电网结构限制短路电流的费用极其昂贵,通过改变系统运行方式来限制短路电流易造成电力系统运行的不稳定性。在设备端加装电抗器、高阻抗变压器会导致电压降和网络损耗增加,也会降低系统运行的稳定性,不适合在中、高压电网中的应用。各种措施的具体应用问题简述如下。

(1) 提升电压等级。下一级电网分层分区运行将原电压等级的网络分成若干区,辐射形接入更高一级的电网,大容量电厂直接接入更高一级的电网中,原有电压等级电网的短路电流将随之降低。例如,在 500kV 电网发展的基础上,进行 220kV 电网分层分区运行是限制短路电流最直接有效的方法。

(2) 采用母线分段运行。打开母线分段开关,使母线分段运行,可以增大系统阻抗,有效降低短路电流水平。该措施实施方便,但将削弱系统的电气联系,降低系统安全裕度和运行灵活性,同时有可能引起母线负荷分配不均衡。

(3) 采用高阻抗变压器和发电机。加大发电机阻抗会增大正常情况下发电机自身的相角差,对系统静态稳定不利;漏磁增加,故障初期过渡电阻增加,与此同时因转动惯量减小更进一步使动态稳定性下降。采用高阻抗的变压器同样也会有增加相角差的问题。因此,在选择是否采用高阻抗变压器和发电机时,需要综合考虑系统的短路电流问题和稳定问题。

（4）采用直流背靠背技术。短路电流含无功电流分量，而直流输电只输送有功功率不输送无功功率。对已有的交流系统，若通过直流系统将交流系统适当分片，即选择在同一地点装设整流、逆变装置，将两套装置连接起来而不需架设直流输电线路，可以很好地限制短路电流水平。但是，此方法的缺陷是换流装置设备费用较高。

（5）对环网解环运行。例如，对 220kV 环网解环运行。随着 500kV 及更高电压等级电网的建成及发展，220kV 电网逐步由高压输电网变为高压配电网，实行500kV/220kV 分层分区运行是必然趋势。从电网结构上看，长期存在高低压电磁环网是不利于电网的安全稳定运行的，也会使电网承受不必要的运行损耗及设备更换费用。对电网结构比较坚强，可以在合适的地方开断 220kV 的双环网，这样也就达到了限制 220kV 各主要节点短路电流的目的。若解环运行受限，可以考虑将环网内开断容量不足的断路器换为开断容量满足要求的断路器。

（6）变压器中性点经小电抗接地。采用 220kV 电网解环运行措施对限制220kV 短路电流效果明显，如果该措施不能使所有电厂、变电站的短路电流限制在50kA 以下，则需要在部分 500kV 变电站的变压器中性点加装小电抗，以限制220kV 侧母线单相接地短路电流。在 500kV 变压器中性点上加装小电抗仅对该变电站 500kV 侧和 220kV 侧母线单相接地短路电流有影响，但对 500kV 侧母线单相接地短路电流影响不大，而对 220kV 侧母线单相接地短路电流限制效果很好。从计算结果来看，所加装电抗器的电抗值为一合适数值时，其限制单相接地短路电流值的效果较好，但随着电抗值的增大，其限制作用越来越不明显。因此，需要加装多大电抗值的小电抗应根据需要限制的短路电流水平以及设备的绝缘水平、系统稳定性、经济性等因素来综合考虑。

（7）加装普通电抗器。电抗器是一个大的电感线圈，根据电磁感应原理，如果突然发生短路故障，电流突然增大，在这个大的电感线圈中，要产生一个阻碍磁通变化的反向电势，达到限制电流突然增大的目的，起到限制短路电流的作用，从而维持了母线电压水平。但是，电抗器正常工作时要消耗一定的电能，造成一些电压降，一般在 5% 左右。

线路电抗器，主要用来限制电缆馈线回路短路电流。由于电缆的电抗值较小且有分布电容，即使在电缆馈线末端发生短路，也和母线短路相差不多。为了出线能选用轻型断路器，同时馈线的电缆也不致因短路发热而需加大截面，常在出线端加装出线电抗器。

母线电抗器，装设在母线分段处，目的是使发电机出口断路器、变压器低压侧断路器、母联断路器和分段断路器等都能按各回路额定电流来选择，不因短路电流过大而使容量升级。母线分段处在正常工作情况时，电流流动较小，在此装设电抗器，所引起的电压损失和功率损耗都比装在其他地方小。

（8）结合装置与系统控制方法。结合有效的故障检测和系统控制,达到限流目的。关于故障点的检测方面目前已有多种实时测量的措施,分布式光纤传感系统是一个较新的实例,其通过对电缆由于局部放电、局部损伤、绝缘劣化、电流过载、电缆内外过热及火情等引起的温度变化信息的采集和处理实现在线故障检测和预警。其工作原理是激光在光纤中传输能够产生背向散射。在光纤中注入一定能量和宽度的激光脉冲,它在光纤中传输的同时不断产生背向散射光波,这些背向散射光波的状态受所在光纤散射点的温度影响而有所改变,将散射回来的光波经波分复用、检测解调后,送入信号处理系统便可将温度信号实时显示出来,并且由光纤中光波的传输速度和背向光回波的时间对这些信息定位。

（9）加装新型限流装置。例如,发展和引入电力系统短路故障电流限流器。

1.3.2 短路故障限流器

1. 传统的故障电流限制措施存在的问题

随着城市负荷的增长,短路电流超标已成为大型城市电网面临的严重问题。广东电网、华东电网等负荷密集地区的500kV枢纽变电站母线短路电流水平相继接近或超过断路器遮断容量。据有关规划分析,2010年前后华东电网长三角负荷中心部分500kV枢纽变电站短路电流超过63kA,面临无大容量开关可选的困境。云南主网500kV枢纽变电站母线短路电流水平也随着网架的不断增强而逐年提高,预计到2030年,太安、铜都及厂口等500kV变电站短路电流水平相继接近或超过断路器遮断容量。而且随着风电、太阳能等新能源的快速发展,电网结构越来越复杂,存在多个站点短路电流同时超标的问题。

当短路电流超标时,更换大容量断路器是最简单的方法,但牵涉设备制造能力、辅件的动热稳定承受能力以及通信干扰等问题,需要综合考虑。一般认为,系统短路电流和断路器遮断容量太大是不经济的。而且,一般断路器的分闸时间为20~150ms,全开断时间至少需要几十毫秒,而故障电流的最大峰值往往出现在第一半波,采用高参数断路器,不仅其本身制造难度和造价很高,而且不能使发、变电设备免受故障电流峰值电动力和热效应的冲击。另外,目前能够制造的断路器的最大断流能力有限,最大仅能达到100kA。随着电力系统容量和规模的扩大,系统短路电流越来越大,运行中的电气设备,如断路器和隔离开关的开断容量逐渐与系统的短路容量不匹配,断路器及其他设备的遮断容量和短路动稳定性不能满足要求,因此必须将其更换为具有更大开断容量的断路器和其他电力设施。短路电流越大,对这些电气设备的要求也越高,制造成本也相应提高。可见,单纯用提高电气设备承受短路电流能力的方法是十分不经济的。若短路电流值超过开断极限,只能被迫利用其他方法。

对于较高的故障电流水平,常用的解决方案还包括:解环运行并引入更高电压连接;引入更高阻抗的变压器以及串联电抗器。但这些方案可能产生其他问题,解环运行的同时也降低了电网的可靠性,高阻抗变压器可以在一定程度上降低电网的故障短路电流水平,但同时增加电力的传输损耗,对电能质量也会造成一定程度的不良影响。2008 年,华东电网在 500kV 泗泾变电站加装高压限流串联空心电抗器,恒定阻抗为 14Ω,运行压降为电网电压的 12%[85]。计算表明,安装串抗后,全系统的网损略有增加,正常方式下有功损耗的增幅在 3MW 以内,并且黄渡—泗泾的潮流越大,损耗的增幅越大。

然而,在传统的限流措施方面存在很大的不足,难以满足快速发展的电网的需要。传统的短路电流限制措施存在诸多缺点,电力安全问题更显突出,对电网的稳定性、安全性和现有电气设备构成了巨大威胁。因此,充分有效地限制短路故障电流是电力系统面临的实际问题。解决这一问题更为经济可行的办法是设法限制电力系统的短路电流。故障电流限流器就是用来限制故障电流的一种设备。在电网中安装故障限流器,是限制故障短路电流、降低断路器开断容量的有效措施。引入故障限流器,由于降低了短路电流的水平,可充分利用已有低断路器装置,而避免了低断路器升级的迫切要求。由于降低了短路电流的水平,从而大大降低了在短路瞬间故障电流对整个系统所有在线装置的冲击。由于引入故障限流器降低了潜在短路最大电流的水平,也大大降低了整个系统的设计难度和成本。

2. 故障限流器的特点

传统的短路电流限制措施,对系统正常运行时的特性带来一定的影响,在 20 世纪 70 年代,美国电力科学研究院提出了故障电流限流器(简称故障限流器)(fault current limiter,FCL)的概念。FCL 在系统正常时呈现零阻抗或低阻抗,系统发生故障时,其阻抗迅速增大,限制短路电流的峰值和稳态短路电流,使短路电流水平低于高压断路器的开断容量,即把系统的短路电流减小到安全、可控的水平。70 年代至 80 年代初期,可视为其发展的第一阶段,其特点是使用机械开关,其主要技术是针对灭弧问题,但装置成本高、速度慢,难以限制短路电流的峰值,故未能在电力系统中得到实际应用。80 年代中后期,由于新技术的出现及原有技术的发展,一系列具有不同短路电流限制原理的故障限流器不断被提出。随着电力电子技术、现代控制技术和新材料技术的发展,各种新型故障电流限流器更是不断涌现,并在电力系统中获得应用。在柔性交流输电技术提出以后,故障限流器得到了重视和快速发展。目前新一代故障限流器已经有多种类型,如超导限流器、固态限流器,以及 PTC(positive temperature coefficient)非线性电阻限流器———一种对异常温度及异常电流自动保护、自动恢复的非线性电阻保护元件,又称"自复保险丝"或"万次保险丝"。

在优化调整电网结构降低短路电流影响的同时,有必要考虑采用故障限流器等新技术来限制短路电流。理想的故障限流器应具有如下主要特性:

(1) 正常运行时装置呈现零阻抗或低阻抗,故障发生后呈现高阻抗;

(2) 发生故障后,在极短的时间内动作,限制短路后的第一个峰值电流;

(3) 正常运行时有功损耗很小;

(4) 限制后电流不影响继电保护等设备的正常动作;

(5) 装置具有高的可靠性,能自动复位和连续多次动作;

(6) 设备占用空间小,成本及运行费用低。

故障电流限流器种类不同,其工作原理也不相同,主要包括基于电力电子的固态电流限流器和基于快速开关、间隙、避雷器、电磁驱动、金属汽化、电弧等原理的其他各种类型限流器。

一般地,短路电流限流器必须满足下列要求:

(1) 线路正常运行时,限流装置呈低阻抗或零阻抗状态,系统的有功功率和无功功率损耗小,而且不会产生系统不可接受的谐波;

(2) 故障发生时,限流器应迅速从低阻抗状态切换到高阻抗状态,在故障电流到达第一个峰值前有效限制短路电流;

(3) 故障切除后,限流装置能较快地从限流时的高阻抗状态回到低阻抗状态,不影响电力系统重合闸;

(4) 限流过程中无过电压产生,不会引起系统暂态振荡;

(5) 控制简单,无须高速短路故障检测技术;

(6) 限制短路电流后无须更换,短期内可承受多次短路故障冲击,而且限流性能不会变差;

(7) 对正常过载电流,如电容器放电、变压器涌流、电动机起动电流等不敏感;

(8) 不影响电力系统保护的选择性;

(9) 如果故障限流器本身损坏,电力系统仍能安全运行;

(10) 成本价格合理,体积和重量在可承受范围,可靠性高,需要的维修量少。

故障限流器是现代电力系统中的重要元件,其优越性有:

(1) 一般来说,电压等级越高,故障电流越大,越难以开断;而使用故障限流器可直接减轻断路器的开断负担。

(2) 快速限制短路电流可减少线路的电压损耗和发电机的失步概率,如果能配置恰当的限流器,则系统的功率角稳定、电压稳定和频率稳定都能得到有效的改善,电网和设备事故也就可得到有效的控制。

(3) 目前输电线路的实际输送能力均在稳定极限以下,如果限流器能在短路电流达到峰值之前就发挥作用,大多数设备设计和选用时所要求的热稳定极限及动稳定极限就可降低,电网的热极限及稳定极限比也可相应减小,从而大大提高了输电线路的利用率,降低整个电网的投资。

(4) 高压电网短路电流水平的限制有利于架设在高压电力线路附近的通信线路和铁道信号系统的工作。

基于上述优越性,预计电力系统对故障限流器的需求必将会日益增强。

1.3.3　故障限流器应用

1. 故障限流器的应用状况

不同的限流方法各有优缺点,如用发电间隙法实现的限流器可以克服采用电力电子控制的限流器的缺点,并且在正常情况下不存在漏电流产生的损耗,但控制的灵活性较差。在各种故障电流限制设备当中,目前技术成熟的主要有限流电抗器、高压限流熔断器、谐振型限流器、兼有限流功能的串联补偿装置等。尚处于研究阶段的主要有:①正温度系数热敏电阻(PTC)限流器;②液态金属限流器;③应用电磁驱动原理的限流器;④复合型限流器等。就现状而言,应用较为普遍的依然是一些传统技术,如限流电抗器、高压限流熔断器、Is 快速限流器(Is-limiter)等,其中限流电抗器是目前唯一可以应用于高压系统的限流技术,而高压限流熔断器和 Is 快速限流器以目前的结构和工艺水平,主要应用于中低压系统中。Is 快速限流器由一个能通过很大负荷电流的导电桥和一个分断容量非常大的熔断器并联组成,由 ABB 德国的 Calor Emag 公司于 1955 年发明,其可于 1ms 内动作,并可在 5～10ms 内限制、开断短路电流,开断速度比断路器快 9～30 倍。60 年代初首批产品投放市场,是一个技术上成熟的产品。其参数做到额定电压 750V、12kV、17.5kV、24kV、36kV、40.5kV,额定电流 1250～4500A,最大预期开断电流有效值 140～210kA。对处于研究阶段的限流器,有的虽然在基础理论与应用研究方面取得了一些突破性进展,但距工程化应用还有相当长的距离。对于工程应用,特别是在高压电网的工程中应用,如冷却、绝缘、造价等基础性问题有待进一步研究。

近年来,随着柔性交流输电(FACTS)技术的日益成熟,特别是基于 FACTS 技术的电力电子装置在特高压电网中的成功应用,使得基于 FACTS 技术的限流器成为解决特高压电网中故障电流限制问题的重要途径之一。例如,Siemens 公司提出的基于晶闸管保护串联电容器(TPSC)技术的短路电流限流器(SCCL),就是 FACTS 技术在故障电流限制技术领域应用的一个典型示范。FACTS 技术作为一种已经基本成熟的新技术,其可靠性得到保证,同时 FACTS 设备性能已大幅提升,而造价却大幅降低,完全适合于商业应用。另外,基于 FACTS 技术的限流装置较易实现其他辅助功能的扩展,如抑制功率振荡,消除次同步谐振,实现无功补偿、潮流控制等。

经过多年的发展,目前新一代故障限流器已经有多种类型,主要有超导限流器、磁元件限流器、PTC 电阻限流器,以及固态限流器等。其中目前研究较多的是超导限流器和固态限流器。由于限流器技术还未成熟,目前还未大规模应用到电力系统中。

2. 故障限流器的应用实例

到目前为止,故障电流限流保护领域已提出了许多适用于各种电压等级的故障电流限制方案,其最高电压等级达到 500kV。国外则以美国南加利福尼亚的温森特 500kV 故障电流限流器为代表。国内的代表产品为浙江杭州瓶窑 500kV 故障电流限流器[86],如图 1-3-1 所示。瓶窑 500kV 故障电流限流器示范工程,由中国电力科学研究院产业公司-中电普瑞科技有限公司设计和研制,2009 年 12 月完成人工短路接地试验后转入正式运行。瓶窑 500kV 故障电流限流器是世界上首个在 220kV 及以上电压等级的串联谐振型故障电流限流器,是世界上首个基于晶闸管保护串联电容器技术的故障电流限流器,也是世界上首次在 220kV 及以上电压等级中引入并实现基于以线路电流斜率为判据的快速故障信号检测算法的故障电流限流器,极大地提高了华东电网的稳定性和安全性。在瓶窑—杭北单回线上安装的一台 8.0Ω、额定电流为 2.0kA 的故障电流限流器,其具体安装位置在瓶窑变电站内。该故障电流限流器可以大幅度降低支路的短路电流,并能把短路点的总电流降低到 47kA 以下。

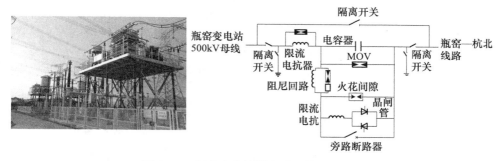

图 1-3-1　瓶窑变电站限流器及其主电路图

2009 年 12 月 22 日,华东电网承担了基于晶闸管串联保护装置(TPSC)技术的故障电流限流器示范工程项目,经过近两年的研究和建设,世界首台 500kV 短路电流限流器在瓶窑变电站投运。该示范工程为解决长期困扰华东电网 500kV 系统安全可靠运行的短路电流超标问题,创造性地提出了安装故障电流限流器的解决方案,不仅为提高华东电网运行可靠性提供了更新、更丰富的技术手段,也为国际同行提供了解决短路电流超标问题的技术方案。超高压电网故障电流限流器示范工程项目,是国家电网公司"电力系统电力电子关键技术研究框架"规划的重点科技项目,由华东电网为主承担。

随着未来智能电网的发展,作为普遍认同的智能电网的短路保护技术,固态限流器(solid-state fault current limiters,SSFCL)提供了一种解决方案,其优点为:快速恢复,故障安全/失效安全,无电流畸变,无需低温,晶闸可控开关(SGTO)低损耗,降低尺寸和重量,可扩展模块以获得额定的电压和电流。图 1-3-2 为固态限流器原理及其在智能电网中的应用示意[87,88]。智能电网的短路保护问题,不仅需要独立有效的智能限流装置,还需要不同类型限流装置的复合及装置群的智能联合与协调。将限流保护功能与储能调控相结合的储能型限流器是在解决限流保护的同时,改善电能质量的一种复合功能的装置。

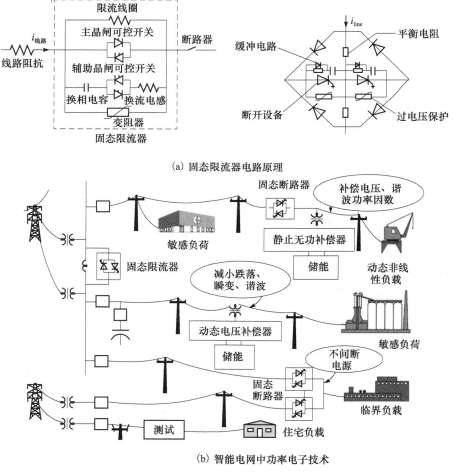

(a) 固态限流器电路原理

(b) 智能电网中功率电子技术

图 1-3-2　固态限流器原理及其在智能电网中的应用

1.4　电力系统短路保护技术的比较

1.4.1　电力系统短路保护装置

针对电力系统短路保护问题,迄今为止已经出现了许多不同的装置和技术解决方案。这些具有不同短路保护特性的电力系统的短路故障电流限流装置主要有下述几类。

(1)保护闸。即断路器,是一种利用电磁力和机械结构的最传统的短路保护装置,如图 1-4-1 所示。特点:短路大电流,自动驱使保护闸开断。但是所能制造的断路器的最大断流能力是有限的,如目前产品的最大开断能力为国内 63kA 和国外 100kA。

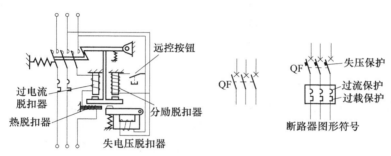

(a) 结构原理图

(b) 平高550kV罐式SF$_6$断路器

图 1-4-1　断路器原理及实物图

(2)熔断器。熔断器是一种过流高温熔断装置,即当电流超过规定值时,以本身产生的热量使熔体熔断而断开电路的一种电器,如图 1-4-2 所示。特点:简单,但系统瘫痪后需恢复,无瞬时短路保护功能。高压限流熔断器价格低廉且能够比断路器更迅速地切断电路,故在电力系统中用于保护发电机、变压器等设备。但高压限流熔断器在迅速切断短路电流的同时,因熔体熔化和汽化,会产生高温高压。同时会在燃弧和熄弧过程中产生过电压,反作用于被保护的设备上,可能会引起误动作或各种故障[89]。

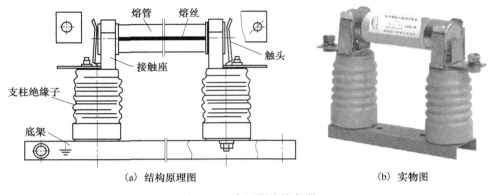

(a) 结构原理图　　　　　(b) 实物图

图 1-4-2　高压限流熔断器

　　(3)电抗器。电抗器是一种具有固定电感的电感线圈,利用其串联于输电系统的电感,减少短路冲击电流,如图 1-4-3 所示。特点:运行方式简单、安全可靠;产生电压损耗和能量损耗,引起系统的不稳定。为了限制输电线路的短路电流,保护电力设备,通常在线路中串接电抗器。电抗器能够减小短路电流并使短路瞬间系统的电压保持不变。在电容器回路安装阻尼电抗器(即串联电抗器),在电容器回路投入时起抑制涌流的作用。同时与电容器组一起组成滤波器,起到对各次谐波的滤波作用。随着电网建设及输变电技术的发展需要,以环氧浸渍玻璃纤维包封的干式空心电抗器替代水泥电抗器与铁芯电抗器是发展的趋势,干式空心电抗器已广泛应用于高压及超高压交、直流输变电系统进行无功补偿、负荷潮流控制以及换流阀直流侧电压、电流中的谐波滤除等[90]。

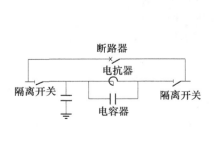

(a) 电抗器电路原理图　　　　　(b) 实物图

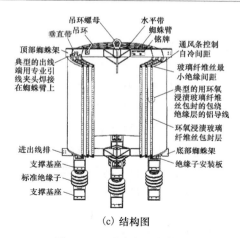

(c) 结构图

图 1-4-3　干式空心电抗器

（4）分裂电抗器。分裂电抗器是一种具有中间抽头的电抗器。其中间一般接电源，2 个分支（2 臂）用来连接大致相等的两组负荷，2 个分支的自感相同，分支间不仅具有磁的耦合，而且还有电的联系，如图 1-4-4 所示[91]。优点：正常运行时电抗小，压降小；而短路时电抗大，限制短路电流作用大。缺点：若一臂负荷变动过大，另一臂将产生较大的电压波动。分裂电抗器正常运行时阻抗值较小，引起的电压损耗较小，发生短路时的阻抗为正常运行阻抗的 2 倍，使得限制短路电流的作用得到了加强。如果分裂电抗器太大，又可能会使得当 1 个分支负荷突然切除时，电压波动较大，所以一般要求分裂电抗器的阻抗不能太大。

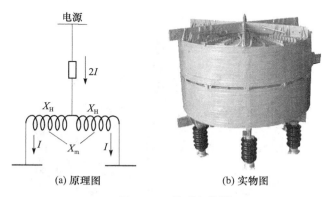

(a) 原理图　　　　　　　　　　(b) 实物图

图 1-4-4　分裂电抗器

（5）晶闸管保护器。晶闸管保护器是一种采用可关断晶闸管的限流保护器。特点：应用电力电子技术实现的限流器虽然能通过复杂的控制线路将限流和无功补偿甚至潮流控制等融为一体，但由于目前单个器件的容量有限，在高压和超高压系统中使用时必须采用多管串、并联的方法,而这种串、并联不同于简单的电阻串、并联,需要研究驱动电路的同步控制技术,可靠性因控制电路复杂化而降低,而且电子电力器件的容量、漏电流和昂贵的价格也影响它的发展前景。

(6) 高阻抗变压器。提高变压器阻抗的方法一般有两种。第一种是采用普通的变压器常规结构,通过调整铁芯直径和绕组参数,必要时还要采取拆分绕组等措施,达到提高变压器阻抗的目的。第二种是采用在变压器油箱内部设置电抗器(即内置电抗器)的结构来达到提高变压器入口电抗的目的[92]。图 1-4-5 是高阻抗变压器的原理图与实物图。采用高阻抗变压器的主要优点是机器小型化,励磁损耗、铁损、风损等空载损耗变小,励磁机容量减小,设备价格相对便宜。主要缺点是增大了正常情况下发电机本身的相角差,使静态稳定性下降,并且导致漏磁增加使故障初期过渡阻抗增加,同时,因转动惯量减小更进一步使动态稳定性降低,另外过负荷能力也减小。因此,在选择是否采用高阻抗变压器时需要综合考虑系统的短

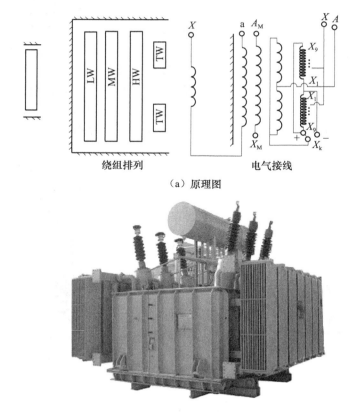

(a) 原理图

(b) 实物图

图 1-4-5　高阻抗变压器

路电流问题和稳定问题,才可决定变压器的阻抗值。根据部分国外的运行经验,升压变压器一般采用 10%~14% 的阻抗值,而大容量火电厂、核电厂的升压变压器则宜采用 20% 左右的阻抗值。采用高阻抗变压器可以减少电抗器设备的使用,从而减少检修维护工作量和可能的故障点。目前高阻抗变压器的制造技术都比较成熟,实际运行效果也较好。实践证明,采用高阻抗变压器是限制短路电流的一种行之有效的办法。但采用高阻抗变压器后,应配置足够的电容器容量,以补偿高阻抗变压器带来的电压损耗与无功损耗,从而增加了变电站的建设投资[93]。

(7) 分裂变压器。分裂变压器是将变压器的低压线圈分裂成额定容量相等的两部分或者几部分。低压线圈分裂成两个或三个支路,线端标志为小写字母加数字(下标),不分裂的高压绕组由两个并联支路组成,线端标志不变,其线圈接线图与实物图如图 1-4-6 所示。分裂线圈之间没有电的联系,而仅有较弱的磁联系。分裂绕组的每个支路可以单独运行,也可以在额定电压相同时并联运行,低压线圈分裂后,可以大大地增加高压线圈与低压线圈各分裂部分之间,以及低压分裂线圈之间的短路阻抗,从而很好地限制网络的短路电流,因此分裂变压器在电力系统中得到广泛的应用。分裂变压器限制短路电流的作用显著,与普通变压器相比,在容量、电抗相同的情况下,分裂变压器的低压侧短路电流可大约减少为普通变压器的 $1/4\sim1/2$[94]。

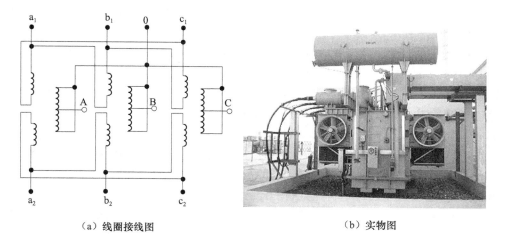

（a）线圈接线图　　　　　　　　　　　（b）实物图

图 1-4-6　三相双分裂变压器

1.4.2　电力系统短路保护方法比较与探讨

处理短路故障电流限流和短路故障保护的措施和方法,主要有下述几种。

放电间隙法。采用有限调节闸的放电间隙。特点:用放电间隙法实现的限流器可克服电力电子器件限流器的缺点,且在正常情况下不存在因漏电流而产生的损耗,但控制的灵活性较差。

电抗器法。采用限流分裂电抗器。特点:分裂电抗器在电力系统正常运行时因负载引起的电压损失比普通电抗器要低,但是分裂电抗器有可能使无故障支路侧电压超过额定电压,降低系统的稳定性和效率。

变压器中性点接小电抗。变压器中性点加小电抗接地是降低单相短路电流的有效限流措施,特别是单相短路电流大于三相短路电流的情况尤为明显。变压器中性点接入小电抗后,零序网络阻抗发生变化,有可能出现两相接地短路电流大于单相接地短路电流的情况。因此,接入多少阻值的小电抗才能满足设备要求,应校核短路点的单相接地短路电流以及两相接地短路电流。自耦变压器中性点经小电抗接地,合适的阻抗值在 $5 \sim 20\Omega$ 范围内,更大的阻抗难以获得相应的效果。缺点:系统在发生单相短路的情况下,变压器中性点串接的小电抗将会造成变压器中性点的电压偏移,可能危害到中性点绝缘。为限制变压器中性点过电压,中性点可装设氧化锌避雷器,常用继电保护设备均可满足正确判别、可靠动作的要求[93]。

直流背靠背技术。直流输电技术通常用于大功率远距离输电和不同频率电网间的互联。采用直流联网或直流输电对交流系统进行分区,将电网分成相对独立的几个交流系统,避免系统间相互注入短路电流,可起到控制交流电网短路电流的作用。由于直流输电只输送有功功率而不输送无功功率,而短路电流多半为无功电流,所以采用直流输电联网不仅可以限制短路电流,隔离交流故障的传递,而且可以增加电网容量,是目前限制主干电网短路电流的有效方法之一。

母线分列运行。母线分列运行是通过采用改变系统联系和结构的办法,增大系统阻抗以限制短路电流。优点:由于母线分列运行是采用改变系统联系和结构的办法增大系统阻抗限制短路电流,所以是最经济、最简单、最有效的一种限制短路电流的手段。缺点:降低系统的安全裕度,限制运行操作和事故处理的灵活性,因此一般只在必要时采用。

电网分解。电网分解是一种通过改变系统运行方式,即采用分化系统传输方法,达到限流保护目的的方法。特点:系统复杂,成本大大增加。具体措施包括提升电压等级,下级电网分层分区运行。

(1) 提升电压等级是将原电压等级的网络分成若干区,辐射形接入更高一级的电网,原有电压等级电网的短路电流将随之降低。电网电压等级增加一倍,在变压器短路阻抗相同的情况下,低压侧短路电流将减少近一半,可以有效地抑制配网短路电流,限制电网中高阻抗变压器及限流电抗器的使用或者减小变压器的阻抗值,从而达到节省变电站建设投资、降低网损的目的[95]。

(2) 分层分区是指按电网的电压等级将电力系统分为若干结构层次,在不同层次按供电能力划分若干区域,为区域内电力负荷安排合适的电力供应,形成基本的供需平衡[96]。分层分区是在电力系统发展过程中逐渐形成的。在电力系统的主网联系加强后,将次级电网解环运行,实现电网分层分区运行,这是控制短路电流的主要措施。优点:①稳定易于控制。在开环网络中发生干扰,往往切除故障元件,再辅以有效的事故处理手段,即可平息事态发展。在环网中如果发生故障,不少情况下切除故障元件后,将引起功率转移,使非故障元件通过的功率越限而导致稳定破坏。②潮流控制方便。开环运行时,调整送端电源的有功或功率角和无功或电压即能达到调整潮流的目的。合环运行时,潮流在环网内自然分布,控制困难,易发生部分环网元件通过的功率满载甚至过载,而部分元件闲置的现象。③限制短路容量。环网开环运行,是限制短路容量的重要手段。合环运行,综合阻抗往往较小,短路容量较大。短路容量大的母线,是那些出线较多,并且电源出线集中的母线。这些母线发生故障,往往是引发电力系统大事故的元凶。分层分区是限制短路电流最根本、最有效的方法。④简化继电保护和安全自动装置。环网的继电保护和稳定措施配置比非环网要复杂得多且配合的难度较大。保护和安全自动装置的复杂化和不配合,一般是事故的直接或扩大原因。在某些环网中,因为开环运行不存在环流问题,输电损失可能比合环运行时要小,从而可提高输电效率,有更好的经济性。缺点:实行电网分区运行后,断开了各片电网之间的联系,使电网结构减弱,引起潮流分布改变,导致供电可靠性明显降低,使局部地区联络线成为输电瓶颈,使正常运行时电力输出和送入受到限制,在某些检修方式下会更加严重。这需要结合电网改造和其他安全稳定措施来解决。同时开断线路也可能造成部分变电站运行电压偏低。

　　这些传统的方法都存在明显不足或使用范围的限制。在发展和完善现有技术的同时,有必要探讨新的解决方案。总结短路电流增大的原因和短路电流的危害性,需要对现有限制短路电流的技术措施进行分析和比较,因此从短路电流的限制措施出发,对电网结构、短路电流增长原因及其带来的问题进行分析,研究合理限制短路电流水平的思路,开发出适应于电力系统发展需要的短路电流限制措施的优化配置方案,将有助于减轻电力设备的负担,提高电力系统运行的稳定性,提高电网运行效率,指导电网规划的进程。

　　20世纪70年代,美国电力科学研究院提出了故障电流限流器(即限流器,FCL)的概念,近年来故障电流限流器方案逐渐发展并得到广泛关注。理想的限流器对电网正常运行影响甚微,即阻抗为零、能源损耗为零;故障发生时,它的阻抗从零跃变到预定数值,将故障电流快速限制下来,故障切除后自动恢复原状。理想限流器随时间变化的特性是阻抗的阶跃函数。限流器可以自触发,也可由外部控制系统触发启动。理想限流器应能自触发,无需外部控制系统[97]。由于环网解裂、母线分段、固定串联电抗、高阻抗变压器等常规技术措施,会对电网运行带来一定的负面影响,故障电流限流器已成为应对故障电流快速增长的一种重要技术手段。它能够有效限制电网的短路容量,从而极大地减轻断路器等各种高压电气设备的动、热稳定负担,提高其动作可靠性和使用寿命,保证电网的安全与稳定运行。另外,由于限制了短路容量,有可能显著降低对电网中各种电气设备(如变压器、断路器、互感器等)以及电网结构的设计容量要求,大大节省投资。

目前限流器的设计方案有数十种之多,其中超导故障电流限流器和固态故障电流限流器具有独特的限流特性,可以提高输电线路和输电网运行的整体控制能力,是最具有发展前景的短路电流控制技术[95]。许多发达国家都投入巨资开展新型故障电流限流器的研究工作,开发出的故障电流限流器已经通过试验,有效地限制了短路电流,并开始在变电站进行长时间试验运行,在国内某些地区也开展了示范性的应用。

固态限流器的基础模块是由晶闸管或可关断的电力电子器件(IGCT、IGBT、SGTO 等)与限流元件、控制系统组成的。正常运行时开关器件处于导通状态,将限流电阻或限流电抗旁路;故障发生时开关器件强迫关断,使限流元件插入回路。固态限流器可分为串联开关型限流器、桥式切换阻抗限流器(bridge-type switched impedance FCL)等类型。固态限流器的优点是:动作时间短,可控性好,允许动作次数多,可以有效限制短路电流暂态峰值;主要缺点是:正常运行时开关器件长期处于导通状态,通态能耗不容忽视。但由于电子元件容量较低,用于高电压、大电流场合需要多个元件串、并联,目前制造难度大,可靠性低,成本高,还有待于进一步研究。固态限流器需用多重模块串联以耐受系统的暂态过电压。受电力电子器件耐压水平的限制,目前研制的固态限流器适用于配电系统[97]。

1.5　超导电力系统短路故障限流器

电力系统的短路保护问题,作为一个难题,是现代电力系统的一个重要关注点,并且目前尚未有一个能基于传统技术实现的理想的技术方案。

随着电力系统规模和容量的扩大,其短路容量变得越来越大。巨大的短路电流如不能得到有效的限制,可能导致重要电气设备的损坏,系统稳定性丧失,甚至导致整个系统的崩溃。目前中国制造的最先进的 SF_6 断路器的开断容量约为 63kA,世界最好的已达到 100kA,然而要进一步提高其开断容量非常困难。因此,为保证设备与电网的安全,为进一步发展大容量集中输电电力系统,必须对短路电流进行有效的限制。常规限流装置,如电抗器等,不仅带来电压损失和功率损耗,而且不能有效解决故障状态下限流与正常状态下产生损耗和不稳定负面影响的矛盾,已无法满足需求。目前输配电系统急需实用有效的新型限流技术和设备。

自从短路故障电流限流器出现以来,由于其广泛的应用前景,得到了快速发展。目前已经提出的短路电流限流器种类很多,根据其核心即关键技术特点可以分为以下几类。

（1）驱动型限流器。驱动型限流器又可以细分为机械开关驱动型限流器、电磁驱动型限流器、熔断器驱动型限流器和电弧驱动型限流器。

（2）新型固态限流器。现代电力电子技术的快速发展，使新型固态限流器即电力电子型限流器，在超高压电网中的应用成为可能。其特点是通过电力电子元件的快速动作，实现限流器在不同状况下的快速转变。其主要类型包括并联谐振型限流器、串联谐振型限流器、整流型限流器和基于FACTS技术的限流器。

（3）材料型限流器。材料型限流器主要有超导型和PTC材料型。超导限流器接入电网后，当电力系统正常运行时，传输电流在超导体的临界电流以下，超导体的电阻几乎为0，对电力系统的运行无影响。一旦电网发生短路，短路电流大于临界电流，超导体"失超"，由零阻抗表现为非线性高电阻，从而限制短路电流。PTC电阻是一种正温度系数的非线性电阻，室温时电阻非常低，当温度升高到某一值时，电阻迅速增加。因此，在正常运行时，电阻非常小，当发生短路故障时，电流值急剧上升，功率也相应急剧上升，引起温度升高，PTC的阻值随温度的升高而迅速上升，通常在很短的时间内阻值提高8~10个数量级，从而可以达到限制短路电流的目的。

高温超导（high temperature superconductor，HTS）材料的出现和发展，使超导技术在电力领域的应用变得更加可行和具有更好的发展前景，并在其引起一系列技术变革的同时，也产生了一个解决电力系统短路保护难题的特殊契机，为研发有效的短路故障电流限流器提供了一个特殊的机遇。在发展实用化高温超导材料的同时，研究人员开始探讨利用高温超导体的特性，如利用超导态-常态的电阻转变、磁屏蔽效应和大电流特性，设计制作不同电力系统短路故障电流限流器的方案。一种具有全新意义的电力系统理想限流装置——高温超导电力系统短路故障电流限流器诞生了。高温超导材料具有高电流密度、零阻抗、磁通屏蔽、快速响应等一系列特性[98,99]，尤其适合设计短路故障电流限流器；加之由于高温超导材料的基本性能已具备良好的可实用性，且运行成本低，研发高温超导限流器已成为可能，并成为目前高温超导在电力系统最重要的应用探索之一，具有非常大的发展潜力。

在高温超导材料出现之前，基于超导材料的特性和无可比拟的优点，自20世纪80年代初，人们就已开始了超导限流器的探讨，且其被认为是当时最理想的短路故障电流限制装置。然而，由于传统低温超导材料（low temperature superconductor，LTS）的低温运行成本过高，实际普遍应用未能得到推广。80年代末，高温超导被发现后，随着高温超导材料的制备技术的逐步成熟，高温超导限流器的研究成为超导限流技术的热点并取得了可喜的成就。

高温超导限流器可成为一种理想的限流装置，因为：①它能实现在高压和大电流下运行。②响应速度快。从研制的样机测试和运行情况看,若发生短路故障,它能在 100ns 内起作用,并在 3 个周波内,将短路电流从额定电流的 7 倍限制到 4 倍,而没有安装高温超导限流器时的短路电流一般都在 10 倍以上。③在正常运行时可通过大电流且只呈现很小甚至为零的阻抗,而在电力系统发生短路故障时自动呈现大阻抗将短路电流限制到较低水平,同时大大减小对系统正常工作的影响,因而具有非常理想的限流效果。④集检测、触发、限流和自动恢复功能于一体,自动完成全部限流保护过程。当线路故障清除后,又可以自动恢复,为再次限制短路电流做好准备。⑤其应用可大大提高输配电系统的稳定性和可靠性,提高输电能力和灵活性,大大降低系统升级改造的成本。这些优点都是利用高温超导材料的固有性质,通常不需要额外的辅助装置。限流程度可通过高温超导限流器的结构设计参数调整,实现大范围的保护和可控。图 1-5-1 为高温超导限流器及传统限流装置的开断及不同的限流工作特性。图 1-5-2 为一种传统保护闸限流装置的工作原理[100]。图 1-5-3 为高温超导限流器的工作特性比较示意图。

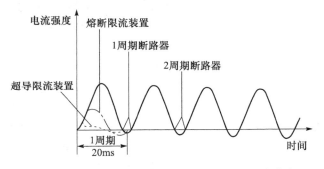

图 1-5-1　保护闸的开断及不同限流装置的限流特点

高温超导限流器可以克服常规限流器的固有缺陷,是目前最理想的限流技术与装置发展方案,具有广阔的应用前景和巨大的市场需求潜力,并将带来电力系统限流保护技术的重大变革。

在高温超导材料出现后,一系列利用高温超导特性设计的不同类型的故障限流器相继问世,被认为是一种理想的技术方案,是目前最有效的一类电力短路故障电流限制装置。随着高温超导材料技术的出现和迅速发展,超导电力应用得到快速发展,已经成为一个获得重点关注的重大技术研究领域和热点。高温超导限流器成为高温超导在电力领域最早得到研究和应用的一项高新技术,也将成为一种最早商业化的高温超导电力装置。

高温超导限流器不仅为目前电力系统提供了一种迫切需求的保护方案,也为未来的新概念电力系统提供了核心技术方案。图 1-5-4 为未来超导电力系统和超导装置新概念应用的描绘,其包括高效发电、变电、输电、蓄电、保护和集成。高温

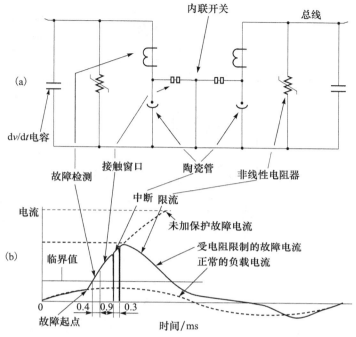

图 1-5-2　一种传统限流器的工作原理示意图

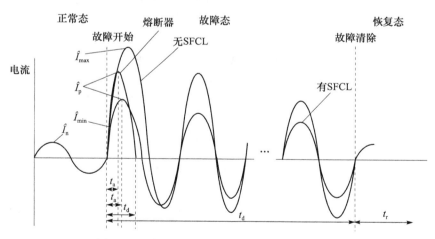

图 1-5-3　高温超导限流器工作特性比较示意图

$\hat{I}_p$-短路电流峰值；$\hat{I}_{max}$-最大限制电流；$\hat{I}_{min}$-最小初始电流；$\hat{I}_n$-额定电流峰值；

t_r-恢复时间；t_a-动作时间；t_d-故障持续时间

超导限流器将与多种高温超导电力装置一起,为未来发展超导电力系统及复合电力、能源、信息的新概念超网提供关键的核心技术。

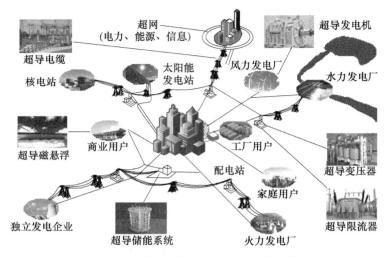

图 1-5-4　未来复合超导技术的电力系统

参 考 文 献

[1]　张运洲. 从国际经验看中国大电网的发展趋势. 国家电网,2013,(3):65-67.

[2]　Su W C,Huang A Q. 美国的能源互联网与电力市场. 科学通报,2016,61(11):1210-1211.

[3]　范松丽,苑仁峰,艾芊,等. 欧洲超级电网计划及其对中国电网建设启示. 电力系统自动化,
　　　2015,39(10):6-15.

[4]　郑健超. 电力技术发展趋势浅议. 电网技术,1997,21(11):4-10.

[5]　赵争鸣. 太阳能光伏发电及其应用. 北京:科学出版社,2005.

[6]　梁才浩,段献忠. 分布式发电及其对电力系统的影响. 电力系统自动化,2001,25(12):53-56.

[7]　Ackermann T,Andersson G,Söder L. Distributed generation:A definition 1. Electric Power
　　　Systems Research,2001,57(3):195-204.

[8]　韦钢,吴伟力,胡丹云,等. 分布式电源及其并网时对电网的影响. 高电压技术,2007,33
　　　(1):36-40.

[9]　贾要勒,杨仲庆,曹秉刚. 分布式可再生能源发电系统的研究. 电力电子技术,2005,39(4):
　　　1-4.

[10]　高辉清. 中国能源发展战略报告. http://www. moneychina. cn/d/2005/12/07/1133937670251.
　　　html[2005-12-07].

[11]　国家电力调度通信中心. 电力系统继电保护实用技术问答. 北京:中国电力出版社,2000.

[12]　陈永淑,周雒维,杜雄. 微电网控制研究综述. 中国电力,2009,42(7):31-35.

[13]　盛鹍,孔力,齐智平,等. 新型电网——微电网(Microgrid)研究综述. 电力系统保护与控
　　　制,2007,35(12):75-81.

[14]　肖宏飞,刘士荣,郑凌蔚,等. 微型电网技术研究初探. 电力系统保护与控制,2009,37(8):114-
　　　119.

[15]　Hatziargyriou N, Asano H, Iravani R, et al. Microgrids. IEEE Power and Energy Magazine, 2007, 5(4): 78-94.

[16]　Morozumi S. Micro-grid demonstration projects in Japan. Power Conversion Conference, Nagoya, 2007: 635-642.

[17]　Green T C, Prodanovic M. Control of inverter-based micro-grids. Electric Power Systems Research, 2007, 77(9): 1204-1213.

[18]　鲁宗相, 王彩霞, 闵勇, 等. 微电网研究综述. 电力系统自动化, 2007, 31(19): 100-107.

[19]　王成山, 肖朝霞, 王守相. 微网综合控制与分析. 电力系统自动化, 2008, 32(7): 98-103.

[20]　楼书氢, 李青锋, 许化强, 等. 国外微电网的研究概况及其在我国的应用前景. 华中电力, 2009, 22(3): 56-59.

[21]　黄伟, 孙昶辉, 吴子平, 等. 含分布式发电系统的微网技术研究综述. 电网技术, 2009, 33(9): 14-18.

[22]　Lopes J A P, Madureira A G. A view of microgrids. Wiley Interdisciplinary Reviews Energy and Environment, 2013, 2(1): 86-103.

[23]　Bhaskara S N, Chowdhury B H. Microgrids—A review of modeling, control, protection, simulation and future potential. Power and Energy Society General Meeting, 2012, 59(5): 1-7.

[24]　Kato T, Takahashi H, Sasai K, et al. Multiagent-based power allocation scheme for islanded microgrid. The 1st IEEE Global Conference on Consumer Electronics, Las Vegas, 2012: 602-606.

[25]　康重庆, 陈启鑫, 夏清. 低碳电力技术的研究展望. 电网技术, 2009, 33(2): 1-7.

[26]　陈树勇, 宋书芳, 李兰欣, 等. 智能电网技术综述. 电网技术, 2009, 33(8): 1-7.

[27]　谢开, 刘永奇, 朱治中, 等. 面向未来的智能电网. 中国电力, 2008, 41(6): 19-22.

[28]　余贻鑫, 栾文鹏. 智能电网. 电网与清洁能源, 2009, 25(1): 7-11.

[29]　余贻鑫. 面向 21 世纪的智能配电网. 南方电网技术研究, 2006, 2(6): 14-16.

[30]　Amin S M, Wollenberg B F. Toward a smart grid: Power delivery for the 21st Century. IEEE Power and Energy Magazine, 2005, 3(5): 34-41.

[31]　Miller E. Renewables and the smart grid. Renewable Energy Focus, 2009, 10(2): 67-69.

[32]　Rahman S. Smart grid expectations. IEEE Power and Energy Magazine, 2009, 7(5): 88, 84-85.

[33]　Fang X, Misra S, Xue G, et al. Smart grid—The new and improved power grid: A survey. IEEE Communications Surveys and Tutorials, 2012, 14(4): 944-980.

[34]　朱怡. 智能电网的历史发展过程. http://power.in-en.com/html/power-2255868.shtml [2016-03-22].

[35]　蒋明桓. 关于"智能电网"与"智慧能源"情况汇编. http://www.china5e.com/subject/subjectshow.aspx?subjectid=97&classv=&pageid=1[2009-07-23].

[36]　武建东. 全面推动电网革命拉动经济创新转型. http://www.chinapower.com.cn/article/1146/art1146899.asp[2009-09-12].

[37]　孙颖. 智能电网: 下一个四万亿带来什么? http://www.61970.com/data/2010/0322/article_

　　　　 39124. htm[2010-03-22].

[38]　王增平,姜宪国,张执超,等.智能电网环境下的继电保护.电力系统保护与控制,2013,26
　　　　(2):13-18.

[39]　Dugan R C,McGranaghan M F,Beaty H W. Electrical Power Systems Quality. New York:
　　　　McGraw-Hill,1996.

[40]　Reid W E. Power quality issues-standards and guidelines. IEEE Transactions on Industry
　　　　Applications,1996,32(3):625-632.

[41]　朱桂萍,王树民.电能质量控制技术综述.电力系统自动化,2002,26(19):28-31.

[42]　李勋.统一电能质量调节器(UPQC)的分析与控制.武汉:华中科技大学博士学位论文,
　　　　2006.

[43]　Hingorani N G. High power electronics and flexible AC transmission system. IEEE Power
　　　　Engineering Review,1988,8(7):3-4.

[44]　Hingorani N G. Flexible AC transmission. IEEE Spectrum,1993,30(4):40-45.

[45]　Hingorani N G. Introducing custom power. IEEE Spectrum,1995,32(6):41-48.

[46]　Ribeiro P F,Johnson B K,Crow M L,et al. Energy storage systems for advanced power
　　　　applications. Proceedings of the IEEE,2001,89(12):1744-1756.

[47]　 Rufer A,Hotellier D,Barrade P. A supercapacitor-based energy-storage substation for
　　　　voltage-compensation in weak transportation networks. IEEE Transactions on Power De-
　　　　livery,2003,19(2):629-636.

[48]　程华,徐政.分布式发电中的储能技术.高压电器,2003,39(3):53-56.

[49]　曾庆禹.特高压交直流输电系统可靠性分析.电网技术,2013,37(10):2681-2688.

[50]　罗亚,周青山,周德雍,等.短路电流计算程序的开发与仿真.华中电力,2004,17(2):38-41.

[51]　向铁元,王智伟,秦跃进,等.湖北电网 2007 年短路电流水平及限制措施.电力科学与技
　　　　术学报,2007,22(1):87-91.

[52]　周荣光.电力系统故障分析.北京:清华大学出版社,1988.

[53]　朱宁辉,赵波,王海龙,等.故障电流限制器工程应用性能研究.智能电网,2015,3(9):833-
　　　　838.

[54]　Zhang X,Soudi F,Shirmohammadi D,et al. A distribution short circuit analysis approach
　　　　using hybrid compensation method. IEEE Transactions on Power Systems,1995,10(4):
　　　　2053-2059.

[55]　黄少伟,陈颖,沈沉.不对称电力系统相序混合建模与三相潮流算法.电力系统自动化,
　　　　2011,35(14):68-73.

[56]　陈亚民.用导纳矩阵修正方法计算电力系统跨线故障.电力系统自动化,1990,14(1):13-
　　　　19.

[57]　方富淇,向华.电力系统短路故障专家系统计算法.电力系统自动化,1994,18(6):36-40.

[58]　单潮龙,马伟明.BP 人工神经网络的应用及其实现技术.海军工程大学学报,2000,(4):
　　　　16-22.

[59]　Chen T H,Chen M S,Lee W J,et al. Distribution system short circuit analysis—A rigid

approach. IEEE Transactions on Power Systems,1992,7(1):444-450.

[60]　邱天基.一个快速解弱质网目工业配电系统三相短路故障电流的方法.台电工程月刊, 1997,(586):56-73.

[61]　王梅义,吴竞昌,蒙定中.大电网系统技术.北京:中国电力出版社,1999.

[62]　李明,何海日方,张小青.几种在电力系统中应用的故障限流器.吉林电力,2005,(5):54-56.

[63]　钱家骊,刘卫东,关永刚.非超导型故障电流限制器的技术经济分析.电网技术,2004,28 (9):42-43.

[64]　郑漳华,殷光治,宋卫东,等.欧洲电网互联现状分析及其对构建能源互联网的启示.电力 建设,2015,36(10):40-45.

[65]　刘开俊,李隽,罗金山,等.同步电网发展趋势与中国能源互联网发展研究.电力建设, 2016,37(6):1-9.

[66]　安蓓.2005 年中国发电装机容量将超过 5 亿千瓦. http://news. xinhuanet. com/fortune/ 2005-09/13/content_3482981. htm[2013-05-23].

[67]　康重庆,杜尔顺,张宁,等.可再生能源参与电力市场:综述与展望.南方电网技术,2016, 10(3):16-23.

[68]　王益民.全球能源互联网理念及前景展望.中国电力,2016,49(3):1-5.

[69]　陈黔明,赵明娜.三峡的建设与金沙江的西电东送.电网技术,1995,(8):39-41.

[70]　印永华,郭剑波,赵建军,等.美加"8·14"大停电事故初步分析以及应吸取的教训.电网 技术,2003,27(10):8-11.

[71]　毛安家,张戈力,吕跃春,等.2011 年 9 月 8 日美墨大停电事故的分析及其对我国电力调 度运行管理的启示.电网技术,2012,36(4):74-78.

[72]　辛阔,吴小辰,和识之.电网大停电回顾及其警示与对策探讨.南方电网技术,2013,7(1): 32-38.

[73]　王健,丁屹峰,宋方方.2011 年国外大停电事故对我国电网的启示.现代电力,2012,29 (5):1-5.

[74]　向萌,左剑,谢晓骞,等.荷兰 2015 年 3 月 27 日停电事故分析及对湖南电网的启示.湖南 电力,2016,36(1):31-35.

[75]　中电联电力可靠性管理中心.电力系统受低温雨雪冰冻灾害影响情况报告.电业政策研 究,2008,(3):22-26.

[76]　邵德军,尹项根,陈庆前,等.2008 年冰雪灾害对我国南方地区电网的影响分析.电网技 术,2009,33(5):38-43.

[77]　侯慧,尹项根,陈庆前,等.南方部分 500kV 主网架 2008 年冰雪灾害中受损分析与思考. 电力系统自动化,2008,32(11):12-15.

[78]　侯慧,尹项根,游大海,等.国外经验对中国电力系统应急减灾机制的启示.电力系统自动 化,2008,32(12):89-93.

[79]　陈庆前,尹项根,侯慧,等.从 2008 年雪灾分析电力系统的结构缺陷.中国电力,2008,41 (12):1-5.

[80]　唐斯庆,张弥,李建设,等.海南电网"9·26"大面积停电事故的分析与总结.电力系统自

动化,2006,30(1):1-7.

[81]　林立生. 高压断路器的发展概况. 华北电力技术,1991,(2):48-51.

[82]　Berglund R O,Mittelstadt W A,Shelton M L,et al. One-cycle fault interruption at 500kV: System benefits and breaker design. IEEE Transactions on Power Apparatus and Systems, 1974,93(5):1240-1251.

[83]　Natsui K I,Nakamura I,Koyanagi O,et al. Experimental approach to one-cycle puffer type SF_6 gas circuit breaker. IEEE Transactions on Power Apparatus and Systems,1980,PAS-99(3):833-840.

[84]　李建基. 高压气体绝缘金属封闭开关设备的发展. 农村电气化,2007,(11):2-6.

[85]　庄侃沁,陶荣明,尹凡. 采用串联电抗器限制 500kV 短路电流在华东电网的应用. 华东电力,2009,37(3):440-443.

[86]　胡宏,周坚. 瓶窑 500kV 母线短路电流限制措施的研究. 华东电力,2005,33(5):15-18.

[87]　Sundaram A,Gandhi M. Development of a test protocol for a 15kV class solid-state current limiter. International Conference on Electricity Distribution,Prague,2009:1-8.

[88]　Boenig H J,Paice D. Fault-current limiter using a superconducting coil. IEEE Transactions on Magnetics,1983,19(3):1051-1053.

[89]　毛柳明,文远芳,周挺. 高压限流熔断器熔断过程及过电压研究. 高电压技术,2008,34(4):820-823.

[90]　杨帆. 干式空心限流电抗器技术特点. 华东电力,2005,33(5):38-40.

[91]　靳希,段开元,张文青. 电网短路电流的限制措施. 电力科学与技术学报,2008,23(4):78-82.

[92]　刘东升. 高阻抗变压器的结构与应用. 变压器,2006,43(10):9-11.

[93]　Chen X Y,Jin J X,Sun R M,et al. Design and analysis of a kA-class superconducting reactor. IEEE Transactions on Applied Superconductivity,2014,24(5):5000404.

[94]　彭永红. 分裂变压器的运行特性. 科技情报开发与经济,2003,13(4):115-116.

[95]　韩戈,韩柳,吴琳. 各种限制电网短路电流措施的应用与发展. 电力系统保护与控制,2010,38(1):141-144.

[96]　傅业盛,罗惠群. 华东电网 500kV/220kV 电磁环网解网分析. 华东电力,1997,(7):31-33.

[97]　郑健超. 故障电流限制器发展现状与应用前景. 中国电机工程学报,2014,34(29):5140-5148.

[98]　唐跃进,李敬东,叶妙元,等. 未来电力系统中的超导技术. 电力系统自动化,2001,25(2):70-75.

[99]　金建勋,郑陆海. 高温超导材料与技术的发展及应用. 电子科技大学学报,2006,(s1):42-57.

[100]　Thuries E,Pham V D,Laumond Y,et al. Towards the superconducting fault current limiter. IEEE Transactions on Power Delivery,1991,6(2):801-808.

第 2 章 高温超导限流器原理

2.1 高温超导限流器的基本原理与模式分类

高温超导电力系统短路故障电流限流器(high temperature superconducting electrical short-circuit fault current limiter,HTSFCL),简称高温超导故障电流限流器,或更为简单地称为高温超导限流器,其有不同的利用高温超导体的设计模式和方案。其最基本的类型可分为:①电阻型;②电感型;③铁芯耦合型;④混合型;⑤电力电子器件控制型。还可按装置结构分为:①有铁芯型;②无铁芯型。

在实际研究和开发过程中,高温超导限流器已出现了多种不同的设计类型和变异型,在电阻、电感、电抗三大限流功能类别下,还可根据不同超导材料和不同装置结构特点细分为:①基本电阻型;②线圈电阻型;③复合辅助失超系统的电阻型;④具有辅助保护开关系统的电阻型;⑤线圈电感型;⑥线圈阻抗型;⑦电阻电感复合型;⑧磁屏蔽型;⑨感应型即短路环变压器型;⑩磁饱和型即饱和铁芯型;⑪三相平衡电抗器型;⑫磁通锁型;⑬桥路型即功率电子桥路电感控制型;⑭复合型;⑮功能复合型等。

高温超导限流器按高温超导材料不同的工作状态可简单分为:①失超性限流型;②非失超性限流型。

目前按不同高温超导材料工作特征的主要类型有:①利用超导态零电阻与失超态电阻的变化特性,基于高温超导块材或线材研制的各种电阻型或电感型高温超导限流器;②利用高温超导材料的完全排磁通特性,基于高温超导磁屏蔽筒研制的磁屏蔽型高温超导限流器;③利用高温超导材料的高临界电流和零电阻特性,基于高温超导线圈研制的各种铁芯感应型和功率电子开关型高温超导限流器。

按利用不同高温超导材料形态特征的方式或类型有:①高温超导块材-磁屏蔽筒和条棒型;②高温超导导线-电缆型;③高温超导导线线圈型;④高温超导薄膜型;⑤高温超导复合体或阵列型。

按高温超导限流器的结构分类:①独立高温超导元件型;②高温超导元件与功率开关元件组合构成固态型或称桥路型;③高温超导元件与铁芯元件混合型;④不同功能的高温超导元件或高温超导元件不同功能的复型。

若按有源和无源分类,有源型高温超导限流器是将超导线圈与电力电子技术及控制结合起来,利用电力电子技术控制超导线圈中的电能,从而减少等值电源电压来限制短路电流。利用电力电子器件的限流器也称为固态限流器。桥路型是最基本也是最早出现的,后来又出现了多种不同的利用电力电子器件的方式。基于有源加压限流的原理,出现了超导储能-限流的模式和电压补偿型高温超导限流器。在此基础上,又出现了电流补偿型高温超导限流器。

(1)电压补偿型高温超导限流器利用了由电容器或者一直流电压源(可控整流)通过电压源变换器构成的等效交流电压源对系统进行补偿和其电压不能突变的原理。系统正常运行时,电路工作在待机状态,对系统正常运行无负面影响,并可以对系统运行进行各种稳态补偿。系统发生短路故障时,限流电抗立即自动出现形成限流功能。

(2)电流补偿型高温超导限流器主要由四部分组成:超导直流电感、电流源换流器、限流电感以及连接变压器。其基本工作原理为:系统正常运行时,通过电流源换流器,将流过超导线圈的直流逆变为与系统电流大小相等、相位相差180°,即使得通过限流电感(可以是超导线圈)的电流为零。当发生短路时,电流源无法补偿系统的短路电流,则迫使电流流入限流线圈,从而使短路电流得到有效的限制。

超导限流-储能系统其实就是采用两套换流器系统和一个超导储能磁体。正常时,由一套换流器工作,与此同时,另一套换流器处于闭锁状态。对电网的电压和功率进行补偿调节,起到超导储能系统的作用。发生短路故障时,由另一套换流器工作,与此同时,之前的换流器处于闭锁状态,向系统输出一个反向电压,从而起到限制短路电流的目的。

混合型高温超导限流器是由不同原理的超导和非超导元件共同实现限流功能而混合构成的一种限流装置。例如,变压器与超导线圈混合型高温超导限流器,即由可变耦合磁路的常规变压器和无感绕制的超导触发线圈组成。超导触发线圈串联在变压器的副边绕组中或并联于副边绕组。正常运行时,磁路不饱和,原副边绕组间的耦合很好。当线路发生故障时,副边绕组电流增大,超导线圈因电流达到临界电流而失超,进而产生高阻抗。

复合型高温超导限流器是由不同类型的高温超导限流器复合或同一高温超导装置不同限流功能复合构成的限流器。由于不同类型的高温超导限流器有不同的优缺点,为了尽可能地让高温超导限流器更有效,可将不同类型的限流器的功能组合在一起,从而形成具备更多优点的复合型高温超导限流器,如磁饱和型与电阻型复合成一种兼具两种限流器优点的复合型高温超导限流器。目前比较常见的是将变压器型与超导无感线圈复合使用。除此之外,还可以将磁饱和型与桥路型复合、桥路型与电阻型复合、磁屏蔽型与电阻型复合、变压器型与电阻型复合、变压器型与桥路型复合等。

无论是哪种类别或模式,它们最基本的工作原理是通过电力系统短路时产生的大电流,使限流器发生电阻、电感或电抗变化,并自动呈现出较正常态大为增加的阻抗,同时因此自动限制电力系统的短路故障电流。图2-1-1为高温超导限流器的简单分类示意图。

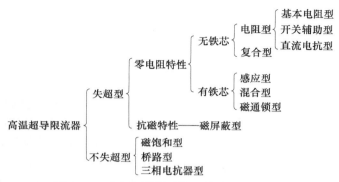

图 2-1-1　高温超导限流器的简单分类示意图

高温超导限流器具有共同的限流特征,即高温超导限流器装置本身工作时具有如下特点:短路故障电流自动检测或感应,工作状态或阻抗自动转换,自动进入限流状态实现限流,在故障清除后自行自动恢复到正常工作状态[1]。

高温超导限流器基本原理和模式如图 2-1-2 所示[2],其基本模式包括:电阻型、磁饱和型、变压器型、磁屏蔽型、桥路型、三相电抗器型。

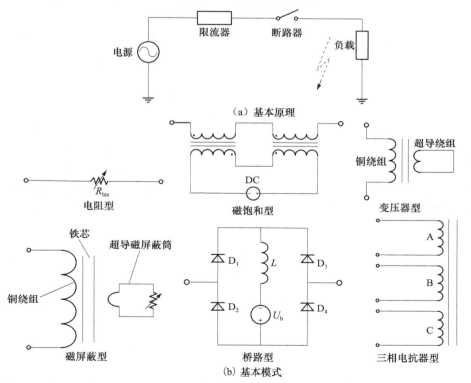

图 2-1-2　高温超导限流器的基本原理和模式

2.2 基本电阻型

2.2.1 基本原理

基于超导体的固有特性,可以通过一定的外部条件控制来达到其"变阻"的目的。当超导体工作在一定的温度、电流和磁场的三维空间约束条件下,即临界温度 T_c、临界电流 I_c 和临界磁场 H_c 的约束范围内,便处在零电阻的超导态。当上述三个条件中的任何一个值超过超导体的临界值时,超导体便会失超,转变为正常态,即电阻态。电阻型超导限流器的工作原理,就是基于超导态和正常态的转变过程。

一个超导体,其本身就可自然构成一个基于电流触发自身电阻变化的限流器。当传导电流大于其临界电流,即 $I > I_c$ 时,超导体从零电阻的超导态自动进入有较高电阻的正常导体态。由于电阻的增加,其回路电流得到自动限制。在实际应用中,为了防止超导体的过流烧毁,通常要为超导体加入旁路电阻。另外,通过附加磁场的方法,可调控超导体电阻加速变化和均匀失超,提高限流效果和加强超导元件保护作用。图 2-2-1 是这种电阻型超导限流器的基本原理示意图[3]。

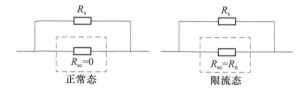

图 2-2-1 电阻型超导限流器的基本原理示意图

电阻型超导限流器由超导元件和分流电阻组成,等效模型可以看成一个可变电阻 R_{SFCL} 和一个分流电阻并联的结构,如图 2-2-2 所示。分流电阻主要是为了减小 R_{SFCL} 的电流,即减小电压。电阻型限流器由超导状态转变为正常电阻状态,从而限制电流的增加。当故障发生时,电阻型超导限流器迅速响应,因此短路故障电流可被有效限制。

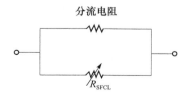

图 2-2-2 电阻型超导限流器的结构

电阻型超导限流器是基于超导体电阻变化设计的,超导体的电阻与超导体的三种状态密切相关,即超导态、过渡态(磁通流动态)和正常态。从图 2-2-3 可以看出,超导体可以运行在三种状态,在图中分别为(1)、(2)、(3)。最里面的一层(1)为超导状态。在(2)层之上为正常状态(3),在第(1)和第(3)层之间为过渡态(2)[4]。随着电流密度 j 的增加,温度 T 和磁感应强度 B 都会增加。当电流密度超过临界电流密度 j_c 时,超导体迅速进入高阻态并将故障电流限制下来。

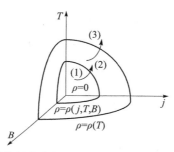

图 2-2-3　超导体的状态与电流密度、温度和磁感应强度的关系

在超导态-正常态转变电流一定的条件下,触发能量越大,失超出现越早。但触发能量不会影响随后的失超传播,因为外加能量只是触发一个初始的正常态区域,失超能否进一步传播则主要取决于正常态区域产生的热量大小,因此与传输电流大小有关。原因是焦耳热与传输电流的平方成正比,传输电流越大,正常态区域产生的焦耳热就越大,失超传播也越快。

高温超导体的 E-j 特性是决定电阻型高温超导限流器限流性能的重要物理性质,对于计算超导体的失超电阻也非常重要。高温超导体的电场强度 E 事实上是电流密度 j、温度 T 和磁感应强度 B 的函数。磁感应强度是外加磁场与电流产生的自场的总和。在没有外加磁场的情况下,由于电流产生的磁场很小,磁场的作用可以忽略不计,则电场强度可以看成电流密度和温度的函数 $E(j,T)$。图 2-2-4 为某铋系高温超导体在不同温度下的 E-j 特性曲线,且此高温超导材料样品的临界温度为 95K。

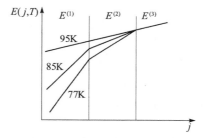

图 2-2-4　高温超导体 E-j 特性及其与温度的关系

由图 2-2-4 可见,当温度低于临界温度时,E-j 特性曲线是由三段斜率不同的线段组成的,折线的三个分段对应于前述高温超导体的三种状态。越接近临界温度,E-j 特性曲线越近似于一条直线,这条直线即高温超导体正常态的 E-j 特性。在超导态、磁通流动态和正常态下,E-j 特性可以用下列函数来近似地描述。

超导态:

$$E^{(1)}(j,T) = E_c \left(\frac{j}{j_c(T)} \right)^{\alpha(T)} \tag{2-2-1}$$

$$\alpha(T) = \max[\beta, \alpha'(T)] \tag{2-2-2}$$

$$\alpha'(T) = \frac{\lg(E_0/E_c)}{\lg\left[\left(\frac{j_c(T_0)}{j_c(T)} \right)^{1-\frac{1}{\beta}} \Big/ \left(\frac{E_0}{E_c} \right)^{\frac{1}{\alpha(T_0)}} \right]} \tag{2-2-3}$$

磁通流动态:

$$E^{(2)}(j,T) = E_0 \left(\frac{E_e}{E_0} \right)^{\frac{\beta}{\alpha(T_0)}} \frac{j_c(T_0)}{j_c(T)} \left(\frac{j}{j_c(T_0)} \right)^{\beta} \tag{2-2-4}$$

正常态:

$$E^{(3)}(j,T) = \rho(T_c) \frac{T}{T_c} j \tag{2-2-5}$$

式中,T_0 为超导体的正常工作状态的温度;T_c 为临界温度;$\rho(T_c)$ 为正常态电阻率;$j_c(T_0)$ 为正常工作状态的临界电流密度;$j_c(T)$ 表示温度为 T 时的临界电流密度;E_c、E_0、$\alpha(T_0)$ 和 β 的关系参见图 2-2-5。

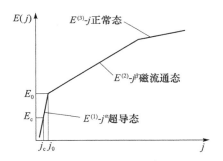

图 2-2-5　高温超导体的 E-j 特性示意图

图 2-2-5 为高温超导体在某一特定温度下的 E-j 特性曲线。在超导态和磁通流动态,电场强度都和电流密度的幂指数成正比,不同之处在于幂值分别为 α 和 β。当图 2-2-5 为某温度下的 E-j 特性曲线时,超导态对应的幂指数值即 $\alpha(T_0)$。β 与温度的关系不明显。

对于某一特定温度下的 E-j 特性曲线,超导态和磁通流动态分界点处对应的电场强度为 E_0;E_c 与临界电流密度 j_c 相对应,并规定 $E_c = 1\mu\text{V/cm}$,所以 $j_c(T)$ 实

际上是当 $E_c = 1\mu\text{V/cm}$ 且温度为 T 时的临界电流密度。电流在正常态电阻上发热会造成超导体温度的升高。在绝热状态下,温度随时间的变化规律可用下式表示:

$$\frac{\mathrm{d}T}{\mathrm{d}t} = \frac{j}{C}E(j,T) \tag{2-2-6}$$

其中,C 为超导材料单位容积比热。

临界电流密度 $j_c(T)$ 是温度的函数,可通过式(2-2-7)求得:

$$j_c(T) = j_c(0)\left(1 - \frac{T}{T_c}\right) \tag{2-2-7}$$

其中,$j_c(0)$ 表示温度趋近于 0K 时超导体的临界电流密度。

假设当前时刻为 t_i,超导体的温度为 T_i,临界电流密度为 $j_c(T_i)$,电场强度为 E_i,电流密度为 j_i,则限流电阻计算方法的迭代公式为

$$T_{i+1} = \frac{1}{C}\int_i^{i+1} E_i j_i \mathrm{d}t + T_i \tag{2-2-8}$$

$$j_c(T_{i+1}) = \frac{T_c - T_{i+1}}{T_c - T_0}j_c(T_0) \tag{2-2-9}$$

$$E_{i+1} = \begin{cases} E_c\left(\dfrac{j}{j_c(T)}\right)^{\alpha(T_{i+1})}, & \text{超导态} \\[2mm] E_0\left(\dfrac{E_c}{E_0}\right)^{\frac{\beta}{\alpha(T_0)}}\dfrac{j_c(T_0)}{j_c(T_{i+1})}\left(\dfrac{j_{i+1}}{j_c(T_0)}\right)^{\beta}, & \text{磁通流态} \\[2mm] \rho(T_c)\dfrac{T_{i+1}}{T_c}j_{i+1}, & \text{正常态} \end{cases} \tag{2-2-10}$$

$$\alpha(T_{i+1}) = \max[\beta, \alpha'(T_{i+1})] \tag{2-2-11}$$

$$\alpha'(T_{i+1}) = \frac{\lg(E_0/E_c)}{\lg\left[\left(\dfrac{j_c(T_0)}{j_c(T_{i+1})}\right)^{1-\frac{1}{\beta}} \Big/ \left(\dfrac{E_0}{E_c}\right)^{\frac{1}{\alpha(T_0)}}\right]} \tag{2-2-12}$$

假设超导体的长度为 l,横截面积为 S,电阻率为 ρ,则超导体的电阻为

$$R = \rho\frac{l}{S} = \frac{E}{j}\frac{l}{S} \tag{2-2-13}$$

高温超导体的混合态物理特征研究对基础理论和应用都十分重要。磁通动力学要解决的一个核心问题,是了解在实际非均匀超导体中制约磁通运动的势垒 $U(j,B,T)$ 的规律。其中,热激活势垒 $U(j,B,T)$ 依赖于传输电流密度 j、磁感应强度 B 和温度 T,它随温度 T 和磁感应强度 B 的变化体现为复杂的涡旋态相图,而随电流密度 j 的变化决定超导体的伏安特性 $j(E,B,T)$。基于尹道乐(D. L. Yin)模型的高温超导材料方程,又称"物质方程",具有如下表达形式:

$$E(j) = j\rho_f \mathrm{e}^{-U(j,B,T)/(kT)} \tag{2-2-14}$$

式中,ρ_f 为磁流阻率。此方程和麦克斯韦方程组结合起来就能完整地描述超导体的电磁响应。为了找到如下一个普适的函数形式:

$$U(j,B,T) = U_0(T,B) \cdot f(j) \qquad (2\text{-}2\text{-}15)$$

出现了很多不同模型,但是不同的模型提出了很不相同的 $f(j)$ 形式,例如,Anderson-Kim 模型 $U(j) = U_c(1 - j/j_c)$,对数势垒模型 $U(j) = U_c \ln(j_c/j)$,反幂指数势模型 $U(j) = U_c [(j_c/j)^m - 1]$ 等。

尹道乐及其研究团队发现影响势垒 $U(j,B,T)$ 的并非传输电流密度 j 的全部,而是其中与磁通钉扎相关的部分

$$j_p = j - E/\rho_f \qquad (2\text{-}2\text{-}16)$$

由此可以推出一个普适于第 II 类超导体的约化形式的统一物质方程:

$$\begin{cases} y = x\exp[-\gamma(1 + y - x)^p] \\ \gamma \equiv a\dfrac{U_c}{kT} \\ x \equiv \dfrac{j}{j_c} \\ y \equiv \dfrac{E(j)}{\rho_f j_c} \end{cases} \qquad (2\text{-}2\text{-}17)$$

式中,x 和 y 分别是约化电流密度和约化电场强度,其中 y 是反映钉扎造成涡旋系统对称性破缺的参数;p 是一个涡旋幂指数;j_c 是临界电流密度,通常根据电场判据 $E(j=j_c) = E_c$ 来定义。

对电流增大引起的超导体从超导态向正常态的 S-N 转变的非线性响应过程,也可以用与物质方程类似的方程来描述。

对于常用的金属包套高温超导导线,均匀的第 II 类超导体的物质方程(2-2-14)可以广义地描述金属包套高温超导体的特性。对于一个均匀的长导体,根据式(2-2-14),在总电流 I 下的电压有如下形式:

$$U(I) = R_{\text{eff}} I e^{-U(j_p)/(kT)} \qquad (2\text{-}2\text{-}18)$$

导体的有效电阻 R_{eff} 为

$$R_{\text{eff}} = \frac{L}{a}\left(\frac{1}{r+1}\rho_f^{-1} + \frac{r}{r+1}\rho_m^{-1}\right)^{-1} \qquad (2\text{-}2\text{-}19)$$

式中,L、a、ρ_m 和 r 分别为长度、截面积、金属管套电阻率和导体中金属与超导体的比例。代入 Anderson-Kim 模型 $U(j)$ 中,有如下形式:

$$U(j_p) = \frac{hI_0}{e}\left(1 + \frac{U}{I_0 R_{\text{eff}}} - \frac{I}{I_0}\right) \qquad (2\text{-}2\text{-}20)$$

2.2.2　电路特征

1. 基本等效电路

电阻型高温超导限流器将超导体直接串联在电网中,如图 2-2-6 所示。当电网

处于正常工作状态时,只要流过超导体的电流小于超导体的临界电流,超导体就处于超导态。此时,超导体电阻为零,其在忽略超导体交流损耗和超导体电感的情况下对电网影响为零。当电网发生短路故障时,流过超导体的电流迅速增大。当该电流超过超导体的临界电流时,超导体就会失超,转变为常导态,超导体的电阻迅速增大,短路电流就会被限制在一定的范围内。图 2-2-6 中的阻抗 Z_c 为非超导的常规阻抗,有时被称为旁路阻抗。当电网发生短路故障时,Z_c 为超导体分担一定的短路电流,以降低超导体的温升,便于超导体快速恢复。

电阻型高温超导限流器的等效电路如图 2-2-7 所示。

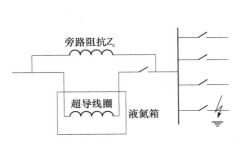

图 2-2-6　一种电阻型高温超导限流器原理图

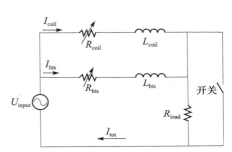

图 2-2-7　电阻型高温超导限流器的短路测试等效电路

正常运行状态,线路阻抗

$$Z_{normal} = R_{line} + j\omega L_{line} + R_{load} \tag{2-2-21}$$

线路电流

$$I_{normal} = \frac{U_m \sin(\omega t)}{Z_{normal}} = \frac{U_m \sin(\omega t)}{R_{line} + j\omega L_{line} + R_{load}} \tag{2-2-22}$$

式(2-2-22)及图 2-2-7 中,R_{hts}、L_{hts} 分别为超导线圈的电阻、电感;R_{coil}、L_{coil} 分别为旁路阻抗线圈的电阻、电感;R_{load} 为负载电阻;R_{line}、L_{line} 分别为线路上导线的电阻、电感;U_m 为系统电源电压峰值。

故障运行状态,线路故障电流

$$I_{fault} = \begin{cases} \dfrac{U_m \sin(\omega t)}{R_{line} + j\omega L_{line}}, & I \leqslant I_c \\[4mm] \dfrac{U_m \sin(\omega t)}{R_{line} + j\omega L_{line} + \dfrac{(R_{coil} + j\omega L_{coil})(R_{hts} + j\omega L_{hts})}{(R_{coil} + j\omega L_{coil}) + (R_{hts} + j\omega L_{hts})}}, & I > I_c \end{cases}$$

$$\tag{2-2-23}$$

2. 复合系统特性

图 2-2-8 为一个简单的电阻型高温超导限流器单元。一个单元由 n 个稳定的

电阻单元 $R_{ns}(t)$、n 个与 $R_{ns}(t)$ 并联的超导电阻单元 $R_{nc}(t)$ 和线圈电感 L_n 组成。

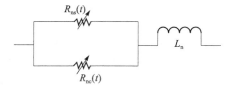

图 2-2-8　电阻型高温超导限流器原理结构图

在正常稳定状态下,高温超导限流器的 $R_{ns}(t)$ 和 $R_{nc}(t)$ 的阻值通常为零。然而,故障发生时,电流大于临界电流,高温超导限流器不再保持超导状态,电阻不再为 0,即超导体失超。高温超导限流器在故障期间的总电阻 R_{SFCL} 值取决于图 2-2-8 单元串联的总数。L_n 的值由线圈的绕制决定。L_n 要尽可能小,因为电感会导致正常情况下有交流损耗。在实际情况中,线圈绕制的电感非常小。因此,L_n 对系统的影响可以忽略,于是可以用方程(2-2-24)描述限流器的失超和恢复特性[1]:

$$R_{SFCL}(t) = \begin{cases} 0, & t < t_0 \\ R_m \left[1 - \exp\left(-\dfrac{t - t_0}{t_{sc}}\right) \right]^{\frac{1}{2}}, & t_0 \leqslant t < t_1 \\ a_1(t - t_1) + b_1, & t_1 \leqslant t < t_2 \\ a_2(t - t_2) + b_2, & t \geqslant t_2 \end{cases} \tag{2-2-24}$$

式中,R_m 是限流器失超状态下的最大电阻;t_{sc} 是限流器从超导态到正常态的过渡时间常数;t_0 是开始失超的时刻;t_1 和 t_2 分别为第一次和第二次恢复时间。

高温超导电缆非线性变化电阻的函数关系式可表示为

$$R_{SFCL}(t) = \begin{cases} 0, & t < t_0 \\ R_m [1 - \exp(-t/\tau_1)], & t_0 \leqslant t < t_1 \\ R_m, & t_1 \leqslant t < t_2 \\ R_m \exp(-t/\tau_2), & t_2 \leqslant t < t_3 \\ 0, & t \geqslant t_3 \end{cases} \tag{2-2-25}$$

式中,τ_1 和 τ_2 分别为高温超导直流电缆在失超过程和失超恢复过程中的时间常数,可用于表征高温超导直流电缆的失超速度和失超恢复速度。图 2-2-9 给出了与

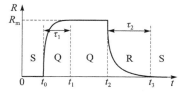

图 2-2-9　高温超导直流电缆失超电阻变化模式曲线

式(2-2-25)相对应的高温超导直流电缆电阻变化模式曲线。图中，$0\sim t_0$ 区间为超导状态；$t_0\sim t_1$ 区间为失超状态；$t_1\sim t_2$ 区间为失超状态；$t_2\sim t_3$ 区间为失超恢复状态；$t_3\sim\infty$ 区间为超导状态。

3. 系统分析

当短路电流产生后，限流器与电流交互作用。由于超导体的电阻增加，超导体通路上的电流被自动转向超导体的旁路电阻通路上，从而形成电阻电路，并实现限流功效和超导体的自身保护。电流换向的过程，也就是由于超导体的温升超过其临界温度$(T>T_c)$，而由零电阻超导态向电阻态转变的过程。由于超导体的电流被旁路，如果在此过程中故障电流能被限制，超导体自身便可得以及时恢复而重新处于超导态，以便对下一次过流形成保护。图 2-2-10 为电阻型高温超导限流器的工作过程原理示意图[5]。

图 2-2-10　电阻型高温超导限流器的工作过程原理示意图

为了保证限流效果，需要超导体在失超时，能形成足够大的电阻 R_n，因而需要超导体有较高的常态电阻率 ρ_n 和高临界电流密度 j_c。由于一般高 ρ_n 超导材料的上临界场 H_{c2} 值也高，所以不宜选用利用外加磁场的超导开断控制方案。超导体的设计长度 l 可参照下式确定：

$$l=R_n I_c/(\rho_n j_c) \tag{2-2-26}$$

式中的超导体临界电流 I_c 的选择，需要由额定工作电流 I_0 确定。

超导限流元件的开断一般要求快速和均匀，但是如果太快，也会因电感的存在而产生过压的危险；如果太慢，会在超导体中产生过度的损耗。如果开断性不是沿超导体长度方向均匀形成的，而只是局部，则可能不能有效地把电流转向到旁路电阻上，而使超导体上的热点持续发展而导致超导体的熔化。

基于等效电路构建的电源-限流器-负载简化系统有

$$LdI/dt + IR =U_0\sin(\omega t + \alpha) \tag{2-2-27}$$

式中，L 和 R 为电路总的串联电感和电阻；U_0 为单相电源电压的峰值；α 为短路发生的相角$(t=0)$；$R=R_0+R_s R_{sc}(R_s+R_{sc})^{-1}$，$R_0$ 为与 L 串联的电阻。由于超导体电阻 R_{sc} 是时间的函数，所以 R 无法简单计算得到。

利用与温度相关的比热容 C_v 和由超导体至冷却液的热通量 F，可以得到体积为 lwd 的超导体与时间相关的温度 $T(t)$ 的变化：

$$\delta T = (I_{sc}^2 R_{sc} - F)\delta t (C_v lwd)^{-1} \tag{2-2-28}$$

式中，δT 为对应时间变化 δt 的温度变化。式（2-2-28）是基于开断速度很快的假设，因而可忽略超导体与环境的热交换。

实际电流的转换因回路存在的电感 L' 而存在滞后。由于开断速度快，为简化起见，假定在某一时刻，短路电流值为一常数 I_0，于是有

$$(L'/R_s)\dot{I}_{sc} + (1 + R_{sc}(t)/R_s)I_{sc} = I_0 \tag{2-2-29}$$

如何确定 $R_{sc}(t)$ 是解上述方程所必需的条件。

为了评估电流转换时间，可假定式（2-2-29）中的 $R_{sc}(t)/R_s = at$。为了了解交换时间的重要性，首先，解一个简单的模型 $R_{sc}(t) = at$；然后，比较考虑交换时间的迭代解和忽略交换时间的精确解，即 $I_{sc}(t) = I_0(1+at)^{-1}$。分析系统总电感为 $20\mu H$，包括：故障限流器 $2\sim5\mu H$，旁路电阻 $7\mu H$，互感 $10\mu H$，并令 $a = 10^9 s^{-1}$，这些参数设置与超导体在 $4\mu s$ 内阻值从 0 变为 R_n 的结果相一致。图 2-2-11(a)为忽略交换时间的精确解和考虑交换时间的迭代解的比较。上述两种情况中，流过超导体的电流均为时间的函数。总的功率损耗为 $I_{sc}^2 R_{sc}$，从图中可以看出，即使考虑

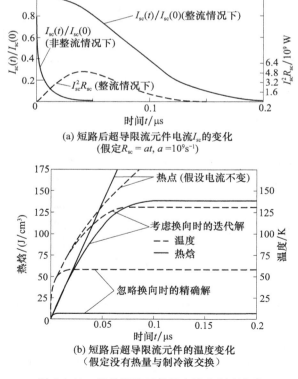

(a) 短路后超导限流元件电流 I_{sc} 的变化
（假定 $R_{sc} = at$, $a = 10^9 s^{-1}$）

(b) 短路后超导限流元件的温度变化
（假定没有热量与制冷液交换）

图 2-2-11　超导限流元件的电流和温度变化

转换,总的功率损耗约为 32J,也是可以忽略掉的。

由于交换的影响,$\mathrm{d}I_{\mathrm{sc}}/\mathrm{d}t$ 减小,实际上有助于减小过压值。若不考虑转换,过压值大小为 40MV,而考虑转换的迭代解中,过压值仅为 400kV,这个过压值仍然太大,所以有必要减慢开断速度,或采用独立控制 $R_{\mathrm{sc}}(t)$ 的方案。

为了说明热点的重要性,需要计算出在超导体中首先转变为常态的那部分产生的总热能即热熵。假设在转变的初始阶段,由超导体至液氮的那部分热通量忽略不计。计算结果如图 2-2-11(b)所示[3-6]。结果也显示了一个孤立热点的情况,并假设由于超导体其他区域变为阻态时,电流不发生变化。很明显,这是一种上限,但证明了超导体交换过程快速和均匀的重要性。孤立的热点将在 $2\mu\mathrm{s}$ 后熔化。因此,在时间 $\tau_{\mathrm{H}}<2\mu\mathrm{s}$ 内,超导体的电阻 R_{sc} 必须大于 R_{s}。在上述情况基础上,加入脉冲磁场,令 $\tau_{\mathrm{H}}\approx 0.06\mu\mathrm{s}$,足够使超导体在 $4\mu\mathrm{s}$ 内完成状态转换。

2.3　磁屏蔽型

2.3.1　基本原理

磁屏蔽型高温超导限流器是利用高温超导磁屏蔽筒设计的电感型高温超导限流器,其主要部分由高温超导磁屏蔽筒、铁芯和铜绕组组成,图 2-3-1(a)所示。铜绕组与电网相连,在正常工作时,铜绕组产生的磁通,被高温超导磁屏蔽筒屏蔽,高温超导磁屏蔽筒内的感应电流小于其临界电流,这时铜绕组呈低阻抗,此时铁芯中无磁通,铜导线为空心电感,所以装置的阻抗非常小。在短路故障发生时,电流迅速增加,当感应电流超过高温超导磁屏蔽筒的临界电流时,高温超导磁屏蔽筒失超进入正常态,铜绕组产生的磁通增强,并由高温超导磁屏蔽筒的表面向内部渗透;当磁场穿透磁屏蔽筒壁而到达铁芯时,铜绕组呈非线性高阻抗,形成限流功能。这样,一方面,使得铜绕组等价为一个带铁芯的电抗器,故铜绕组的电感上升;另一方面,增大的高温超导磁屏蔽筒电阻使得限流器的电阻增加。这两方面使得装置电感增加,从而达到限流的目的。

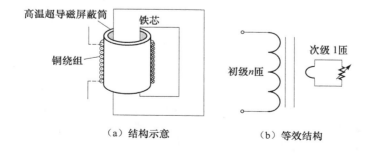

（a）结构示意　　　　　（b）等效结构

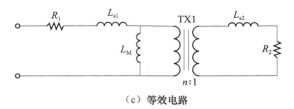

（c）等效电路

图 2-3-1　磁屏蔽型高温超导限流器

高温超导限流器的最大无阻传导电流 I_c 为

$$I_c = J_c S \tag{2-3-1}$$

式中，J_c 为临界电流密度；S 为超导体横截面积。

高温超导体获得所需正常态电阻 R_n 的必要长度 L_{sc} 为

$$L_{sc} = S R_n / \rho_n = I_c R_n / (\rho_n J_c) \tag{2-3-2}$$

由式（2-3-2）可以看出，作为一般在 1kA 级别电力系统的应用，J_c 至少在 $10^4 \, A/cm^2$ 的水平，以保持较适合的高温超导体长度。

可采用恒定 J_c 的 Bean 近似模型，计算正常工作条件下的超导屏蔽场和交流损耗[7]。利用法拉第感应定律计算磁路。限制电流 I_{lim} 为

$$I_{lim} = U [1/(N^2 R_n)^2 + 1/(\omega L)^2]^{1/2}$$
$$\omega L = 2\pi f k \mu \mu_0 A N^2 / l \tag{2-3-3}$$

式中，U 是限流器两端的电压；L 表示电感；$f(=\omega/(2\pi))$ 是交流频率；A 是铁芯截面；l 是有效磁路长度；k 是耦合系数（如 0.8）。

式（2-3-3）所适用的超导体可以是中空的圆筒，也可以是圆环的叠加。直至达到超导体临界场 B_c，初级绕组产生的交变场被高温超导磁屏蔽筒屏蔽在铁芯之外，并有

$$B_c = \mu_0 J_c \delta = \mu_0 (N/l) \sqrt{2} I_{lim} \tag{2-3-4}$$

式中，δ 为高温超导磁屏蔽筒的厚度。

利用法拉第感应定律，结合电压和磁芯参数，有

$$\sqrt{2} U = 2\pi f k B_s A N \tag{2-3-5}$$

式中，B_s 为饱和磁感应强度。铁芯的尺寸可由上述两个方程确定。

如果 R_n 充分大，式（2-3-3）的第一项可以忽略，结合式（2-3-4）和式（2-3-5），限流器的感抗 ωL 可近似表示为

$$\omega L \approx | U/I_{lim} | = 2\pi f k \mu_0 (B_s/B_c) A N^2 / l \tag{2-3-6}$$

正常运行时的阻抗要尽可能小，其中的感抗成分与漏磁有关，与初级绕组和高温超导磁屏蔽筒的间隙有关，这一间隙因超导必需的低温容器而无法避免。电阻部分与绕组电阻、交流损耗、铁芯磁损有关。

　　由于穿透场磁通分布的磁滞特性,高温超导磁屏蔽筒将产生交流损耗,产生的热量需要由制冷系统带走。运用 Bean 模型的表面场场强为穿透场场强的 1/2,计算交流损耗为

$$W = \gamma(2/3)(1/\mu_0^2)(B_c^3/8J_c)\pi\phi l f \tag{2-3-7}$$

式中,γ 是制冷比率(300K 时的消耗功率与 77K 时的消耗功率之比);ϕ 是铁芯直径。式(2-3-7)是限流器额定电流为限流电流一半的情况下,对超导体的损耗的估算。

　　这种限流器的主要特性是当高温超导磁屏蔽筒的磁通渗透到铁芯时,限制功能便自动开始,即铜绕组等价于一个带铁芯的电抗器,铜绕组的电感上升,起到限流作用。超导体具有较高的比热容,意味着其要用较长的时间完全过渡到正常态,这一点是不利于有效限流的。

　　依据热量由超导体向制冷液转移的数据,温度变化 ΔT 的表达式可由初始温升 ΔT_0 导出:

$$\Delta T(t) = \left[4\beta t/(C_v\delta) + 1/\Delta T_0^2\right]^{-1/2} \tag{2-3-8}$$

式中,$C_v(\approx 1\text{J}/(\text{cm}^3 \cdot \text{K}))$ 为体积比热容。近似有 $Q = \beta\Delta T^3 \ (\text{W}/\text{cm}^2)$,$\beta \approx 0.0137\text{W}/(\text{cm}^2 \cdot \text{K}^3)$ 表示温差小于 10K 情况下的热传输特性,当温升高于此值时,热传导效率下降。

2.3.2　磁路分析

　　磁屏蔽型高温超导限流器等效模型原理图如图 2-3-1(b)所示,它由初级铜绕组、次级高温超导磁屏蔽筒、铁芯及低温箱组成。铜绕组串接在输电线路中。正常运行时,高温超导磁屏蔽筒内的感应电流小于其临界电流而处于超导态,故高温超导磁屏蔽筒将铜绕组产生的磁场完全屏蔽掉,铁芯中无磁通,铜线圈为空心电感,装置的阻抗仅由初级与次级间的漏磁决定,非常小;短路故障时,电流迅速增加,当故障电流达到一定程度时,高温超导磁屏蔽筒不能将铜绕组的磁场完全屏蔽掉,电流超过临界电流值,超导体进入正常态。一方面,磁场穿过铁芯,这时的铜绕组等价于一个带铁芯的电抗器,故铜绕组的电感上升,从而限制电网中短路电流的进一步增大,达到限流的目的;另一方面,增大的高温超导磁屏蔽筒电阻折算到初级侧,使得限流器的电阻急剧上升,限制短路电流。由等效电路可得[8]

$$R_1 i_1 + L_1 \frac{\mathrm{d}i_1}{\mathrm{d}t} + M\frac{\mathrm{d}i_2}{\mathrm{d}t} = u_1 \tag{2-3-9}$$

$$R_2 i_2 + L_2 \frac{\mathrm{d}i_2}{\mathrm{d}t} + M\frac{\mathrm{d}i_1}{\mathrm{d}t} = 0$$

$$H = \frac{nI_1 + I_2}{h} \tag{2-3-10}$$

$$c\frac{\mathrm{d}T}{\mathrm{d}t} = r_2 I_2^2 - P_c$$

式中，i_1 为铜绕组电流；R_1 为铜绕组电阻；i_2 为超导磁屏蔽筒电流；R_2 为超导磁屏蔽筒电阻；L_1 为铜绕组的自感；L_2 为超导磁屏蔽筒的自感；M 为铜绕组和超导磁屏蔽筒的互感；u_1 为铜绕组两端的电压；其他参数，H 为 i_1 和 i_2 产生的磁场，T 为超导磁屏蔽筒的工作温度，n 为初级绕组的匝数，h 是铜绕组和超导磁屏蔽筒的高度，c 为超导体的比热容，P_c 为转移到液氮中的热量。

设线圈、超导筒和铁芯的半径分别为 r_{pr}、r_{sc}、r_{co}，超导筒的高度为 l，真空磁导率为 μ_0，铁芯的磁导率为 μ_r，线圈匝数为 N，则

$$L_1 = \frac{\pi \mu_0 N^2}{l} \left[r_{pr}^2 + (\mu_r - 1) r_{co}^2 \right] \qquad (2\text{-}3\text{-}11)$$

$$L_2 = \frac{\pi \mu_0}{l} \left[r_{sc}^2 + (\mu_r - 1) r_{co}^2 \right] \qquad (2\text{-}3\text{-}12)$$

$$M = \frac{\pi \mu_0 N}{l} \left[r_{sc}^2 + (\mu_r - 1) r_{co}^2 \right] \qquad (2\text{-}3\text{-}13)$$

实际上，它是一个铁芯变压器，可以采用含理想变压器的模型来等效，其等效电路如图 2-3-1(c)所示，图中 L_{s1} 为铜绕组漏感；L_{s2} 为超导磁屏蔽筒漏感；L_M 为互感引起的等效电感，其关系如下：

$$L_{s1} = L_1 - nM \qquad (2\text{-}3\text{-}14)$$
$$L_M = nM \qquad (2\text{-}3\text{-}15)$$
$$L_{s2} = L_2 - \frac{M}{n} \qquad (2\text{-}3\text{-}16)$$

若取 $n = \sqrt{\dfrac{L_1}{L_2}} = N$，即铜绕组足够长，则以上方程可近似表示为

$$L_{s1} = \frac{\pi \mu_0 N^2}{l} (r_{pc}^2 - r_{sc}^2) \qquad (2\text{-}3\text{-}17)$$

$$L_M = \frac{\pi \mu_0 N^2}{l} \left[r_{sc}^2 + (\mu_r - 1) r_{co}^2 \right] \qquad (2\text{-}3\text{-}18)$$

$$L_{s2} = 0 \qquad (2\text{-}3\text{-}19)$$

式(2-3-17)意味着 L_{s1} 为铜绕组与超导磁屏蔽筒间隙中的漏磁通产生的电感，而式(2-3-19)中 $L_{s2}=0$，表明穿过超导磁屏蔽筒的磁通几乎都要穿过铜绕组。实际操作时，负载与初级侧铜绕组串联。正常状态下，超导磁屏蔽筒的感应电流小于它的临界电流值，处于超导态，从而屏蔽了铜绕组产生的磁通，筒内无磁通穿过，此时相当于等效电路图中的 L_M 被短接，高温超导限流器的阻抗仅由铜绕组的电阻 R_1 和漏感 L_{s1} 决定，非常小。若负载短路，高温超导磁屏蔽筒因感应电流超过临界值，失超转入正常态，失去屏蔽作用，L_M 的短接线断开，相当于等效模型高感抗电路接入系统中，从而限制短路电流。

L_s 是铜绕组与超导磁屏蔽筒间隙中的漏磁通产生的电感，工作时，将负载与

初级侧铜绕组串联,正常状态下,超导磁屏蔽筒的感应电流小于它的临界值,处于超导态,从而屏蔽了铜绕组产生的磁通,筒内无磁通穿过,此时相当于等效电路中的互感 L_M 被短接,高温超导限流器的阻抗仅由铜绕组电阻和漏感决定,非常小;若负载短路,超导磁屏蔽筒因感应电流超过临界值,失超转入正常态,失去屏蔽作用,互感 L_M 的短接线被断开,模型电路完整地接入系统中,从而限制短路电流。

这种电感型高温超导限流器模式的变体,包括以高温超导短路环或次级短路线圈替代高温超导磁屏蔽筒的类似模式。

2.3.3　副边短路变压器型

副边短路变压器型与磁屏蔽型具有类似的等效电路,同属感应型高温超导限流器,包括短路的超导副边绕组变压器型和四绕组变压器型两种不同形式。它由通过线路电流的原边常规绕组、短路的超导副边绕组和铁芯组成。图 2-3-2 为双绕组型高温超导限流器原理图,原边、一次绕组或初级,为常规绕组串接在线路中;副边、二次绕组或次级,为短路超导绕组。正常运行时,变压器因副边短路而呈现低阻抗,短路故障时,超导绕组因其感应电流超过临界值而失超,电阻增大,变压器的等效阻抗随之增大,从而限制短路电流。此模型与前面的磁屏蔽型具有相似的等效电路及分析方法。变压器型高温超导限流器也可以利用高温超导导线制作副边的可变电阻短路元件。

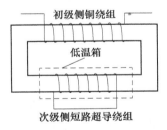

图 2-3-2　双绕组型高温超导限流器原理图

四绕组变压器型,其一次绕组和二次绕组都是由一个主绕组和辅助绕组并联组成的。四个绕组都是超导绕组,初级侧和次级侧各有并联的一对主、副绕组。主绕组的临界电流要比辅助绕组的临界电流低,但辅助绕组的电抗要大。正常运行时,四个绕组均为超导态,电流主要在初级侧和次级侧的主绕组中流动;短路时,主绕组失超,电流转到电抗大的辅助绕组中,从而限制短路电流[9]。

图 2-3-3 为副边短路变压器型高温超导限流器的等效电路。其中,E_1 是高温超导限流器的端电压;I_1 和 I_2 分别为初级线圈和次级线圈电流;L_1 和 L_2 分别为初级和次级线圈的自感;M 为互感;R_2 为次级线圈电阻。

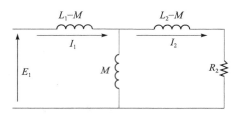

图 2-3-3   副边短路变压器型高温超导限流器等效电路

限流器的阻抗 $Z_{FCL}(\omega)$ 可以表述为

$$Z_{FCL}(\omega) = R_{FCL}(\omega) + jX_{FCL}(\omega) = \frac{E_1(\omega)}{I_1(\omega)} = \frac{\omega^2 R_2 M^2}{R_2^2 + \omega^2 L_2^2} + j\omega\left(L_1 - \frac{\omega^2 L_2 M^2}{R_2^2 + \omega^2 L_2^2}\right)$$

(2-3-20)

限流器两端的电压 U_{FCL} 可以表述为

$$U_{FCL} = X_{FCL}\frac{dI_{FCL}}{dt} + R_{FCL}I_{FCL}$$

(2-3-21)

由式(2-3-20),在正常态时,$Z_{FCL} = X_{FCL}$,因为 $R_2 = 0$。

在故障限流状态时,$Z_{FCL} \approx X_{FCL}$。在式(2-3-21)中,假设 $R_{FCL} \approx 0$,估计的电感 L_{est} 的大小可由下式表达:

$$L_{est} = \frac{\partial \int U_{FCL}dt}{\partial I_{FCL}}$$

(2-3-22)

2.4   磁饱和型

2.4.1   基本原理

磁饱和型高温超导限流器的结构如图 2-4-1 所示。它由一对铁芯电抗器组成,每个铁芯上有一个交流限流铜绕组和一个直流超导绕组,其中一个铁芯内的直流磁场与交流磁场同向,而另一个相反,两个交流线圈串联后,串接在输电线路中。超导线圈用于产生一个很强的直流磁场,使铁芯处于深度磁饱和状态。正常情况下,额定的交流电流通过交流线圈所产生的交流磁场不足以使铁芯脱离饱和区,铁芯内的磁感应强度不变,相应地,穿过交流限流铜绕组的磁通量恒定,交流限流铜绕组两端的感应电动势为零,因此,交流限流铜绕组上的电压降为零,即线圈对电网无影响。当电力系统出现短路故障时,情况刚好相反,瞬间突然增大的短路电流使交流线圈产生的磁通势增加至超导线圈产生的磁通势,使其中一个铁芯脱离饱和状态,随之在交流线圈中引起磁通量的变化,交流限流铜绕组上产生感应电动势,具有电压降,产生高感抗,从而限制了短路电流。采用两组铁芯和线圈是为了分别限制在正半周和负半周发生的短路电流[10-14]。

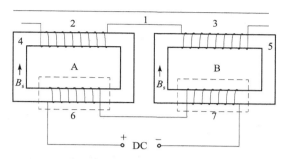

图 2-4-1 磁饱和型高温超导限流器的原理示意图

1-输电线；2、3-交流限流铜绕组；4、5-铁芯；6、7-直流超导绕组

2.4.2 磁路分析

1. 工作原理

铁芯磁感应强度 $B=\Psi/A$ 的变化引起的绕组两端的感应电动势 $E=\mathrm{d}\Psi/\mathrm{d}t$，其中 Ψ 为磁链（磁通与匝数的乘积），A 为铁芯截面积。

对于磁饱和型高温超导限流器，无直流偏置时（$I_{\mathrm{dc}}=0$）单个铁芯的磁化曲线如图 2-4-2 中的曲线 1 所示，可以近似用两段不同斜率的线段来表示，i_{s} 和 Ψ_{s} 为铁芯的饱和电流及饱和磁链。当通以直流偏置电流 I_{dc} 时，两个铁芯的磁化曲线分别如图 2-4-2 中的曲线 2、3 所示。曲线 4 是该限流器系统对外表现的磁化曲线，它是由曲线 2、3 叠加而成的，可以用一个 3 段不同斜率的分段线性化的 Ψ-i 曲线来模拟[15-20]。

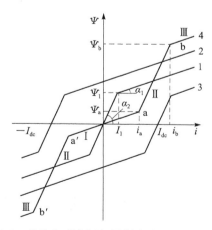

图 2-4-2 磁饱和型高温超导限流器的 Ψ-i 特征曲线

1）Ψ-i 曲线 I 段

正常工作时由于交流工作电流较小而直流偏置电流较大，组成限流器的两个

铁芯都处于饱和状态,限流器工作在曲线的 I 段,具有较小的电感 $L_a = \tan\alpha_1 + \tan\alpha_1 = 2\tan\alpha_1$,从图 2-4-2 中可以看出交流工作电流必须满足条件 $i_{acm} \leqslant i_a = I_{dc} - i_s$ 或者 $|\Psi_{acm}| \leqslant \Psi_a$。

2)Ψ-i 曲线 II 段

故障状态时,由于交流电流迅速增大,组成限流器的两个铁芯之一由于直流偏置电流产生的磁链无法抵消交流电流产生的磁链而进入去饱和状态,而另一铁芯由于直流磁链和交流磁链叠加仍然处于饱和状态,限流器进入曲线的 II 段,具有较大的电感 $L_b = \tan\alpha_1 + \tan\alpha_2 \approx \tan\alpha_2$,从而起到限制电流的作用。从图 2-4-2 中可以看出,故障电流必须满足条件 $i_a < |i_{fc}| \leqslant I_{dc} + i_s$ 或者 $\Psi_a \leqslant |\Psi_{fc}| \leqslant \Psi_b$。

3)Ψ-i 曲线 III 段

随着故障电流的继续增大,当 $|i_{fc}| \geqslant I_{dc} + i_s$ 或者 $|\Psi_{fc}| > \Psi_b$ 时,组成限流器的两个铁芯之一,由于直流偏置电流产生的磁链不但无法抵消交流电流产生的磁链,而且过大的交流磁链会使铁芯进入反向饱和状态;而另一铁芯由于直流磁链和交流磁链叠加仍然处于饱和状态,限流器进入曲线的 III 段,其与第 I 段相当,具有较小的电感 $L_c = 2\tan\alpha_1$,此时限流器失去限制故障电流的能力。

2. 工作状态及其系统参数的确定

已知电网的额定运行电压、额定运行电流和限制电流,根据选定铁芯材料的种类,确定铁芯材料的动态磁导率 μ_p、饱和磁场 H_s 和饱和磁感应强度 B_s,从而可进行运行状态及其参数的确定[21,22],包括:①直流偏置线圈的设计即尺寸及安匝数;②铁芯尺寸即截面积及磁路有效长度;③限流线圈匝数。

(1)额定运行时(曲线 4 的 I 段),限流器处于额定工作状态,$|\Psi| \leqslant \Psi_a$,两铁芯处于饱和状态,此时系统具有较小的电感 L_a,其大小为

$$L_a = 2\tan\beta = 2N_{ac}^2\mu_0 \frac{A}{MPL} \tag{2-4-1}$$

线圈电感确定为

$$L = N_{ac}^2\mu_0 \frac{A}{MPL} \tag{2-4-2}$$

线圈感抗确定为

$$X_L = \omega L = 2\pi f L \tag{2-4-3}$$

确定磁场强度的原则为:在额定电流下,铁芯处于深度饱和状态,则线圈安匝数满足

$$N_{dc}I_{dc} - N_{ac}I_{ac} > H_c MPL \tag{2-4-4}$$

式中,A 为铁芯面积;MPL 为磁路长度;$\mu_0 = 4\pi \times 10^{-7}$;$I_{dc}$ 为磁体中的电流;N_{dc} 为直流偏置线圈匝数;N_{ac} 为交流端限流线圈匝数;I_{ac} 为限流器回路中的电流。

（2）故障限制状态（曲线 4 的 Ⅱ 段），$\Psi_a \leqslant |\Psi| \leqslant \Psi_b$ 时，两铁芯处于交替去饱和状态，从而具有较大的电感 L_b：

$$L_b = \tan\alpha_1 + \tan\beta = N_{ac}^2 \mu_p \frac{A}{MPL} + N_{ac}^2 \mu_0 \frac{A}{MPL} \qquad (2\text{-}4\text{-}5)$$

式中，μ_p 为铁芯动态磁导率。

（3）限流器失效状态（曲线 4 中的 Ⅲ 段），$|\Psi| > \Psi_b$ 时，两铁芯处于饱和状态，限流器的电感为 L_a，系统的电流极大。为了防止故障后电流过大，应保证故障后电抗器系统的磁通量 $|\Psi| < \Psi_b$，当发生短路时，限流器电压降近似等于电源电压

$$\frac{d\Psi}{dt} = U_m \cos(\omega t + \alpha) \qquad (2\text{-}4\text{-}6)$$

积分得

$$\Psi = \Psi_m [\sin(\omega t + \alpha) - \sin\alpha] \qquad (2\text{-}4\text{-}7)$$

式中，$\Psi_m = U_m / \omega$，当短路相角 $\alpha = -\pi/2$ 时，Ψ 有最大值，$\Psi = 2\Psi_m$。

不同直流偏置安匝数和交流限流安匝数对限流作用的影响：确定超导偏置直流线圈安匝数的原则就是在额定电流下，铁芯处于深度饱和状态，即 $N_{dc} I_{dc} - N_{ac} I_{ac} > H_s MPL$。

确定交流限制线圈安匝数的原则就是在故障状态下，铁芯不会处于反向饱和状态，即限流线圈匝数由下式确定：

$$H_s MPL > N_{dc} I_{dc} - N_{ac} I_L \qquad (2\text{-}4\text{-}8)$$

即

$$N_{dc} I_{dc} - N_{ac} I_m = (H_s + \Delta H) MPL, \quad N_{ac} = U_m / (8.88 f \varphi_m) \qquad (2\text{-}4\text{-}9)$$

式中，I_L 为额定限制电流。

为了防止故障后电流过大，应保证故障后电抗器系统的磁通量 $|\Psi| < \Psi_b$。当出现短路故障时，交流限流线圈上的电压降约等于电源电压，即 $d\Psi/dt = U_m \cos(\omega t + \alpha)$，积分得

$$\Psi = U_m [\sin(\omega t + \alpha) - \sin\alpha] / \omega = \Psi_m [\sin(\omega t + \alpha) - \sin\alpha] \qquad (2\text{-}4\text{-}10)$$

当短路时相角 $\alpha = -\pi/2$，Ψ 有最大值，$\Psi = 2\Psi_m$，即 $2\Psi_m = 2U_m / \omega < \Psi_b$，那么，交流限流线圈的电压降需满足 $U_m < \omega \Psi_b / 2$。

要使磁饱和型高温超导限流器在正常工作时呈现低阻抗须满足条件[23-25]：

$$i_{acm} \leqslant i_a = I_{dc} - i_s \qquad (2\text{-}4\text{-}11)$$

式中，i_{acm} 为正常工作电流幅值，令 $i_a = K_0 i_{acm}$，$K_0 \geqslant 1.0$ 为限流器动作系数，即电流达到正常工作电流幅值的 K_0 倍，限流器开始进入限流状态，则

$$I_{dc} = i_s + K_0 i_{acm} \qquad (2\text{-}4\text{-}12)$$

要使限流器在故障限流时呈现高阻抗且不会反向饱和，须满足条件：

$$i_{fcm} \leqslant I_{dc} + i_s \qquad (2\text{-}4\text{-}13)$$

式中，i_{fcm} 为故障电流的最大值，令 $i_{fcm} = K_{fcm} i_{acm}$，$K_{fcm} > K_0$ 为限流器的限流系数，即故障电流最大值与正常工作电流幅值的比值，可得 $i_s \geqslant [(K_{fcm} - K_0)/2]i_{acm}$。于是当 i_s 增大时，对于一定的 L_b 意味着 Ψ_s 也要增大，同时 I_{dc} 也要相应地增大，或者说限流器的两个铁芯的截面积和直流绕组的匝数要增大，导致制造成本的增大，故取铁芯的饱和电流值为

$$i_s = [(K_{fcm} - K_0)/2]i_{acm} \tag{2-4-14}$$

将式(2-4-14)代入式(2-4-12)，得超导直流偏置电流

$$I_{dc} = [(K_{fcm} + K_0)/2]i_{acm} \tag{2-4-15}$$

又由图 2-4-2 可知

$$L_b(i_{fcm} - i_a) = \Psi_{fcm} - \Psi_s \approx \Psi_{fcm} \tag{2-4-16}$$

则

$$L_b(K_{fcm} - K_0)i_{acm} \approx \Psi_{fcm}, \quad L_b \approx \Psi_{fcm}/[(K_{fcm} - K_0)i_{acm}] \tag{2-4-17}$$

当发生短路时电源电压全部加在限流器上，有

$$d\Psi_{fc}/dt = U_m\cos(\omega t + \alpha) \tag{2-4-18}$$

将式(2-4-18)积分，并代入 $t = 0$、$\Psi_{fc} = 0$ 得到初始条件，进一步可得

$$\Psi_{fc} = U_m[\sin(\omega t + \alpha) - \sin\alpha]/\omega \tag{2-4-19}$$

当短路故障发生在最坏情况，即 $\alpha = 90°$ 时，则由式(2-4-19)可知 $\Psi_{fcm} = 2U_m/\omega$，再代入式(2-4-17)，有

$$L_b \approx 2U_m/[\omega(K_{fcm} - K_0)i_{acm}] \tag{2-4-20}$$

当短路故障恰好发生在最佳状态，即无暂态过程或者 $\alpha = 0°$ 时，$\Psi'_{fcm} = U_m/\omega = \Psi_{fcm}/2$。设此时限流器的限流系数为 K'_{fcm}，则

$$L_b(K'_{fcm} - K_0)i_{acm} = \Psi'_{fcm} = \Psi_{fcm}/2 \tag{2-4-21}$$

对比式(2-4-21)和式(2-4-17)，得

$$K'_{fcm} = (K_{fcm} + K_0)/2 \tag{2-4-22}$$

故限流器的实际限流系数应该介于 K'_{fcm} 和 K_{fcm} 之间。

从上面的分析可知：对于给定的正常工作电压、电流和故障电流动作值及要求的故障电流峰值，就可以按照式(2-4-14)、式(2-4-15)和式(2-4-20)推导出限流器铁芯的饱和电流值、直流偏置电流值和电抗器的电抗值，从而可为样机的设计和制造提供关键参数。

当发生短路故障时，限流器的响应时间可根据电路、磁路理论确定，其关系为

$$t = \arcsin[2(H_s MPL - N_{dc}I_{dc}/N_{ac})N_{ac}^2\mu_0 A\pi f/(MPLU_m)]/(2\pi f) \tag{2-4-23}$$

$$\sin(\omega t) = \omega\mu_0 AN_{ac}^2(H_s MPL - N_{dc}I_{dc}/N_{ac})/(MPLU_m)$$
$$= \omega L_a\frac{H_s MPL - N_{dc}I_{dc}/N_{ac}}{U_m} \tag{2-4-24}$$

$$U_m \sin(\omega t) = \omega L_a (H_s MPL - N_{dc} I_{dc}/N_{ac}) = Z_a (H_s MPL - N_{dc} I_{dc}/N_{ac}) \quad (2\text{-}4\text{-}25)$$

$$\frac{U_m}{Z_a} \sin(\omega t) = I_m \sin(\omega t) = H_s MPL - N_{dc} I_{dc}/N_{ac} \quad (2\text{-}4\text{-}26)$$

式中，$Z_a (H_s MPL - N_{dc} I_{dc}/N_{ac})$ 为交流限流线圈的电压降，近似等于电源电压 $U_m \sin(\omega t)$。

2.5 桥 路 型

2.5.1 基本原理

桥路型高温超导限流器主要由二极管桥路、偏置超导线圈、偏压源等组成，如图 2-5-1 所示[25,26]。其中，CB(circuit breaker)为断路器，与限流器串联，用以切断持续故障电流；偏压源 U_b 给超导线圈 L 提供偏流并用来平衡二极管的管压降。系统正常状态下，调节 U_b 使 $i_L = I_0$（I_0 是偏压源 U_b 提供给超导线圈偏流的初始值），而 I_0 大于线路电流 i_{ac} 的峰值，于是二极管 D_1、D_2 始终导通，除桥路上有较小的正向电压降外，限流器对 i_{ac} 不表现出任何阻抗。一旦系统发生短路故障，线路电流急剧上升，大于超导线圈中的直流时，正负半周期间，总有一对二极管反向偏置，处于关断状态，线圈 L 自动接入电路，短路电流被线圈的电抗限制。短路故障清除后，超导线圈的电流从故障电流峰值逐渐衰减到稳态值。由于线圈只有一定的限流作用，还需断路器在一定的时间内适时切断故障源。

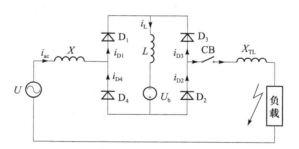

图 2-5-1 桥路型高温超导限流器工作原理图

2.5.2 电路分析

直流偏置电压电源 U_b 为超导线圈 L 提供直流偏置电流 I_0，设正常运行时负载电流 $i_1 = \sqrt{2} I \sin(\omega t)$，调整偏压 U_b，使其产生的电流经超导线圈的偏流 I_0 大于负载电流峰值 $\sqrt{2} I$。此时 I_0 由 D_1、D_4 和 D_2、D_3 均匀分流，A、B 点等电位，各二极管分别流过 U_b 提供的直流电流的一半及负载电流的一半。

可见四个二极管同时导通，线路电流 i_1 经 D_1、D_3 和 D_2、D_4 分两路流通而不经

过超导线圈 L, L 对负载电流不起作用。当系统发生短路故障时,线路故障电流 i_1 的峰值急剧增大,当 i_1 的峰值大于或等于 I_0 后,两组二极管 D_1、D_2 和 D_3、D_4 轮流导通,故障电流自动流经超导线圈 L, L 起储能的作用,又对故障电流峰值起限流作用。调整 U_b 的大小,使直流偏流 I_0 大于正常运行的负载电流峰值,且小于短路故障电流的峰值。若偏压取值适当,则故障短路电流的前几个峰值被降低,随后增加到稳态值。

设四个二极管 $D_1 \sim D_4$ 的电流分别为 i_{D1}、i_{D2}、i_{D3}、i_{D4},其参考方向如图 2-5-1 所示,则线路电流为

$$i_{ac} = I_{max} \sin(\omega t) \tag{2-5-1}$$

对二极管桥路的两个独立节点,由基尔霍夫电流定律得到如下方程组:

$$i_{ac} + i_{D4} = i_{D1}$$
$$i_1 = i_{VD1} - i_{VD4} = \sqrt{2} I \sin(\omega t) \tag{2-5-2}$$
$$i_{D1} + i_{D3} = i_L$$
$$i_L = i_{VD1} + i_{VD3} = I_0 \tag{2-5-3}$$

根据桥式电路的对称性得

$$i_{D1} = i_{D2} \tag{2-5-4}$$
$$i_{D3} = i_{D4} \tag{2-5-5}$$

联立式(2-5-1)～式(2-5-5),得

$$i_{D1} = i_{D2} = \frac{1}{2}(i_L + i_{ac}) \tag{2-5-6}$$
$$i_{VD1} = i_{VD2} = I_0/2 + \sqrt{2} I \sin(\omega t)/2$$
$$i_{D3} - i_{D4} = \frac{1}{2}(i_L - i_{ac}) \tag{2-5-7}$$
$$i_{VD3} = i_{VD4} = I_0/2 - \sqrt{2} I \sin(\omega t)/2$$

图 2-5-2 为桥路型高温超导限流器的线路、超导线圈以及各二极管的稳态电流曲线。当线路发生短路故障,i_{ac} 的幅值增加到 I_0 时,在 i_{ac} 的正半周内二极管 D_3 和 D_4 不导通,而在负半周内 D_1 和 D_2 不导通,超导线圈就被自动串入线路,短路电流的上升速率被超导线圈大电感 L 限制。

为简化计算,假定短路故障发生在负载电流 i_{ac} 过零瞬间,由基尔霍夫电压定律得

$$U_{max} \sin(\omega t) + U_b = L \frac{di_L}{dt} \tag{2-5-8}$$

则

$$di_L = \frac{1}{L}[U_{max} \sin(\omega t) + U_b] dt \tag{2-5-9}$$

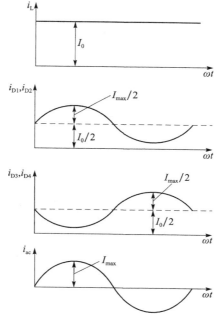

图 2-5-2　桥路型高温超导限流器的稳态电流曲线

对式(2-5-9)积分可得

$$i_L(t) = \int_0^t di_L = \int_0^t \frac{1}{L}[U_{max}\sin(\omega t) + U_b]dt = \frac{1}{L}\frac{U_{max}}{\omega}\cos(\omega t) + \frac{U_{max}}{\omega} + U_b t + A$$

$$(2\text{-}5\text{-}10)$$

由于 $i_L(0) = I_0$，所以 $A = LI_0$，则

$$i_L(t) = I_0 + \frac{U_{max}}{\omega L}[1 - \cos(\omega t)] + \frac{U_b}{L}t \qquad (2\text{-}5\text{-}11)$$

式中，U_{max} 是相电压的峰值。

图 2-5-3 为线路发生短路后一个周期内的桥路型高温超导限流器在故障期间的电压和电流波形。可以看出，短路发生后，短路电流被超导线圈的大电感限制而缓慢增加。

2.5.3　电阻投切式桥路型

传统的桥路型高温超导限流器能有效地限制短路电流峰值，但对于短路电流稳态值却不起作用，其原因是：在有效限制短路电流的峰值后，随故障的持续，流过超导电感的电流不断上升，限流器的限流能力降低，最后超导电感的电流趋于(无限流器时的)短路电流稳态值的幅值。限流过程实质是超导电感被励磁的过程。故障进入稳态后，限流器就失去了作用。所以，为使桥路型高温超导限流器能限制

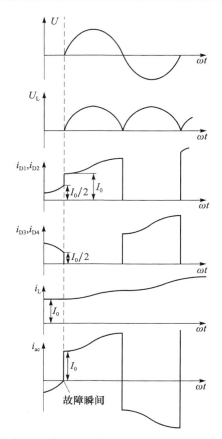

图 2-5-3　桥路型高温超导限流器在故障期间的电压和电流

短路电流稳态值,就必须设法在电感被励磁的同时增加去磁环节,使超导电感的电流不至于在短路时增加到(无限流器时的)短路电流稳态值。

　　图 2-5-4 为电阻投切式桥路型高温超导限流器单相电路图。它由二极管桥路 $D_1 \sim D_4$、超导线圈 L、常规电阻 R、可控开关 K(对其控制以实现电阻 R 在故障时的投入)组成[27,28]。

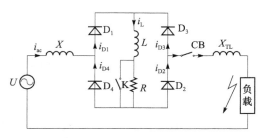

图 2-5-4　电阻投切式桥路型高温超导限流器单相电路图

设系统在 t_0 时刻发生短路故障，t_1 时刻超导电感投入限流，t_2 时刻开关 K 闭合，将限流电阻串入电路，t_3、t_5 时刻分别为超导电感励磁和去磁过程的转变时刻，则其限流过程可分为以下几个步骤。

（1）当 $0 \leqslant t < t_0$ 时，系统正常运行。由于开关 K 一直导通，限流电阻 R 被短路，实际上它就是一个普通桥路型高温超导限流器。设线路电压的初相角为 α，线路电流落后电压的相角为 θ，忽略二极管压降，则有

$$u = U_m \sin(\omega t + \alpha)$$
$$i_s = I_s \sin(\omega t + \alpha - \theta)$$
$$I_s = \frac{U_m}{\sqrt{(R_s + R_{load})^2 + \omega^2 L_s^2}} \qquad (2\text{-}5\text{-}12)$$
$$i_L = I_0$$
$$\theta = \arctan\left(\frac{\omega L_s}{R_s + R_{load}}\right)$$

式中，i_s 是线路电流；i_L 是超导磁体线圈电流；I_0 是短路前超导线圈的电流值；R_{load} 是阻性负载。

（2）t_0 时刻，系统发生短路故障。在 $t_0 \leqslant t < t_1$ 过程中，因为 $i_L > i_s$，所以 i_L 始终保持不变。也就是说，此时 L 并未立即串入电网中抑制短路电流增加。

$$i_{s0} = I_{s0} \sin(\omega t + \alpha - \theta_0) + c_0 e^{-t/t_{s0}}$$
$$i_{L0} = I_0$$
$$I_{s0} = \frac{U_m}{\sqrt{R_s^2 + \omega^2 L_s^2}}$$
$$\theta_0 = \arctan\left(\frac{\omega L_s}{R_s}\right) \qquad (2\text{-}5\text{-}13)$$
$$t_{s0} = \frac{L_s}{R_s}$$
$$c_0 = [i_s(t_0) - I_{s0} \sin(\omega t_0 + \alpha - \theta_0)] e^{-t_0/t_{s0}}$$

（3）t_1 时刻，线路电流 i_s 增加到 i_L 的值（$i_s = i_L$），迫使续流回路关断。超导限流电感 L 自动串入电网抑制短路电流增加，与此同时，电感电流 i_L 上升，高温超导电感被励磁。

$$i_{s1} = I_{s1} \sin(\omega t + \alpha - \theta_1) + c_1 e^{-t/t_{s1}} = i_{L1}$$
$$I_{s1} = \frac{U_m}{\sqrt{R_s^2 + \omega^2 (L_s + L)^2}}$$
$$\theta_1 = \arctan\left[\frac{\omega(L_s + L)}{R_s}\right] \qquad (2\text{-}5\text{-}14)$$
$$t_{s1} = \frac{L_s + L}{R_s}$$
$$c_1 = [i_{s0}(t_1) - I_{s1} \sin(\omega t_1 + \alpha - \theta_1)] e^{-t_1/t_{s1}}$$

（4）t_2 时刻，电阻投切装置检测到故障，迅速断开并联开关 K，从而限流电阻 R 串入电路与电感 L 一起限流。限流电阻的投入使得系统阻抗进一步增大，短路电流得到了更加有效的限制。设 t_d 为检测装置和器件的延时，约为 1ms，则 $t_2 = t_1 + t_d$。

$$i_{s2} = I_{s2} \sin(\omega t + \alpha - \theta_2) + c_2 e^{-t/t_{s2}}$$

$$i_{L2} = i_{s2}$$

$$I_{s2} = \frac{U_m}{\sqrt{(R_s + R)^2 + \omega^2 (L_s + L)^2}}$$

$$\theta_2 = \arctan\left[\frac{\omega(L_s + L)}{R_s + R}\right] \tag{2-5-15}$$

$$t_{s2} = \frac{L_s + L}{R_s + R}$$

$$c_2 = [i_{s1}(t_2) - I_{s2} \sin(\omega t_2 + \alpha - \theta_2)] e^{-t_2/t_{s2}}$$

（5）t_3 时刻，限流电感进入去磁过程。此时，由于电感电流大于系统电流（$i_L > i_s$），储存在电感中的能量通过 D_1、D_3、L、R 回路和 D_2、D_4、L、R 回路得到释放。

$$i_{s3} = I_{s3} \sin(\omega t + \alpha - \theta_3) + c_3 e^{-t/t_{s3}}$$

$$I_{s3} = \frac{U_m}{\sqrt{R_s^2 + \omega^2 L_s^2}}$$

$$\theta_3 = \arctan\left(\frac{\omega L_s}{R_s}\right)$$

$$t_{s3} = \frac{L_s}{R_s} \tag{2-5-16}$$

$$c_3 = [i_{s3}(t_3) - I_{s3} \sin(\omega t_3 + \alpha - \theta_3)] e^{t_3/t_{s3}}$$

$$i_{L3} = i_{L2}(t_3) e^{(t_3-t)/t_{L3}}$$

$$t_{L3} = \frac{L}{R}$$

（6）$t_4 \leqslant t < t_5$ 和 $t_2 \leqslant t < t_3$ 情况类似，反向的负载电流被限制。此后，超导电感的励磁和去磁过程交替进行，直至系统进入故障稳态阶段。

2.5.4　双线圈互感桥路型

目前研究的桥路型高温超导限流器常见的有两种类型：一种是超导线圈串联直流偏置电源，桥臂使用二极管，在正常工作情况下，高温超导限流器两端电压被钳制在很小的状态，限流器件未串入电路系统而对系统无影响，发生短路故障时，限流器件串入电路发挥限流作用；另一种是超导线圈不串联直流电源，桥臂采用晶闸管等可控器件，通过对这些电力电子器件的控制来实现限流器的限流功能。

这里以两个超导线圈并联结合使用二极管桥臂的无直流偏置桥路型高温超导限流器为例，其工作原理如图 2-5-5 所示[29]。限流器主要由两个超导材料制成的线圈组成,两个线圈异侧并联,电感值相等且完全耦合,因此互感值与电感值近似相等,它们产生的磁通相互抵消,总磁通几乎为零,所以并联线圈两端电压很小,两个线圈的超导临界电流值不一样,发生短路故障时,其中线圈 L_2 立即失超,线圈 L_1 不失超,线圈 L_2 因失超电阻增大,流过它的电流随之变小,两个线圈中的电流不再相等,产生的磁通不再相互抵消。线圈 L_2 实现电阻限流,而线圈 L_1 为电感限流,从而限制短路电流的增大。

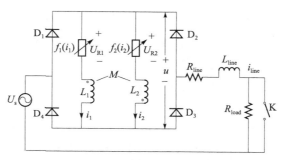

图 2-5-5　双线圈互感桥路型高温超导限流器原理图

双线圈互感器有两种结构,如图 2-5-6 所示。一种是主线圈(限流线圈)和触发线圈同轴分开绕制,如图 2-5-6(a)所示。另一种是两个线圈共同绕制构造成一个单元,这是一个双线圈,如图 2-5-6(b)所示。

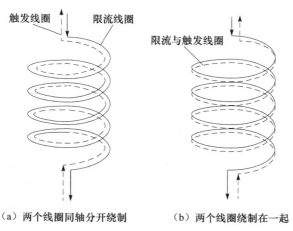

（a）两个线圈同轴分开绕制　　　（b）两个线圈绕制在一起

图 2-5-6　双线圈绕制结构

第一种更容易构造,触发线圈在故障期间的温升不会影响限流线圈,但是因为两个线圈之间存在间距,所以漏电感会更高。第二种有更高的耦合系数,产生较少的漏电感。

固态开关因其具有动作速度快、允许动作次数多、控制简便、成本低廉、体积小等优点而被认为具有很强的实用性。随着电力电子技术的进一步发展和电力电子元件价格的不断下降,该限流器在电力系统中有着广阔的应用前景。

在正常工作情况下,电路处于稳态,因为两个线圈的耦合系数 $K \approx 1$,流过两个线圈的电流产生的磁通几乎可以完全抵消,所以限流器对电路电流的影响很小,限流器两端电压很小。主线路电流波形在正半周时,二极管 D_1 和 D_3 导通,电路方程为

$$U_s = 2U_D + U + (R_{line} + R_{load})i_{line} + L_{line}\frac{di}{dt} \qquad (2\text{-}5\text{-}17)$$

式中,U_s 为交流电源电压;U 为限流器两端压降;R_{line} 为线路上的电阻;R_{load} 为负载电阻;L_{line} 为线路上的电感;i_{line} 为流经主线路的电流;U_D 为一个二极管上的压降。

由于两个超导线圈的电感值完全相等,在未失超时可忽略不计,所以流过两个超导线圈的电流 $i_{1+} = i_{2+} = 0.5i_{line}$。

当 u_s 波形为负半周时,二极管 D_2 和 D_4 导通,流过限流器两个线圈中的电流 i_{1-} 和 i_{2-} 与正半周时的电流大小相等,方向相同,即 $i_{1-} = i_{2-} = 0.5i_{line}$。因为 i_{1+}、i_{2+}、i_{1-}、i_{2-} 都是直流,所以超导绕组的损耗很小。

当发生短路故障时,由于线路电阻 R_{line}、电感 L_{line} 和二极管的压降 U_D 都很小,所以主线路电流 i_{line} 急剧增大,线圈 L_2 失超,电阻增大,此时为电阻限流,使电流大部分流过线圈 L_1,此时线圈 L_1 为电感限流。

限流器电压方程为

$$U = U_{R1} + L_1\frac{di_1}{dt} - M\frac{di_2}{dt} \qquad (2\text{-}5\text{-}18)$$

$$U = U_{R2} + L_2\frac{di_2}{dt} - M\frac{di_1}{dt} \qquad (2\text{-}5\text{-}19)$$

$$U_{R1} = f(i_1) \qquad (2\text{-}5\text{-}20)$$

$$U_{R2} = f(i_2) \qquad (2\text{-}5\text{-}21)$$

式中,L_1、L_2 为线圈的电感;i_1、i_2 为流经线圈的电流;U_{R1}、U_{R2} 为超导线圈电阻上的压降;M 为两线圈之间的互感;$f(i_1)$、$f(i_2)$ 为超导线圈的电压电流伏安特性。

线圈 L_2 失超后,电阻变大,短路电流大部分流经未失超的线圈 L_1,i_1 不再等于 i_2,如果忽略流经线圈 L_2 的电流,电路可看成线圈 L_1 和线路阻抗的串联,即 $i_1 \approx i_{line}$,因为线圈 L_1 未失超,u_{R1} 很小,也可忽略不计,同时,不考虑二极管压降,短路后整个电路回路方程简化为

$$(L_1 + L_{line})\frac{di_1}{dt} + R_{line}i_1 = U_s \qquad (2\text{-}5\text{-}22)$$

从式(2-5-22)可以看出,发生短路故障后,电路可近似看成一阶 RL 电路,i_1 波形外包络线从短路时刻起以指数形式上升,超导线圈的 L 值越大,i_1 上升的趋势越缓,限流效果越好[28]。

2.5.5 全控混合式桥路型

全控混合式桥路型高温超导限流器的电路拓扑结构如图 2-5-7 所示。与传统的可控桥路型高温超导限流器不同,全控混合式桥路型高温超导限流器的结构中采用功率开关管(如 MOSFET 或 IGBT 等)和功率二极管混合使用的方式构成整流桥,整流桥交流侧两端连入供电系统,其直流侧与超导线圈 L 相连。功率开关管 K_1 与 K_2、K_3 与 K_4、K_5 与 K_6、K_7 与 K_8 分别为构成整流桥的四支桥臂;限流器串联进入供电系统,图中 S 为断路器,R_1、R_2 分别表示系统中的线路阻抗(或保护阻抗)和负载,AC 为单相电源电压。系统中若发生大电流短路故障,控制系统通过控制限流器整流桥中的功率开关管使限流器切换工作状态,增大限流器的阻抗,达到限制系统中故障电流的目的[30,31]。

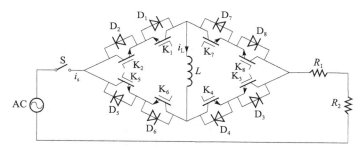

图 2-5-7 全控混合式桥路型高温超导限流器的电路拓扑结构

系统无故障情况下,全控混合式桥路型高温超导限流器对系统几乎无影响;系统故障情况下,限流器立刻呈现为一个限流大阻抗,从而完成限流。

如图 2-5-7 所示,限流器正常运行时,只导通功率开关管 K_2、K_4、K_6、K_8,流过超导线圈的电流 i_L 近似为直流,除系统电流峰值附近外,线圈电流都大于系统线路电流 i_s。超导线圈通过功率开关管 K_2、D_1、K_6、D_5 回路及 K_4、D_3、K_8、D_7 回路不断进行充磁和释能过程,而使整流桥路全导通,全控混合式桥路型高温超导限流器此时对系统呈现出的阻抗非常小,两端电压非常低,此时加入的限流器对系统几乎无影响。

在系统发生短路故障时,系统电流迅速增大,当正向系统电流增大到线圈电流时,K_5 与 K_6、K_7 与 K_8 所在两条支路不再有电流流过(或负向系统电流绝对值增大到线圈电流时,K_1、K_2 所在两条支路不再有电流流过),线圈相当于串入系统开始限制暂态故障电流。当系统电流绝对值大于控制系统设定的一定值后,通过控制导通功率开关管 K_1、K_3,关断功率开关管 K_6、K_8,则故障电流流过功率开关管 K_1 与 K_2、K_3 与 K_4 所在回路,此时超导线圈 L 和功率开关管 K_1 与 K_2、K_3 与 K_4 串入系统进而限制故障稳态电流。

全控混合式桥路型高温超导限流器的工作状态可通过限流器中功率开关管的工作状态等效代替,如表 2-5-1 所示,包括系统无故障时限流器正常运行和系统故障时限流器进行限流两种稳定状态。其中,0 表示功率管关断,1 表示功率管导通。除此之外,该限流器在状态相互转换之间还有相应的过渡态。

表 2-5-1　全控混合式桥路型高温超导限流器中功率开关管的状态

状态	K_1	K_2	K_3	K_4	K_5	K_6	K_7	K_8
正常态	0	1	0	1	0	1	0	1
故障切换暂态	1	1	1	1	0	1	0	1
故障态	1	1	1	1	0	0	0	0
恢复切换暂态	1	1	1	1	0	1	0	1
恢复正常态	0	1	0	1	0	1	0	1

为了详细地分析限流器的工作过程,将其整个工作过程逐一分解,给出不同工作状态下系统的电路结构及电路方程。其整个过程可看成在系统通电后,经过短暂的几个周期,系统稳定,超导线圈充磁饱和,限流器进入正常工作状态;然后系统中负载突然被短路,这一短时间称为系统故障暂态。随着系统电流的增大,限流器通过一个过渡态进入限流器限流状态。由于通常系统中发生的短路故障只是短时间或瞬时性的,即短路故障之后又被清除,限流器就会由控制检测系统判断后,经过一个过渡态恢复到正常工作状态,从而系统恢复正常并保证供电的持续性。

1. 正常工作状态

图 2-5-8 为正常工作状态下限流器的等效电路,此时限流器四支桥臂全部导通,系统电流可以双向通过此限流器。限流器两端等效电阻非常小,由功率管内阻及线圈直流下的阻抗组成;限流器两端电压很小,它由功率开关管导通压降及线圈直流压降组成,对系统几乎没有影响。

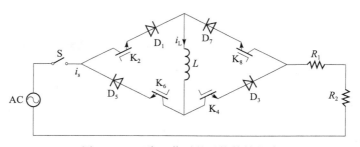

图 2-5-8　正常工作时的系统等效电路

　　具体对正常工作状态下的限流器进行理论分析,可以将其分为四个电压回路。图 2-5-9 为正常状态下电源正负周期内的系统主电路的电压回路,即虚线回路;图 2-5-10 为限流线圈的两个电压回路。

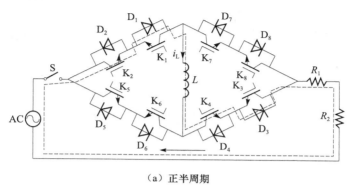

（a）正半周期

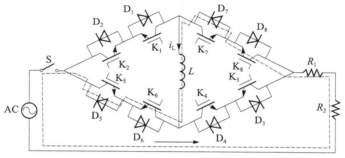

（b）负半周期

图 2-5-9　系统主电路的电压回路

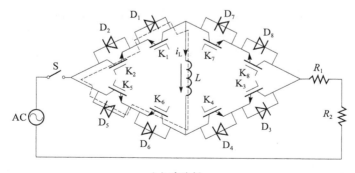

（a）左半桥

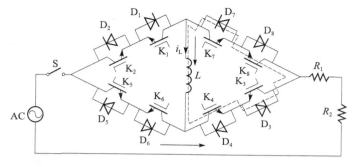

（b）右半桥

图 2-5-10　限流线圈的电压回路

系统的基尔霍夫电流定律（KCL）方程表达式为

$$\begin{cases} i_2 - i_3 - i_s = 0 \\ i_1 - i_4 - i_s = 0 \\ i_1 + i_4 - i_L = 0 \\ i_2 + i_3 - i_L = 0 \end{cases} \qquad (2\text{-}5\text{-}23)$$

式中，$i_1 \sim i_4$ 分别是流过功率开关管 K_2、K_4、K_6、K_8 的电流；i_s 是系统电流；i_L 是线圈电流（系统电流的稳态峰值）。

系统的基尔霍夫电压定律（KVL）方程表达式为

$$\begin{cases} (R_D + R_{on})i_1 + (R_D + R_{on})i_2 + (R_1 + R_2)i_s = U - 2U_{on} - 2U_D \mp L \cdot di_L/dt \\ (R_D + R_{on})i_3 + (R_D + R_{on})i_4 + (R_1 + R_2)i_s = -U - 2U_{on} - 2U_D \mp L \cdot di_L/dt \\ (R_D + R_{on})i_1 + (R_D + R_{on})i_3 = -2U_{on} - 2U_D \mp L \cdot di_L/dt \end{cases}$$

$$(2\text{-}5\text{-}24)$$

式中，R_D 是功率二极管的导通电阻；R_{on} 是功率开关管的导通电阻；R_1 是线路阻抗或保护阻抗；R_2 为负载阻抗；U_{on} 是功率开关管的导通压降；U_D 是功率二极管的导通压降；系统电压 $U = U_m \sin(\omega t + \varphi)$，其中 U_m 为电压幅值，φ 为初相角。式（2-5-24）中第一行为半桥回路方程，式（2-5-24）中第二行为系统电流的正向回路方程，式（2-5-24）中第三行为系统电流的负向回路方程。

由式（2-5-23）和式（2-5-24）可得

$$i_1 = i_2 = \frac{i_L}{2} + \frac{i_s}{2}, \quad i_3 = i_4 = \frac{i_L}{2} - \frac{i_s}{2} \qquad (2\text{-}5\text{-}25)$$

2. 故障工作状态

假设在 t_0 时刻系统发生了故障，在 t_1 时刻功率管 K_1、K_3 闭合，K_6、K_8 断开，超导线圈连入电路进行限流。当系统在 t_0 发生故障时，限流器在故障情况下工作时的等效电路如图 2-5-11 所示。此时功率管 K_5 与 K_6、K_7 与 K_8 所在的两支桥臂不导通,线圈串入系统,限流器对系统相当于呈现出一个对应的感抗,从而限制故障电流,其中正负半波故障电流均流过该回路。

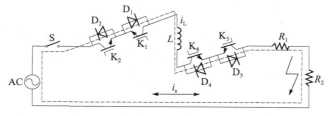

图 2-5-11　故障后系统等效电路

1) 从发生故障到故障限流态之间的过渡态,$t_0 \leqslant t < t_1$

该状态的 KCL 方程表达式可由式(2-5-23)表示,其 KVL 方程表达式可由式(2-5-26)表示:

$$\begin{cases} (R_D + R_{on})i_1 + (R_D + R_{on})i_2 + R_1 i_s = U - 2U_{on} - 2U_D \mp L \cdot di_L/dt \\ (R_D + R_{on})i_3 + (R_D + R_{on})i_4 + R_1 i_s = -U - 2U_{on} - 2U_D \mp L \cdot di_L/dt \\ (R_D + R_{on})i_1 + (R_D + R_{on})i_3 = -2U_{on} - 2U_D \mp L \cdot di_L/dt \end{cases}$$

$$(2\text{-}5\text{-}26)$$

在这个过程中会产生一个冲击电流,限流器的动作延迟时间 $t_d = t_1 - t_0$,故障相位角 $\theta = \omega t_0 + \varphi$,因此有

$$i_{s1} = \frac{U_m}{R_1} \sin[\omega(t_0 + t_d) + \varphi] = \frac{U_m}{R_1} \sin(\omega t_d + \theta) \tag{2-5-27}$$

2) 故障限流态,$t \leqslant t_1$

该状态的 KVL 方程表达式可由式(2-5-28)表示:

$$i_s R_1 + 2(R_{on} + R_D)i_s \pm \frac{di_L}{dt} = U_m \sin(\omega t + \varphi) \tag{2-5-28}$$

在故障限流状态下的系统电流为

$$i_s = i_L = I_s \sin\left[\omega t + \varphi - \arctan\left(\frac{\omega L}{R_1}\right)\right] + C_1 e^{\frac{-R_1}{L}t} \tag{2-5-29}$$

式中

$$C_1 = \left\{ i_{s1}(t_1) - I_s \sin\left[\omega t_1 + \varphi - \arctan\left(\frac{\omega L}{R_1}\right)\right] \right\} e^{\frac{R_1}{L}t_1} \tag{2-5-30}$$

$$I_s = \frac{U_m}{\sqrt{R_1^2 + 4(R_{on}^2 + R_D^2) + \omega^2 L^2}} \tag{2-5-31}$$

当系统限流后,到达故障稳定状态时,系统电流可以近似由式(2-5-32)表示:

$$i_s = i_L = I_s \sin\left[\omega t + \varphi - \arctan\left(\frac{\omega L}{R_1}\right)\right] \tag{2-5-32}$$

3）故障清除的暂态

当系统故障被清除时，存在一个故障清除暂态，此时系统的 KVL 方程表达式为

$$i_s R_1 + i_s R_2 + 2i_s(R_{on} + R_D) \pm L \frac{di_L}{dt} = U_m \sin(\omega t + \varphi) \qquad (2\text{-}5\text{-}33)$$

全控混合式桥路型高温超导限流器在系统故障时理论的限流效果与故障清除后的系统恢复效果如图 2-5-12 所示。当系统产生短路故障时，系统产生短路大电流，控制系统检测到故障后，控制限流器切换到限流工作状态，将短路故障电流限制到用电设备可接受范围，随后，故障电流逐渐减小，达到故障稳定状态。当故障清除后，控制系统检测到故障电流降低后，限流器恢复到正常工作状态，超导线圈不再限制电流。

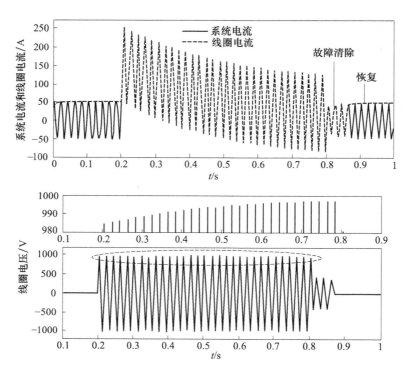

图 2-5-12　全控混合式桥路型高温超导限流器在系统故障时的限流效果

不同故障相位下，系统故障电流的特性如图 2-5-13 所示，其分别为短路故障相位角（R_2 短路）发生在系统电流的 0°、90°、180°和 270°相位时的系统电流。从图中可以看出，不同的故障相位角将会导致系统产生不同的冲击电流。在实际应用开发中，要关注的是在整个周期的相位故障中，故障电流对系统的最大冲击程度，以

免冲击电流对系统造成瘫痪,因此研究最大冲击电流具有重要意义。同时,在不同的系统中,由于系统参数不尽相同,致使最大冲击电流对应的故障相位也会不一样。

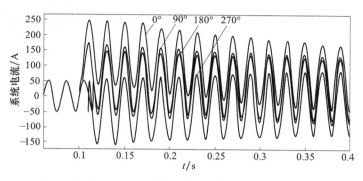

图 2-5-13　不同故障相位下的系统故障电流

当超导线圈的电感值不同时,随着电感值的增加,故障后的系统冲击电流和稳态电流相应地不断减小,如图 2-5-14 所示。当线圈电感值太小时,限流器的限流效果不明显;当线圈电感值太大时,限流器的限流效果虽然很好,但会使系统电流产生畸变,造成系统不稳定。因此,限流器的超导线圈的电感值,要根据系统的电压等级进行选取,取最合适的电感值,使限流器在限流时既有良好的限流效果,同时又不会造成系统电流的畸变。

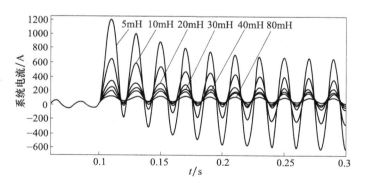

图 2-5-14　不同超导线圈电感值下的系统故障电流

限流器的故障响应时间也是限流器的一个重要指标。当限流器在 270° 故障相位角,响应时间分别为 0ms、5ms 和 10ms 时,故障冲击电流随着响应时间的增加而增大。不同响应时间下的系统冲击电流情况如图 2-5-15 所示。

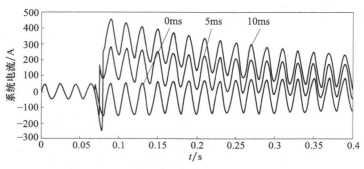

图 2-5-15　不同响应时间下的系统冲击电流情况

2.6　复　合　型

复合型高温超导限流器主要包括：①不同功能复合型；②不同类型复合型；③超导与不同传统技术复合型。下面介绍几种主要的复合型高温超导限流器。

2.6.1　输电限流式

高温超导电缆可以复合限流功能，即形成一种高温超导限流电缆[32,33]。从原理上讲，这是一种电阻型高温超导限流器，即当系统短路发生时，高温超导限流电缆由超导态自动进入电阻态而产生限流作用。其工作原理分析可参考前面的基本电阻型高温超导限流器，简单化的定量关系为：电缆的超导截面 S_{HTS} 取决于高温超导导线的临界电流密度 J_c 和起始限流值 I_1，即超导失超电流，且 $S_{HTS}=I_1/J_c$，或电缆全导体截面 $S=I_1/J_e$，其中 J_e 为电缆全导体的工程临界电流密度。若限流的最大允许电流为 I_m，则所需的电缆长度 $L=V\cdot S(\rho\cdot I_m)^{-1}=U\cdot I_1\cdot(\rho\cdot J_e\cdot I_m)^{-1}$，其中 U 是系统电压，ρ 是电缆的失超电阻。

这种输电高温超导限流器尤其适合直流输电系统。高温超导限流电缆特别益于直流输电，高传输电流密度、大容量、无导体电阻损耗、无介电损耗、无涡流损耗及降低输电系统电压等级，这一系列显著优势使高温超导直流输电具有非常大的吸引力。采用高温超导限流电缆，也同时意味着传输电流大大增加。系统电压等级可明显降低，系统建造费用大幅降低。

高温超导限流电缆的主要设计特点是高温超导基体要在保持良好导热性和机械性的同时，具有较高的电阻，以保证在超导体失超而进入限流状态时具有足够高的电阻，从而获得有效限制短路电流的效果，同时还能有效恢复。实用电缆还可以复合光纤进行温度检测与系统控制。

2.6.2　储能限流式

超导储能技术主要包括超导磁储能（superconducting magnetic energy storage,SMES）技术和超导飞轮储能（superconducting flywheel energy storage,SFES)技术,其具有快速转换、高功率和高能量储存密度的特点。从原理上讲,这是一种高温超导电磁储能装置,具有大电流快速吸收的设计和相应的限流作用[34]。

图 2-6-1 为储能限流式复合型高温超导限流器原理与应用电路[35]。借助超导磁储能技术发展的高温超导限流器,通过电磁能量的储存功能可以进行系统的能量调控,即不但可以释放能量为系统提供补充,还可以瞬时吸收能量以减小短路电流。这种储能限流装置,其储能功能解决电能质量问题,限流器功能解决短路保护问题,储能限流器的复合,同时满足上述两个要求,尤其适合未来智能电网的发展需求。高温超导有源滤波器也是类似的应用,既能解决电能质量问题,又有短路限流器保护功能。

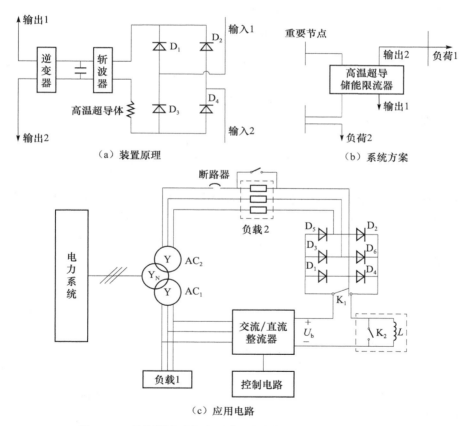

（a）装置原理　　　　　（b）系统方案

（c）应用电路

图 2-6-1　储能限流式复合型高温超导限流器原理与应用电路

组合装置储能限流器通过 AC₁ 系统作为储能装置,实现储能功能。它可以减小电压骤升、下跌、瞬时中断,这些情形通常只持续不到 1s。由于其高能量密度及高速率的充放电特性,高温超导储能装置较其他储能系统更具优越性。储能限流式复合型高温超导限流器也可以通过 AC_2 系统作为高温超导限流器,这里的 AC_1、AC_2 两个系统是相互独立的。它通过超导线圈的大阻抗特性来限制故障电流。

SMES-SFCL 组合设备可以对两个电气系统发挥不同的作用,但一般来说,这两种功能是不会同时执行的。组合设备在执行这两种功能时对超导线圈的要求也是不尽相同的。因此,在设计 SMES-SFCL 组合设备所用线圈的技术规格时应同时兼顾两个方面[36,37]。

SMES 的超导磁体通常被设计制造成在材料消耗一定的前提下,储存能量最大。而桥路型高温超导限流器却要求将超导磁体设计成在材料消耗一定的前提下,储存能量最小。这与 SMES 对线圈的要求正好相反。

当线圈中流过电流 i_L 时,线圈储能为

$$W = \frac{1}{2} L i_L^2 \tag{2-6-1}$$

假设 AC_1、AC_2 系统都正常工作,超导线圈中的电流在稳态时的线圈储能为

$$W_0 = \frac{1}{2} L I_0^2 \tag{2-6-2}$$

式中,I_0 是超导线圈在系统正常工作时的直流偏流。

当 AC_1 系统发生短路故障时,超导线圈中流过的电流为

$$i_L(t) = I_0 + \frac{n U_m T}{\pi L} + \frac{U_m}{\omega L} \left[1 - \cos\omega \left(t - \frac{nT}{2} \right) \right] \tag{2-6-3}$$

式中,n 为短路故障经历的半周波数;U_m 为相电压的有效值;T 为正弦电压的周期(工频为 0.02s);t 为短路时间(短路初始时间设定为 $t=0$)。

从方程(2-6-3)可以看出,短路故障持续的时间越长,超导线圈中流过的电流越大,线圈中储存的能量也就越多。假定短路故障后 N 个半周波时切断故障支路,则超导线圈中的电流为

$$I_{LM}\left(\frac{NT}{2}\right) = I_0 + \frac{N U_m T}{\pi L} \tag{2-6-4}$$

线圈的最大储能为

$$W_{max} = \frac{1}{2} L I_{LM}^2 \tag{2-6-5}$$

为了维持系统的正常运行,当组合设备执行 SMES 功能时,超导线圈中的能量不能完全被放掉,还必须保留一部分:

$$W_{min} = \frac{1}{2} L I_{min}^2 \tag{2-6-6}$$

因此,SMES-SFCL 组合设备在系统发生短路故障,执行高温超导限流器功能时最大可吸收能量为

$$W_a = W_{max} - W_0 \tag{2-6-7}$$

而当 SMES-SFCL 组合设备在系统发生电压跌落或电压瞬时中断,执行 SMES 功能时,最大可提供能量为

$$W_t = W_0 - W_{min} \tag{2-6-8}$$

绝大多数情况下,W_a 和 W_t 是不相等的,应根据装置执行的主要功能来设计这两个参数。要让组合装置主要发挥限流器功能,应尽可能地使装置吸收更多的能量。

2.6.3　变压限流式

高温超导变压限流器由一次绕组 W_1、二次绕组 W_2、辅助绕组 W_S、高温超导磁屏蔽筒以及铁芯组成,其中 W_2 和 W_S 串联,并与负载相连,如图 2-6-2 所示[38]。设三个绕组的感应电动势为 E_1、E_2 和 E_S,正常工作时,高温超导磁屏蔽筒处于超导态,具有完全排磁通效应,所以变压器的输出电压 $U_{out} = E_2$;发生短路故障时,高温超导磁屏蔽筒因感应电流超过其临界值而失超,辅助绕组 W_S 的磁力线穿入铁芯,产生感应电动势 E_S,此时,$U_{out} = E_2 - E_S$,短路电流因输出电压的减小而被抑制。

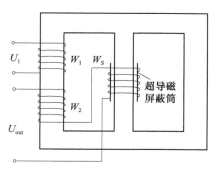

图 2-6-2　变压限流式复合型高温超导限流器原理图

2.6.4　开关辅助式

通过给超导元件加装辅助开关,对其在限流操作时进行保护,其原理如图 2-6-3 所示[39]。短路电流通过超导元件引起机械开关动作,而形成新的电流通路并实现限流作用。该结构主要由超导元件模块、快速开关和限流模块构成。超导模块用作故障电流传感,而不是用来限流,所以减少超导材料的使用量以达到降低成本的目标是可以实现的。快速开关由驱动线圈、真空断路器和一个接触器构成,驱动线圈被放置在电流驱动线路上与超导元件并联。当故障电流被转换到这条电流驱动线路上时,驱动线圈便会产生电磁排斥力,在这个电磁排斥力的作用下,原本接触

的真空断路器以极快的速度断开,并在第一个零点电流将剩余的电流熄灭。在第一个零点电流处,所有的故障电流开始流入限流模块。限流模块采用电阻式,它的阻抗可以根据设计者的要求变化。限流模块的作用是在第一个半周期过后执行限流功能。

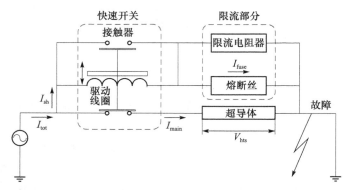

图 2-6-3　开关辅助式复合型高温超导限流器原理图

　　这种结构的特点:①第一个半周期允许故障电流通过,第二个半周期开始限流。这样能够保证与传统继电器很好地匹配,实现更好的限流特性。②超导元件用量少,降低生产成本。③结构简单,利于变电站部署。

　　从图 2-6-4 可以看出,故障电流减少过程中 YBCO 超导模块的电压变化。YBCO 模块在故障开始后 t_0 处于失超状态,大部分故障电流被切换到并联电路,这意味着超导模块不需要很长时间去承受在限流器上的系统电压。快速开关在 t_0 时开始动作,在故障发生后的 t_1 时完成操作,反应时间为 t_d(0.7ms)[39]。图 2-6-5 为其限流测试效果示意图。

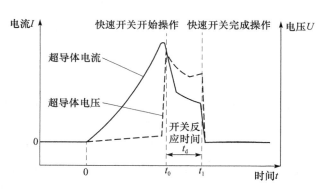

图 2-6-4　YBCO 模块在失超时的电流电压

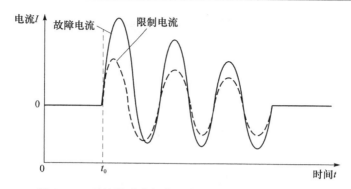

图 2-6-5　开关辅助式复合型高温超导限流器限流效果

2.6.5　不同类型组合的复合型

不同类型的高温超导限流器具有不同的特性,如电阻型高温超导限流器反应速度快,但失超超导体的恢复时间较长,较难实现大感抗;磁饱和型反应较慢,较易实现大感抗,但具有较好的限流调控能力。将具有不同特性的高温超导限流器进行组合,形成一种复合型高温超导限流器,综合利用各自优点,可获得更好的限流效果,并且方便维护[40]。

2.7　其他形式高温超导限流器简介

2.7.1　三相平衡电抗器型

三相平衡电抗器型高温超导限流器的原理图如图 2-7-1 所示[41],它是将三个同匝数的超导绕组绕在单一铁芯上。各绕组的绕向相同,分别串联到系统的三相,安装在发电机和变电站的出线端或母线间。正常运行时,三相电流之和为零,铁芯内的磁通量为零,电抗器呈现出非常小的阻抗;在发生单相接地短路故障时,三相电流失去平衡,电抗突然增大,故障电流被大的零序电抗限制,一般情况下,绕组不会失超;在发生两相对地和三相短路故障时,其电抗不会增大,绕组会因电流超过临界值而失超,失超后,电流被超导体的正常态电阻所限制。

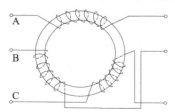

图 2-7-1　三相平衡电抗器型高温超导限流器原理图

　　限流器工作状态及其系统参数可由下列方程确定。

　　1）正常运行

　　理想工作情况下，三相电流对称，有

$$I_a + I_b + I_c = 0 \tag{2-7-1}$$

铁芯中的磁通势（$\sum F_m$）为

$$\sum F_m = NI_a + NI_b + NI_c = 0 \tag{2-7-2}$$

则铁芯内的磁通量（$\sum \Phi$）为

$$\sum \Phi = BS = \mu HS = \mu S \sum F_m / l = 0 \tag{2-7-3}$$

各相在绕组上的压降（U_F）为

$$U_F = R_s I + N \frac{\mathrm{d} \sum \Phi}{\mathrm{d}t} = R_s I \approx 0 \tag{2-7-4}$$

式中，B 为磁感应强度；H 为磁场强度；N 为线圈匝数；S 为铁芯截面积；R_s 为线圈超导态的电阻（近似为零）；l 为磁路路径长度，这里为环的平均周长。此时，限流器上没有电压降，即等效电抗 Z_{eq} 为零，它对系统无影响。另定义 Z_1 为线路阻抗。

　　2）短路故障运行

　　对于对称短路，三相短路时，系统中的电流、电压仍然对称，由此，若三相电流对称，等效阻抗的电抗分量为零，此时短路电流将超过线圈的临界电流值，线圈失超，电流被超导体正常态电阻值 R_n 所限制，即 $Z_{eq} = R_n$，其值为

$$R_n = \frac{\rho_n L_{sc} J_c}{I_c} \tag{2-7-5}$$

式中，ρ_n 为超导体正常态阻率；L_{sc} 为每相超导线圈的长度；J_c 为超导体的临界电流密度；I_c 为临界电流。

　　对于两相短路，假设故障前为空载，只计算故障电流的基频周期分量，假设 B、C 相短路，令

$$I_a = 0, \quad I_b = I_c = \frac{U_B - U_C}{2Z_1} \tag{2-7-6}$$

根据对称分量法有

$$\begin{bmatrix} I_{a1} \\ I_{a2} \\ I_{a0} \end{bmatrix} = \frac{1}{3} \begin{bmatrix} 1 & a^2 & a \\ 1 & a & a^2 \\ 1 & 1 & 1 \end{bmatrix} = \begin{bmatrix} I_a \\ I_b \\ I_c \end{bmatrix} = \frac{\mathrm{j} I_b}{\sqrt{3}} \begin{bmatrix} 1 \\ -1 \\ 0 \end{bmatrix} \tag{2-7-7}$$

式中，I_{a1}、I_{a2} 和 I_{a3} 分别为 A 相的正序、负序和零序分量：

$$a = -\frac{1}{2} + \mathrm{j} \frac{\sqrt{3}}{2} \tag{2-7-8}$$

即 $I_{a0} = 0$，由以上分析可知：$Z_{eq} = R_n$。

对于单相接地短路,设 A 相接地短路,令 $I_b = I_c = 0$,有

$$I_a = \frac{U_A}{Z_l + Z_s} = I_m \sin(\omega t + \varphi) \tag{2-7-9}$$

式中,Z_s 为接地阻抗;φ 为初始相角。同理,根据对称分量法有

$$\begin{bmatrix} I_{a1} \\ I_{a2} \\ I_{a0} \end{bmatrix} = \frac{1}{3} \begin{bmatrix} 1 & a^2 & a \\ 1 & a & a^2 \\ 1 & 1 & 1 \end{bmatrix} = \begin{bmatrix} I_a \\ I_b \\ I_c \end{bmatrix} = \frac{I_a}{3} \begin{bmatrix} 1 \\ 1 \\ 0 \end{bmatrix} \tag{2-7-10}$$

由此可知

$$I_{a0} = I_a/3 \tag{2-7-11}$$

$$\sum F_m = NI_{a0} + NI_{b0} + NI_{c0} = 3NI_{a0} = NI_a \tag{2-7-12}$$

$$\sum \Phi = BS = \mu HS = \mu S \sum F_m/l = \mu SNI_a/l \tag{2-7-13}$$

$$U_{FA} = R_s I_a + N \frac{\mathrm{d} \sum \Phi}{\mathrm{d}t} \approx N \frac{\mathrm{d} \sum \Phi}{\mathrm{d}t} = \frac{N^2 \mu S}{l} \frac{\mathrm{d} \sum I_a}{\mathrm{d}t} \tag{2-7-14}$$

则等效阻抗的大小为

$$Z_{eq} = \left| \frac{U_{FA}}{I_a} \right| = \frac{N^2 \mu S}{l} \omega \tag{2-7-15}$$

由此可知,此时短路回路相当于串联了一个电感 $N^2 \mu S\omega/l$,如果该电感不足以将短路电流限制到超导线圈的临界电流之内,超导线圈将失超,此时

$$Z_{eq} = R_n + \mathrm{j} \frac{N^2 \mu S}{l} \omega \tag{2-7-16}$$

　　三相平衡电抗器型高温超导限流器不需要其他检测和开关元件,是一种结构简单、可靠性高的限流器。系统正常运行时,其阻抗为零;三相或两相短路时,超导线圈失超,等效阻抗等于超导线圈正常态的电阻值;接地短路故障时,相当于串联了一个电感,若该电感的阻抗足以将电流限制在超导线圈的临界电流以内,等效阻抗就是该电抗;否则,线圈失超。同时,该限流器采用铁芯,增大了接地故障时的电感值,提高了限流效果。因为三相和两相短路故障是靠超导线圈失超后的常态电阻限流,而高温超导线材一般以银为基底制成,要绕制常态电阻较大的超导线圈很难,所以它对单相接地故障的限流能力很强,对三相和两相短路故障的限流能力相对较弱。对于短路故障的概率,单相接地短路超过 90%,两相和三相短路之和加在一起不到 3%。三相平衡电抗器型高温超导限流器集检测、转换于一体,具有自恢复功能,正常运行时,对系统无影响,对概率最高的单相接地故障,限流效果显著。

2.7.2　磁通锁型

　　图 2-7-2 为带有高温超导线圈的磁通锁型高温超导限流器的基本结构。限流

器由磁通锁电抗器和磁场线圈电路组成。前者由通过一个高温超导元件 SC 并行连接的线圈 L_1 和线圈 L_2 构成。后者由线圈 L_3、磁场线圈 L_f、一个系列电阻器和相位调整电容器组成。线圈 L_1、线圈 L_2 和线圈 L_3 密集地绕制在同一铁芯上以减少漏磁通。

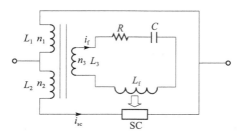

图 2-7-2　磁通锁型高温超导限流器基本结构

1. 等效电路

图 2-7-3 为简化的磁通锁型高温超导限流器的等效电路,其二次绕组串联多个超导元件[42]。图中,I_{FCL} 是在故障条件下的线路电流,I_1 是从初级线圈流到串联了多个超导元件的次级线圈的电流,L_1 和 L_2 分别为初级和次级线圈的电感。假设耦合系数 k 为 1,初级线圈和次级线圈的互感 $M_{12}=\sqrt{L_1 L_2}$。在图 2-7-3 中,相关的电流和电压方程如下:

$$I_{\mathrm{FCL}}=I_1+I_{\mathrm{sc}} \tag{2-7-17}$$

$$U_{\mathrm{sc}}=U_1+U_2 \tag{2-7-18}$$

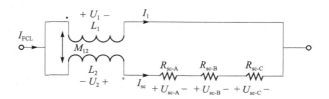

图 2-7-3　磁通锁型高温超导限流器的等效电路

若假定变压器初级线圈和次级线圈间只有互感,超导元件的阻抗分别为 $R_{\mathrm{sc-A}}$、$R_{\mathrm{sc-B}}$、$R_{\mathrm{sc-C}}$,这里均简化为 R_{s},初级和次级线圈电流分别为 I_1 和 I_{sc},磁通锁型高温超导限流器的感抗为 Z_{FCL},则包含三个串联超导元件的等效电路方程可表示如下:

$$Z_{\mathrm{FCL}}=\frac{\mathrm{j}\omega L_1(3R_{\mathrm{s}})}{\mathrm{j}\omega L_2+3R_{\mathrm{s}}} \tag{2-7-19}$$

$$\frac{I_{sc}}{I_{FCL}} = \frac{j\omega(L_1 + \sqrt{L_1 L_2})}{j\omega L^2 + 3R_s} \tag{2-7-20}$$

$$\frac{I_1}{I_{FCL}} = \frac{j\omega\sqrt{L_1 L_2} + j\omega L_2 + 3R_s}{j\omega L^2 + 3R_s} \tag{2-7-21}$$

2. 正常负载状态

在图 2-7-2 中,可以得到线圈 L_1、线圈 L_2 和线圈 L_3 的电压为

$$U_1 = n_1 \frac{d\Phi}{dt}, \quad U_2 = \mp n_2 \frac{d\Phi}{dt}, \quad U_3 = n_3 \frac{d\Phi}{dt} \tag{2-7-22}$$

式中,n_1、n_2 和 n_3 是线圈匝数;Φ 是通过铁芯的磁通,例如,磁通通常连接三个线圈。在式(2-7-22)中,"$-$"代表线圈 L_1 和线圈 L_2 绕制减小各自磁通,"$+$"代表线圈 L_1 和线圈 L_2 绕制增加各自磁通。

在正常条件下,当负载电流通过限流器,超导元件处于超导态,因此超导元件间的电压为 0,然后线圈 L_1 和线圈 L_2 直接并联,从而

$$U_1 = U_2 \tag{2-7-23}$$

由式(2-7-22)可得

$$(n_1 \pm n_2) \frac{d\Phi}{dt} = 0 \tag{2-7-24}$$

当 $n_1 \pm n_2 \neq 0$ 时有

$$\frac{d\Phi}{dt} = 0 \tag{2-7-25}$$

方程(2-7-25)意味着连接磁通锁定在直流模式,因此三个线圈间的电压必须为 0。换言之,限流器正常负载中有一个可忽略的感抗,此外,由于不存在励磁电流 i_f,在这种情况下,高温超导元件不暴露于磁场,因此外部磁场没有使处于超导态的高温超导元件的临界电流减少。

3. 短路故障状态

当高温超导元件由于过电流失去超导态,而且由于过电流产生电阻时,式(2-7-23)和式(2-7-25)不再成立。因此,Φ 随时间和感应线圈的电压而减小,从而限流电感出现在限流器中,所以过电流会减小。同时,i_f 开始流过磁场线圈,然后外部磁场作用在超导元件上。这个操作会导致超导元件上有些电阻有更高的效率。限流器的自动触发机制,并且没有额外的外部电源应用在磁场。

4. 限流感抗

在图 2-7-2 中,假定电容 C 和磁场线圈 L_f 共振(如 $\omega L_f - 1/(\omega C) = 0$),没有漏

磁存在,超导元件在磁场条件下的正常阻抗 $R_{sc}(B)$ 是常量,限流感抗 Z_{FCL}、流过超导元件支路电流 I_{sc} 和励磁电流 I_f 可表示为[43]

$$Z_{FCL} = \frac{j\omega L_1 R_{sc}(B)}{R_{sc}(B) + j[\omega(\sqrt{L_1} \pm \sqrt{L_2})^2 + \omega L_3 R_{sc}(B)/R]} \tag{2-7-26}$$

$$I_{sc} = \frac{j\omega(L_1 \pm \sqrt{L_1 L_2})I_{FCL}}{R_{sc}(B) + j[\omega(\sqrt{L_1} \pm \sqrt{L_2})^2 + \omega L_3 R_{sc}(B)/R]} \tag{2-7-27}$$

$$I_f = \frac{j\omega\sqrt{L_1 L_2} R_{sc}(B) I_{FCL} R}{R_{sc}(B) + j[\omega(\sqrt{L_1} \pm \sqrt{L_2})^2 + \omega L_3 R_{sc}(B)/R]} \tag{2-7-28}$$

式中,L_1、L_2 和 L_3 为自感线圈;R 是磁场线圈电路的串联电阻;ω 为角频率;I_{FCL} 是通过限流器的全部电流。限流动作的初始电流 $I_{ini} = I_{FCL}$,当 I_{sc} 达到超导元件的临界电流 I_q 时,将 $R_{sc}(B) = 0$ 和 $I_{sc} = I_q$ 代入式(2-7-27),可得

$$I_{ini} = \left(1 \pm \sqrt{\frac{L_2}{L_1}}\right) I_q \tag{2-7-29}$$

5. 限流电阻和电抗

磁通锁型高温超导限流器的限流感抗 Z_{FCL} 可被改写如下。当磁通锁型高温超导限流器处于阻态,且线圈 L_1 的电抗 ωL_1 远远大于正常阻抗 κR_{sc}($\kappa = R_{sc}(B \neq 0)/R_{sc}$)时,失超电流 I_q 一般都低于磁通锁型高温超导限流器中的初始电流 I_{ini}。换言之,当线圈 L_1 以变压器一样的方式绕制在铁芯上时,磁通锁型高温超导限流器的电阻成分可以被忽略。

$$Z_{FCL} = R_{FCL} + j X_{FCL} \tag{2-7-30}$$

$$R_{FCL} = \frac{\omega L_1 R_{sc} I_q^2 (\omega L_1 I_{ini}^2 + \omega L_3 \kappa R_{sc} I_q^2/R)}{(\kappa R_{sc} I_q^2)^2 + (\omega L_1 I_{ini}^2 + \omega L_3 \kappa R_{sc} I_q^2/R)^2} \tag{2-7-31}$$

$$X_{FCL} = \frac{\omega L_1 (\kappa R_{sc} I_q^2)^2}{(\kappa R_{sc} I_q^2)^2 + (\omega L_1 I_{ini}^2 + \omega L_3 \kappa R_{sc} I_q^2/R)^2} \tag{2-7-32}$$

从而可得比值

$$\frac{R_{FCL}}{X_{FCL}} = \frac{\omega L_1 I_{ini}^2}{\kappa R_{sc} I_q^2} + \frac{\omega L_3}{R} \tag{2-7-33}$$

6. 限流因素

电流限制因素 P_{limit} 定义为限制电流 I_{FCL} 在限流阶段与预期短路电流 I_{PSC} 的比值

$$P_{limit} = \frac{I_{FCL}}{I_{PSC}} = \frac{X_{SYS}}{\sqrt{R_{FCL}^2 + (X_{FCL} + X_{SYS})^2}} \tag{2-7-34}$$

式中,X_{SYS} 为系统阻抗,X_{FCL} 为限流器阻抗。如果故障电流直接由没有磁场的应用超导元件的电阻 R_{sc} 限制,超导元件所需的失超能量由电流限制因素 P_{limit} 表示为

$$R_{sc} I_q^2 = X_{SYS} I_{ini}^2 \frac{\sqrt{1 - P_{limit}^2}}{P_{limit}} \qquad (2\text{-}7\text{-}35)$$

2.7.3　直流式电感型

直流式电感型高温超导限流器的核心是一种用在直流电路中的高温超导电感器件,能抑制在短路时突然增加的电流。但是在直流系统中,即使是在正常工作时,磁能储存也是非常大的。图 2-7-4 为直流式电感型高温超导限流器的结构与原理示意图[44],其铁芯磁通由相反方向的电流抵消,电抗为零。当短路发生时,无论是正或负,高温超导电感器件都会产生一个很大的反方向电压。正负边同时短路的机会非常小,在这种情况下,可通过失超电阻,产生限流效果。

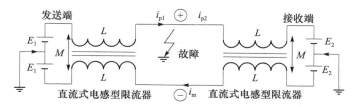

图 2-7-4　直流式电感型高温超导限流器的结构与系统原理示意图

为了实现大容量和远距离电力传输,已经建设了许多高压电力输送线缆,其中的直流输电系统,对于实现并联电路或多终端系统的保护要求越来越高。所以,需要在电路中安装断路器来清除短路故障电流。然而,这个领域尚在发展之中,技术相对不够成熟。因此,需要开发新技术来限制电力系统的故障电流。对于电力系统,一般情况下,通过晶闸管阀门转换器的稳流作用,可以在 40ms 之后将故障电流限制到正常水平。所以,要求高温超导限流器至少限制故障电流 40ms。

若忽略传输线的电感和电阻,假设在正极传输线发生接地故障,那么电压等式可表示为

$$L \frac{di_{p1}}{dt} - M \frac{di_m}{dt} = E_1 \qquad (2\text{-}7\text{-}36)$$

$$L \frac{di_{p2}}{dt} - M \frac{di_m}{dt} = -E_2 \qquad (2\text{-}7\text{-}37)$$

$$L \frac{di_m}{dt} - M \frac{di_{p2}}{dt} + L \frac{di_m}{dt} - M \frac{di_{p1}}{dt} = E_1 - E_2 \qquad (2\text{-}7\text{-}38)$$

式中,L 为高温超导直流限流器自感;M 为高温超导直流限流器互感;E_1 为转换器发送端电压;E_2 为转换器接收端电压;i_{p1} 为故障点前的正边电流;i_{p2} 为故障点后的正边电流;i_m 为负边电流。

解上面方程,可得

$$i_{p1} = \frac{(2L-M)E_1 - ME_2}{2L(L-M)}t + i_0$$

$$i_{p2} = \frac{ME_1 - (2L-M)E_2}{2L(L-M)}t + i_0 \qquad (2\text{-}7\text{-}39)$$

$$i_m = \frac{E_1 - E_2}{2(L-M)}t + i_0$$

式中，$i_0 = i_{p1}(0) = i_{p2}(0) = i_m(0)$。

如果令 $E_1 = E_2 = E$，上述表达式可化简为

$$i_{p1} = \frac{E}{L}t + i_0$$

$$i_{p2} = -\frac{E}{L}t + i_0 \qquad (2\text{-}7\text{-}40)$$

$$i_m = i_0$$

因此，如果 L 足够大，可以实现对故障电流的有效限制。

2.7.4　变压器-超导线圈混合型

变压器-超导线圈混合型高温超导限流器如图 2-7-5 所示[45,46]，它由具有可变耦合磁路的常规变压器和无感绕制的超导线圈组成。其结构有两种接法，图 2-7-5 (a)为串联接法，图 2-7-5(b)为并联接法。变压器-超导线圈混合型高温超导限流器的变压器副边绕组比原边绕组多得多，从而减小了超导线圈的电流。

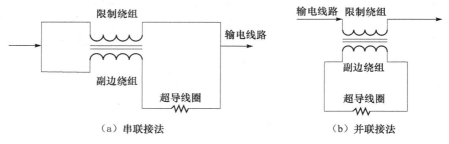

（a）串联接法　　　　　　　　　（b）并联接法

图 2-7-5　变压器-超导线圈混合型高温超导限流器

正常运行期间，磁路不饱和，原副边绕组间的耦合非常好（对于并联接法，副边绕组被超导线圈短路；对于串联接法，原副边绕组彼此反向绕制），所以装置的阻抗很小。当线路发生故障时，副边绕组电流增大，超导线圈因电流达到临界电流而失超，对于图 2-7-5(a)串联结构，副边自动接入一高电阻，大部分电流转入原边并为原边电抗所限制；对于图 2-7-5(b)并联结构，超导线圈突变为高电阻，变压器阻抗增大，限制了故障电流。这时，变压器原边电压降很大，磁路便自动饱和，原副边绕

组的耦合急剧减小,降低了副边电压和电流的有效值,从而减小了失超的超导线圈的热损耗,缩短其恢复时间[47]。

1. 串联接法数学模型

1) 工作原理

正常运行期间,磁路不饱和,原副边绕组间的耦合非常好,原副边绕组彼此反向绕制,所以装置阻抗非常小。发生短路故障后,副边自动接入一高电阻,大部分电流转入原边并为原边电抗所限制。

2) 正常运行时

如图 2-7-6 所示,此时 $R=0$,可以列出方程:

$$\Delta U = L_1 \frac{\mathrm{d}I_1}{\mathrm{d}t} + M \frac{\mathrm{d}I_2}{\mathrm{d}t}$$

$$\Delta U = (L_2 + l) \frac{\mathrm{d}I_2}{\mathrm{d}t} + M \frac{\mathrm{d}I_1}{\mathrm{d}t} \tag{2-7-41}$$

$$I = I_1 + I_2$$

式中,ΔU 为该限流器正常运行时的压降;M 为原边绕组与副边绕组之间的互感;L_1、L_2 分别为原边、副边的电感;l 为超导线圈的电感。

电流分布为

$$\begin{cases} I_1 = \dfrac{L_2 + l - M}{L_1 + L_2 + l - 2M} I \\ I_2 = \dfrac{L_1 - M}{L_1 + L_2 + l - 2M} I \end{cases} \tag{2-7-42}$$

解式(2-7-42)可得

$$\Delta U = \mathrm{j}\omega \frac{L_1(L_2 + l) - M^2}{L_1 + L_2 + l - 2M} I \tag{2-7-43}$$

式中,ω 为电压角频率。

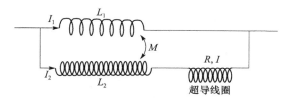

图 2-7-6　串联接法混合型高温超导限流器的等效电路

3) 发生短路故障时

此时 $R \neq 0$,是一个与时间呈非线性关系的电阻,可以列出方程:

$$U = L_1 \frac{\mathrm{d}I_1}{\mathrm{d}t} + M \frac{\mathrm{d}I_2}{\mathrm{d}t}$$

$$U = (L_2 + l) \frac{\mathrm{d}I_2}{\mathrm{d}t} + R(t)I_2 + M \frac{\mathrm{d}I_1}{\mathrm{d}t} \qquad (2\text{-}7\text{-}44)$$

$$I = I_1 + I_2$$

电流分布为

$$I_1 = \frac{R + \mathrm{j}\omega(L_2 + l - M)}{R + \mathrm{j}\omega(L_1 + L_2 + l - 2M)} I$$

$$I_2 = \frac{R + \mathrm{j}\omega(L_1 - M)}{R + \mathrm{j}\omega(L_1 + L_2 + l - 2M)} I \qquad (2\text{-}7\text{-}45)$$

解得限流电流为

$$I_1 = \frac{R + \mathrm{j}\omega(L_1 + L_2 + l - 2M)}{\mathrm{j}\omega L_1 R - [L_1(L_2 + l) - M^2]\omega^2} U \qquad (2\text{-}7\text{-}46)$$

当 $R \gg \omega(L_1 + L_2 + l - 2M)$ 时,电流分布 $I_1 \gg I_2$,说明短路电流基本被原边线圈所限制。

2. 并联接法数学模型

1) 工作原理

正常运行时,由于超导电阻为零,变压器副边短路,此时变压器阻抗非常小。当线路发生故障时,副边绕组电流增大,超导线圈因电流达到临界电流而失超,变为一个大电阻,变压器阻抗增大,进而限制短路电流。

2) 建立模型

根据其工作原理,可以通过求其短路时的等效阻抗,求得它的限制电流。

短路时,根据变压器原理,可以将此限流器进行一个 T 型等效,如图 2-7-7 所示。其中,a_T 为变压器变比,$a_T = \sqrt{L_1/L_2}$;L_{mT} 为磁化电感,$L_{mT} = kL_1$;L_{sT} 为漏电感,$L_{sT} = (1-k)L_1$;k 为磁耦合系数,$k = M/\sqrt{L_1 L_2}$;R 为超导失超电阻;L_1、L_2 分别为变压器原、副边自感,且 $R_2' = a_T^2 R_2$、$R' = a_T^2 R$[48]。等效阻抗为

$$Z = R_1 + \mathrm{j}(1-k)\omega L_1 + \frac{1}{1/(\mathrm{j}k\omega L_1) + 1/[a_T^2(R_2 + R) + \mathrm{j}(1-k)\omega L_1]} \qquad (2\text{-}7\text{-}47)$$

忽略变压器原、副边电阻,可得

$$Z \approx \frac{\omega^2 k^2 L_1^2 R'}{R'^2 + \omega^2 L_1^2} + \mathrm{j}\omega \frac{L_1 R'^2 + (1-k^2)\omega^2 L_1^3}{R'^2 + \omega^2 L_1^2} \qquad (2\text{-}7\text{-}48)$$

受到限制的电流为

$$I = \frac{U}{Z} \qquad (2\text{-}7\text{-}49)$$

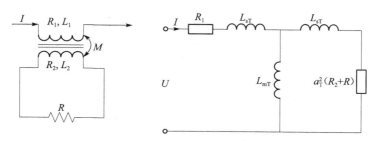

图 2-7-7　并联接法混合型高温超导限流器的变压器 T 型等效电路

2.7.5　直流式电抗器型

超导空心直流电抗器由一个超导空心电感单元和一个超导无感电阻单元组成,如图 2-7-8 所示[49]。电感单元的自感和电阻分别设置为 L_1 和 R_1。电阻单元是由两个相同的电感器连接的终端相同的磁极,所以 $L_2 = L_3$、$R_2 = R_3$。因此,自感 $2L_2$ 完全抵消,而自阻 $2R_2$ 保留下来。注意,上述两个自阻 R_1 和 $2R_2$ 可以等价于电感单元和电阻单元的超导电抗。

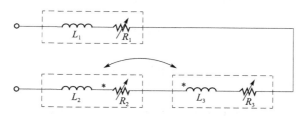

图 2-7-8　超导空心直流电抗器限流电路原理图

电感单元的临界电流设计的比电阻单元的临界电流高,即 $I_{c1} > I_{c2}$。正常运行时,正常电流比 I_{c1} 和 I_{c2} 低,而且两个自阻 R_1 和 $2R_2$ 都几乎为 0。整个超导空心直流电抗器可以看成一个理想的平滑操作电压的无损电感。

然而,在短路故障时,故障电流低于 I_{c1} 而高于 I_{c2}。根据非线性定律,R_1 可以忽略,$2R_2$ 迅速增大至一个不可忽略的值。虽然最初瞬态故障电流可以被理想无损电感器抑制到一定程度,但是随后的稳态电流仍然十分大。所幸,$2R_2$ 的有效电阻使限制瞬态和稳定故障电流成为可能。

1. 超导空心电抗器与超导无感电阻器

对于超导空心电抗器的设计,以采用 Sumitomo 公司的 HT 型 DI-BSCCO 带材为例:平均宽度为 4.5mm;平均厚度为 0.3mm;临界电流为 200A(77K 自场)。当外部磁场 B_m 以角度 θ 施加于 DI-BSCCO 带材时,临界电流 $I_c(B_{//}, B_\perp)$ 的各向异性如式(2-7-50)所示：

$$I_c(B_{/\!/}, B_\perp) = \frac{I_{c0}}{27.9 - 2.8\exp(-|B_{/\!/}|/B_0) - 24.1\exp(-|B_\perp|/B_0)}$$

$$(2\text{-}7\text{-}50)$$

式中，$B_{/\!/}$ 和 $B_\perp$ 分别是 DI-BSCCO 的平行场和垂直场（$B_{/\!/} = B_m\cos\theta$，$B_\perp = B_m\sin\theta$）；I_{c0} 是在 77K 自场下的临界电流；B_0 是在 1T 下的正常化常数。

　　DI-BSCCO 带材绕制在螺线管上，如图 2-7-9 所示。从第 1 层到第 4 层的间隙分别为 $2+d_g$，$2+(d_g+1)$，$2+(d_g+2)$。

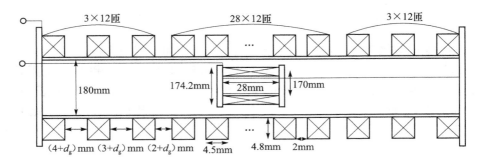

图 2-7-9　一种高温超导空心电抗器的构造图

　　对于超导无感电阻器的设计，以著名的 SuperPower 公司的 SF 型 4050 ReBCO 带材为例：平均宽度为 4mm；平均厚度为 0.055mm；临界电流为 100A（77K 自场）。当施加外部场时，临界电流 $I_c(B_{/\!/}, B_\perp)$ 的各向异性如式(2-7-51)所示：

$$I_c(B_{/\!/}, B_\perp) = I_{c0} \times \left(1 + \frac{\sqrt{r^{-2}B_{/\!/}^2 + B_\perp^2}}{B_1}\right)^{-\alpha}$$

$$(2\text{-}7\text{-}51)$$

根据非线性定律，故障电流限流电阻 $R_{hts}(t)$ 可以由式(2-7-52)计算：

$$R_{hts}(t) = S \times E_c \times \frac{I^{n-1}(t)}{I_c^n(t)}$$

$$(2\text{-}7\text{-}52)$$

式中，S 是无感螺线管中使用的带材的总长度；E_c 为临界电场。

2. 直流式电抗器型高温超导限流器特性

　　含有高温超导空心直流电抗器的直流系统如图 2-7-10 所示。其中可控电压源（CVS）$U(t)$ 可用于模拟各种可再生能源发电（RES）。直流电缆模型可采用 π 剖面线块建立。它主要由两个分布电容 $C_{dc}/2$、一个分布电感 L_{dc}、一个损耗电阻器 R_{dc} 组成。固定电阻 R_{load} 用于模拟直流电缆终端的分布式电力负载。高温超导空心直流电抗器安装在可控电压源附近，这样不仅可使正常工作下的电压波动平稳，还可以在故障时限制电流。它有一个固定电感和一个可变限流器电阻。在图 2-7-10 中虚线框内的可控电压源用于等同地表示瞬态限流器电阻 $R_{hts}(t)$。

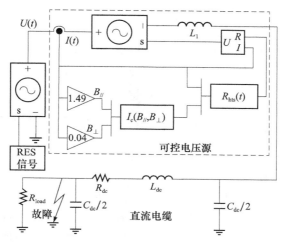

图 2-7-10　含有高温超导空心直流电抗器的直流系统

图 2-7-11 是当直流电缆附近发生短路后的理论故障电流。超导空心直流电抗器成为一个借助增长背景磁场工作的限流器,其仿真模型如图 2-7-10 所示,在故障电流快速增加时,无感电磁的瞬态临界电流降低。相比之下,传统的限流器有固定的临界电流,显示了一个限流电阻增长放缓的趋势,导致更高的最大故障电流。在 kA 级或 10kA 级的应用前景中,超导空心直流电抗器的超导空心电感和无感电阻器应进一步优化磁路和结构匹配,实现更快和更高的背景场,从而获得比无外加场的限流器更高的限流性能。在随后故障稳定期间,由于无感电磁的能耗及其导致的液氮(LN$_2$)温升,瞬态临界电流将逐渐减少。

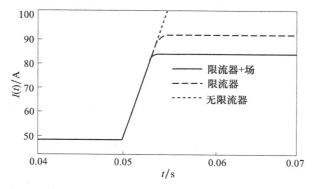

图 2-7-11　短路故障发生后的故障电流曲线

2.8　不同高温超导限流器的工作特点

2.8.1　电阻型

电阻型高温超导限流器的原理:其核心限流元件是能产生较高常态电阻的无感高温超导元件。这种限流器在实际使用时,要利用超导体的失超产生的电阻实现限流功能。若失超不能得到有效控制,超导体很容易在短路发生后瞬时被烧毁或熔化。解决高温超导体的失超保护和恢复问题是一项关键的技术。

高温超导限流器对继电保护的影响:会影响其安装处的测量阻抗,且由于超导体失超恢复时间较长,一般难以满足重合闸等方面的要求;还会影响高温超导限流器的失超恢复、散热和维护等问题。

由于第一代超导材料制备工艺限制、机械性能和失超稳定保护等,电阻型高温超导限流器的实用化发展受到了限制。在技术上,以往电阻型高温超导限流器,由于超导体从失超常导态恢复到超导态的时间比较长,不能满足电力系统快速重合闸的要求,所以尚未有进行大规模实用化的发展。新的第二代高温超导体有较好的导热保护特性和较好的力学应用特性,且临界电流密度的磁场性能也比第一代好,使得其在限流器中的应用有突出优势。因此,利用第二代高温超导体设计的电阻型高温超导限流器,有其简单实用的优越性,具有良好的实用前景。

电阻型高温超导限流器具有结构简单、响应时间快、电流过载系数低和正常运行压降低等优点,已经接近实用化。但是超导线圈在正常运行期间要流过线路全电流,需要低交流损耗的大电流超导电缆。目前大电流交流超导电缆,尤其是 4～5kA 以上容量的交流超导电缆在制造中有难以解决的机械和热问题。因此,目前研制的电阻型高温超导限流器的额定电流还未超过 2kA(rms)。

电阻型高温超导限流器将超导体直接串联在电网中,当电网处于正常工作状态时,只要流过超导体的电流小于超导体的临界电流,则超导体就处于超导态。此时,在忽略超导交流损耗的情况下,超导体电阻为零,对电网无影响。当电网发生短路故障时,流过超导体的电流迅速增大。当该电流超过超导体的临界电流时,超导体就会失超,转变为常导态,超导体的电阻迅速增大,短路电流就会被限制在一定的范围内。实际应用时常采用被称为"旁路"的常规阻抗元件与超导元件并联,当电网发生短路故障时,其为超导体分担一定的短路电流,以降低超导体的温升,便于超导体快速恢复。

从工作原理上看,电阻型高温超导限流器结构非常简单,但实现起来却非常困难。其原因有两点:一是满足限流器要求的实用超导体的制造非常困难;二是超导体从失超的常导态恢复到超导态的时间比较长,一般为几秒,不能满足电力系统瞬时故障快速重合闸的要求。

2.8.2 变压器型

感应型高温超导限流器,又称变压器型高温超导限流器,其原边绕组为铜绕组,串联在电网中;副边绕组为超导绕组直接短接。一般情况下,原边绕组匝数 n_1 远大于副边绕组匝数 n_2。当电网正常工作时,原边绕组中的电流为额定的工作电流。通过原副边绕组的磁场耦合,在副边绕组中感应的电流小于超导体的临界电流。超导绕组为超导态,而表现出很低的阻抗 Z_0,变压器对电网来说也表现出很低的阻抗 $Z_0 n_{12}/n_{22}$,于是限流器对电网正常运行影响很小。当电网发生短路故障时,在副边绕组中感应的电流大于超导体的临界电流,超导体失超,限流器瞬间阻抗增大到 $Z_D n_{12}/n_{22}$,从而使短路电流得到有效的限制。

副边短路变压器型高温超导限流器的超导线圈,不需要低温系统中的电流引线,简化了结构并降低了低温系统的损耗。当副边超导线圈整体失超时,装置不产生过电压。对于四绕组变压器型的限流模式,还具有变压器兼高温超导限流器功能,提高了变压器效率,总损耗仅为相同铁芯重量的传统变压器的 1/3。这两种变压器型高温超导限流器,除需要大电流交流超导导体外,还需要非金属杜瓦。

混合型高温超导限流器只需采用比线路电流小得多的交流超导电缆,使超导电缆简单易制,并减小了超导体重量,大大降低了低温损耗,同时由于故障限制期间磁路饱和而降低了电压和电流的有效值,从而减小了超导线圈发热,有利于超导态的恢复。但是引进常规变压器机构使高温超导限流器总损耗很大且很笨重,此外,故障期间有较高的过电压,故障后磁路饱和会引起电流电压畸变。

上述两种高温超导限流器的超导恢复时间长,不能配合执行快速重合闸,具备快速重合闸功能的高温超导限流器就必须采用两套超导线圈。

感应型高温超导限流器超导线圈不需要电流引线,热损耗较小,具有变压器兼限流器的功能,但需要非金属低温容器和大电流交流超导电缆。

2.8.3 磁屏蔽型

磁屏蔽型超导高温限流器的高温超导磁屏蔽筒套在铁芯上,铜绕组又套在高温超导磁屏蔽筒上,使用时将铜绕组串接在电网中。在电网正常工作时,电网中电流为额定工作电流。工作电流在铜绕组中产生的磁通在超导筒中感应电流,该电流小于超导体的临界电流,超导体处于超导态,因此磁通被超导筒完全屏蔽而无法进入铁芯。此时铜绕组相当于空心电抗器,感抗比较小,对电网影响比较小。当电网发生短路故障时,铜绕组中流过的电流迅速增大。超导筒因感应电流超过其临界电流而呈现足够大的电阻,使超导筒不能完全屏蔽铜绕组所产生的磁场,该磁场穿越超导筒而进入铁芯。此时铜绕组相当于铁芯电抗器,感抗比较大,从而限制短路电流。

磁屏蔽型高温超导限流器不需极细丝化的低交流损耗的超导导线,只需要一个不太长的超导筒,工艺上易实现。磁屏蔽型高温超导限流器所需的高温超导体用量,是各种高温超导限流器中最少的,也是超导结构最简单的。由于这种形式的特点,所以易于利用铜绕组设计所需电感。因高温超导磁屏蔽筒的交流损耗低,且不需要电流引线,所以低温热负荷小,可以用制冷机冷却。此外,装置外侧的杂散磁场很小。但是装置比较重,比电阻型的重一个数量级,恢复时间较长,要做两套装置才能用于快速重合闸,并需要转换开关。此外,限流时有瞬态过电压。由于目前高温超导材料的特性,在 77K 温度下,屏蔽场较低,且存在磁场渗透问题,这些因素直接影响在故障时实际获取一个陡然增加的大电感。

2.8.4 桥路型

固态限流器(solid state current limiting device,CLD;current limiting circuit breaker,CLB;current limiting interrupting device,CLID)常用于配电电路及装置保护。功率电子器件在高温超导限流器中有多种应用形式,例如,利用 GTO 晶闸管(gate turn-off thyristor)开关功能的固态限流器,其依靠大功率电力电子器件 GTO 晶闸管的硬关断能力,直接将短路电流转移到并联的电抗器中。其他类型的功率电子固态限流器,通常在电路中功率管的作用不是切断电路,而是通过控制功率管进行电路切换实现限流的功能。

桥路型高温超导限流器的动作电流可以通过调节偏压源来实现,易于整定,且在故障期间,超导线圈不会失超,不存在动作响应和失超恢复的问题。

桥路型高温超导限流器具有独特的优点:能在 0.15s 内从第二次故障中恢复而不需要第二套系统,适用于重合闸运行,超导线圈是直流的,因此没有制造大电流交流超导电缆及非金属杜瓦的难题;由于没有铁芯及铜绕组部件,故总重量轻且费用低;正常运行期间,装置的电压降小且不会引起谐波和瞬变;可以调节故障电流的缩减率。但是正常运行期间,超导线圈通过大于线路电流幅值的直流,因此由电流引线引进的低温损耗较大。此外,还需要电流二极管桥路及偏压电源。

桥路型高温超导限流器的优点是限流速度快,而且限流期间超导线圈不失超,具有多次启动的特点,能够适合重合闸运行的要求。但是,在电网正常运行期间,超导线圈始终要流过大于电网电流幅值的直流电流,因此电流引线损耗较大。目前,单个二极管的耐压能力和耐流能力有限,在高电压和大电流情况下应用,需要多个二极管串联或并联,因此系统结构复杂,可靠性降低。

这种有源型高温超导限流器充分利用了超导体的高密度无阻载流能力,并结合电力电子技术和现代控制技术,具有快速反应和实现灵活控制的特点,实现了有源限流,突破了以往高温超导限流器的局限性。随着电力电子技术和现代控制技术的不断发展,器件的价格和损耗不断降低,控制精度和反应速度不断提高,并且随着实用高温超导材料特别是第二代高温超导带材的不断发展,有源型高温超导限流器将具有很好的应用前景。

2.8.5　磁饱和型

磁饱和型高温超导限流器作为非线性元件,由铁芯、交流铜绕组、直流绕组和直流电源及其控制电路组成。其交流磁场和直流磁场共同作用于铁芯上,在系统正常工作时,要求铁芯处于磁化深度饱和区;故障时,铁芯脱离饱和区。当电网发生短路故障时,短路电流使 2 个铁芯在 1 个周期内交替去饱和,交流铜绕组的阻抗迅速增大,从而自动地限制短路电流的增加。

磁饱和型高温超导限流器有许多优点:在短路状态,虽然对外呈现高阻抗,但超导体并不失超,是一种没有失超发生的高温超导限流器,因此不存在失超恢复的问题;其动作电流的控制,可以通过调整超导线圈上的直流偏压来实现,且结构简单;具有多次自动启动能力,适用于多次重合闸运行;超导线圈是直流的,所需的直流超导电缆比较容易制造,可采用金属杜瓦,真空容器用铝合金作电磁屏蔽;正常运行与故障状态间的转变是渐变的,过电压小。但是,铁芯和常规绕组尺寸要按 2 倍的故障功率设计,所以装置很笨重;正常运行期间铁芯处于饱和状态,有显著的漏磁场;限流期间铁芯因反复饱和与去饱和会产生显著的电压谐波。

磁饱和型高温超导限流器的技术关键是采用超导材料作为直流磁化线圈,超导材料处于超导态时的电阻为零,将会降低正常电阻损耗,可大大降低直流恒流电源的功率。同时,超导材料比普通导体的允许电流密度大,在绕组参数相同的情况下,提供了更大的直流磁化场。

直流绕组在故障时从无超导态到失超态的转化过程,避免了对其反应和恢复时间的要求。因而,磁饱和型高温超导限流器特别适合于线路多次自动重合闸的场合。

尽管这种磁饱和型高温超导限流器在理论上可行,但在工程应用中也会遇到技术与经济问题。例如,交流磁通在直流绕组中感生的交变电压,会增加限流器的正常工作压降和功耗。发生短路故障时,额定电压的大部分降落在限流器的交流绕组上,电网交流高压会通过交流铜绕组和限流器铁芯耦合到直流绕组中,对直流电源具有破坏作用。这使得磁饱和型高温超导限流器的额定运行参数受到限制。故障时的“高压”问题是限制磁饱和型高温超导限流器在高压以及超高压电网应用的重要问题。

磁饱和型高温超导限流器是建立在传统的磁放大器或磁饱和放大器基础上的,其实质是一种受直流电流控制的饱和铁芯电感器;从原理和主要结构上看只是使用超导绕组代替磁放大器中的铜绕组,这样可以大大降低直流恒流电源的功率。因此,这种限流器的技术比较成熟。

在电网输电的正常通流状态,直流磁势使铁芯深度饱和,串接于输电线路的交流铜绕组呈现低感抗,故两端压降很小,对正常输电影响也很小。在电网短路故障发生后,流过限流器的电流剧增,监控系统立即感知故障并借助直流控制电路中的电力电子开关在几毫秒之内切断直流电源,由于铁芯的高磁导率,交流铜绕组上能产生较大的感应电势限制故障电流,从而实现限流作用。实用中使用超导材料制作直流励磁绕组具有以下特点:①超导绕组可承载的电流密度高,大大减小了设备的体积和重量;②基本避免了励磁绕组发热和由此引起的散热难题;③减小设备的损耗。

2.8.6　三相平衡电抗器型

三相平衡电抗器型高温超导限流器的突出优点是单线对地故障时,超导绕组不失超。因为电力系统有90％的短路故障属单线对地,所以这种高温超导限流器能不失超地限制绝大多数故障电流。正常运行期间,三相电流之和为零,无磁通变化,因此可用较易加工和保温效果较好的金属杜瓦。但是,它需要通过线路全电流的交流超导电缆,加之相应体积的铁芯,所以重量较重,体积较大,总损耗较大。由于实际三相是非理想平衡的,即三相电流之和不为零,有磁通变化,故为非对称感抗。

2.8.7　不同高温超导限流器的特性比较

不同高温超导限流器的主要技术特性比较,简要总结于表2-8-1中,其中损耗、触发、恢复、尺寸和重量、波形畸变都是实际应用普遍关注的技术问题。

表 2-8-1　不同限流器的特性与比较

类型	损耗	触发	恢复	尺寸和重量	波形畸变
纯电阻型	磁滞损耗,依赖于超导材料特性	被动	超导元件必须被重新冷却	潜在小尺寸,因为超导元件执行限流功能	主要在第一个周期
复合电阻型	磁滞损耗,依赖于超导材料特性	被动或主动	比纯电阻型快得多,因为在超导元件中储存的能量较少	潜在小尺寸,但其他部分有可能影响减小尺寸	主要在第一个周期
变压器型	磁滞损耗,热损耗	被动	比纯电阻型快,要求重新冷却	由于铁芯和传统绕组,尺寸和重量都大	谐波由非线性磁特性引发
磁饱和型	要求直流源使铁芯饱和,传统导体产生焦耳热	被动	很快	由于铁芯和传统绕组,尺寸和重量都大	谐波由非线性磁特性引发
磁屏蔽型	磁滞损耗,依赖于超导材料特性	被动	比纯电阻型快,要求重新冷却	由于铁芯和绕组,尺寸和重量都大	主要在第一个周期

续表

类型	损耗	触发	恢复	尺寸和重量	波形畸变
桥路型	具有类似电阻型的损耗,以及功率电子元件的损耗,低温损耗也较大	主动	很快	与纯电阻型类似	谐波由电子开关器件引入
三相平衡电抗器型	磁滞损耗,总损耗较大	被动	很快	尺寸和重量都较大	主要在第一个周期
固态开关型	与电阻型和桥路型类似	主动	很快	与纯电阻型类似	谐波由电子开关器件引入
保险丝熔断型	可忽略	被动	没有恢复,需要替换	技术最简单,重量最小	无

参 考 文 献

[1] 金建勋. 高温超导体及其强电应用技术. 北京:冶金工业出版社,2009.

[2] Leung E M W,Albert G W,Dew M,et al. High temperature superconducting fault current limiter for utility applications. Advances in Cryogenic Engineering Materials, 1996, 42B: 961-968.

[3] Gray K E,Fowler D E. A superconducting fault-current limiter. Journal of Applied Physics, 1978,49(4):2546-2550.

[4] Paul W,Chen M,Lakner M,et al. Fault current limiter based on high temperature super-conductors—Different concepts,test results,simulations,applications. Physica C Superconductivity,2001,354(1-4):27-33.

[5] Tixador P, Brunet Y, Leveque J, et al. Hybrid superconducting AC fault current limiter principle and previous studies. IEEE Transactions on Magnetics,1992,28(1):446-449.

[6] Thuries E,Pham V D,Laumond Y,et al. Towards the superconducting fault current limiter. IEEE Transactions on Power Delivery,1991,6(2):801-808.

[7] Fleishman L S,Bashkirov Y A,Aresteanu V A,et al. Design considerations for an inductive high T_c superconducting fault current limiter. IEEE Transactions on Applied Superconductivity,1993,3(1):570-573.

[8] 姜燕,张晚英,周有庆. 磁屏蔽感应型超导故障限流器的仿真研究. 低温物理学报,2008,31 (4):31-35.

[9] 肖霞,李敬东,叶妙元,等. 超导限流器研究与开发的最新进展. 电力系统自动化,2001, 25(10):64-68.

[10] Jin J X,Dou S X,Grantham C,et al. Operating principle of a high T_c,superconducting saturable magnetic core fault current limiter. Physica C Superconductivity, 1997, S282-287(282): 2643-2644.

[11] Jin J X,Dou S X,Liu H K,et al. Electrical application of high T_c superconducting saturable magnetic core fault current limiter. IEEE Transactions on Applied Superconductivity,

1997,7(2):1009-1012.

[12]　Liu Z Y,Blackburn T R,Grantham C,et al. The behaviour of a fault current limiter with high T_c superconducting saturable core under symmetrical fault conditions. Proceedings of the Australasian Universities Power Engineering Conference/Institution of Engineers Australia Electric Energy Conference,Sydney,1997:307-312.

[13]　Liu H L,Li X Y,Liu J Y,et al. Modelling and simulation of HTS fault current limiter. Proceedings of the 11th National Universities Conference on Electrical Power and Automation,Chengdu,1995:248-253.

[14]　Jin J X,Grantham C,Li X Y,et al. EMTP analysis of a high T_c superconducting fault current limiter for electrical application. Proceedings of the 3rd International Conference Electrical Contacts,Arcs,Apparatus and their Applications,Xi'an,1997:374-381.

[15]　李景会,王金星,何砚发,等. 饱和铁芯型高温超导限流器的计算. 低温与超导,1999,27(2):32-35.

[16]　Jin J X,Grantham C,Dou S X,et al. Prototype fault current limiter built with high T_c superconducting coils. Journal of Electrical and Electronics Engineering,1995,15(1):117-124.

[17]　Jin J X,Dou S X,Liu H K,et al. Preparation of high T_c superconducting coils for consideration of their use in a prototype fault current limiter. IEEE Transactions on Applied Superconductivity,1995,5(2):1051-1054.

[18]　龚绍文. 磁路及带铁芯电路. 北京:高等教育出版社,1985.

[19]　He Y,Jiang T,Du C Y,et al. Control system modeling and simulation of superconducting current limiter with saturated iron core controlled by DC bias current. IEEE Transactions on Applied Superconductivity,2014,24(5):5602606.

[20]　Iwahara M,Mukhopadhyay S C,Yamada S,et al. Development of passive fault current limiter in parallel biasing mode. IEEE Transactions on Magnetics,1999,35(3):3523-3525.

[21]　王付胜,刘小宁. 饱和铁芯型高温超导故障限流器数学模型的分析与参数设计. 中国电机工程学报,2003,23(8):135-139.

[22]　Chong E,Rasolonjanahary J L,Sturgess J,et al. A novel concept for a fault current limiter. IEE International Conference on AC & DC Power Transmission,London,2006:251-255.

[23]　Rasolonjanahary J L,Sturgess J P,Chong E,et al. Design and construction of a magnetic fault current limiter. IET International Conference on Power Electronics,Machines and Drives,Dublin,2006,35:681-685.

[24]　何熠,李长滨,吴爱国,等. 饱和铁芯型超导限流器压敏电阻的实验. 高电压技术,2007,33(9):154-158.

[25]　Xin Y,Gong W,Niu X,et al. Development of saturated iron core HTS fault current limiters. IEEE Transactions on Applied Superconductivity,2007,17(2):1760-1763.

[26]　Boenig H J,Paice D. Fault-current limiter using a superconducting coil. IEEE Transactions on Magnetics,1983,19(3):1051-1053.

[27] 马幼捷,王辉,陈岚,等. 新型桥式超导故障限流器的仿真研究. 中国电力,2009,42(2): 19-23.

[28] 张晚英,周有庆,赵伟明,等. 改进桥路型高温超导故障限流器的实验研究. 电工技术学报,2010,25(1):70-76.

[29] 褚建峰,王曙鸿,邱捷,等. 新型桥式高温超导故障限流器的设计. 西安交通大学学报,2010,44(10):99-104.

[30] You H,Jin J X. Characteristic analysis of a fully controlled bridge type superconducting fault current limiter. IEEE Transactions on Applied Superconductivity,2016,26(7): 5603706.

[31] You H,Jin J X. Analysis of a IGBTs-based bridge type superconducting fault current limiter. IEEE International Conference on Applied Superconductivity and Electromagnetic Devices, Shanghai,2015:21-22.

[32] 金建勋. 高温超导电缆的限流输电方法及其构造、应用和连接方式:中国,CN 101004959 A. 2007.

[33] Jin J X,Zhang C M,Huang Q. DC power transmission analysis with high T_c superconducting cable technology. Nature Sciences,2006,1(1):27-32.

[34] 金建勋. 高温超导储能原理与应用. 北京:科学出版社,2011.

[35] Zhu G,Song M,Wang Z,et al. Design of LTS coil used for the combined device of SMES-SFCL. IEEE Transactions on Applied Superconductivity,2006,16(2):674-677.

[36] Zhu G,Wang Z,Zhang G. Research on a combined device SMES-SFCL based on multi-object optimization. IEEE Transactions on Applied Superconductivity,2005,15(2):2019-2022.

[37] 朱桂萍,王赞基,张国强,等. 超导故障限流器与超导磁储能装置的组合设备的瞬态特性仿真分析. 全国电工理论与新技术学术年会,哈尔滨,2003:39-42.

[38] Bashkirov Y A,Yakimets I V,Fleishman L S,et al. Application of superconducting shields in current-limiting and special-purpose transformers. IEEE Transactions on Applied Superconductivity,1995,5(2):1075-1078.

[39] Lee B W,Park K B,Sim J,et al. Design and experiments of novel hybrid type superconducting fault current limiters. IEEE Transactions on Applied Superconductivity,2008,18 (2):624-627.

[40] 金建勋. 复合高温超导电力故障电流限流器:中国,CN 100385762 C. 2008.

[41] Shimizu S,Kado H,Uriu Y,et al. Single-line-to-ground fault test of a 3-phase superconducting fault current limiting reactor. IEEE Transactions on Magnetics,1992,28(1):442-445.

[42] Choi H S,Park H M,Cho Y S,et al. Quench characteristics of current limiting elements in a flux-lock type superconducting fault current limiter. IEEE Transactions on Applied Superconductivity,2006,16(2):670-673.

[43] Matsumura T,Shimizu H,Yokomizu Y. Design guideline of flux-lock type HTS fault cur-

rent limiter for power system application. IEEE Transactions on Applied Superconductivity,2001,11(1):1956-1959.

[44] Ishigohka T,Sasaki N. Fundamental test of new DC superconducting fault current limiter. IEEE Transactions on Magnetics,1991,27(2):2341-2344.

[45] Verhaege T,Cottevieille C,Estop P,et al. Experiments with a high voltage(40kV)superconducting fault current limiter. Cryogenics,1996,36(7):521-526.

[46] 刘富永. 超导故障限流器(SFCL)在电力系统中的应用与仿真研究. 天津:天津理工大学硕士学位论文,2007.

[47] 叶林,林良真. 超导故障限流器的数学模型研究. 低温与超导,2000,28(4):19-23.

[48] Sharifi R,Heydari H. Viable inductive superconducting fault-current limiters using auto-transformer-based hybrid schemes. IEEE Transactions on Applied Superconductivity,2011,21(5): 3514-3522.

[49] Jin J X,Chen X Y,Xin Y. A superconducting air-core DC reactor for voltage smoothing and fault current limiting applications. IEEE Transactions on Applied Superconductivity,2016,26(3):1-5.

第 3 章　高温超导限流器装置与应用技术

高温超导电力系统短路故障电流限流器的装置技术水平,是高温超导应用技术及其在电力限流器方面实用化和产业化发展的主要标志。基于不同利用高温超导材料的方式和不同原理的设计模式,高温超导限流器装置有多种不同的类型。本章以几种具有代表性的模式和装置为例,对高温超导限流器装置及其电力系统应用技术进行介绍和分析。

3.1　磁饱和型高温超导限流器

磁饱和电抗器的限流原理,可用以制备电力系统短路故障电流限流器。从技术上讲,只有超导材料才能使这种限流器具有实用性,而高温超导材料使其实用性不仅在技术上而且在经济运行上得以更好实现。高温超导体在 1991 年最早被引入研究和制备磁饱和型高温超导限流器,并在 1995 年系统完成理论和实际验证工作[1-12]。这种磁饱和型即饱和铁芯型高温超导限流器,具有一系列的优点,是最易于产业化发展的高温超导限流器模式之一。

3.1.1　装置结构与原理

1. 典型磁饱和型限流器

传统的短路电流限流器的线圈通常是用普通铜导线制成的,在高电流水平情况下,将引起很大的电阻热损耗,同时不能适应电力系统运行条件的结构变化,无法克服减小正常运行电压损失与增大限制故障电流能力之间的矛盾,因此其发展和实际应用受到限制。利用磁饱和型电抗器设计制作限流器,由于其工作特征,无法在技术上利用传统导体技术实际实现。利用原有的低温超导体,技术上可以实现,但操作困难且运行成本太高,实际运行又有解决不了的经济效益问题。磁饱和型高温超导限流器利用高温超导线圈进行直流偏置,可有效限制电力系统的短路电流,并具有较好的实用性。

高温超导直流偏置在具有高电流密度的同时,更在避免电阻损耗方面有明显的优势。基于实例的分析如下:

例如,一根 $I_c = 120\mathrm{A}$ 和尺寸为 $100\mathrm{m}(L) \times 4\mathrm{mm}(W) \times 0.2\mathrm{mm}(T)$ 的高温超导导线,实际运行 100A 时的损耗,与传统铜导线的损耗 Q 比较如下:

$$Q(\mathrm{Cu}, 298\mathrm{K}) = I^2 \rho_{298} L/(WT) \approx 21300\mathrm{W} \qquad (3\text{-}1\text{-}1)$$

$$Q(\mathrm{Cu}, 77\mathrm{K}) = I^2 \rho_{77} L/(WT) \approx 2700\mathrm{W} \qquad (3\text{-}1\text{-}2)$$

$$Q(\mathrm{HTS}, 77\mathrm{K}) = I^2 R \rightarrow 0 \qquad (3\text{-}1\text{-}3)$$

式中，$\rho_{298} = 1.7\mu\Omega \cdot \mathrm{cm}$，$\rho_{77} \approx \rho_{298}/8$。由于损耗正比于 I^2，所以随着电流增加其很快增大到难以接受的地步。

　　磁饱和型高温超导限流器装置的原理结构如图 3-1-1 所示，A 为高温超导绕组，置于装有液氮的杜瓦瓶 D 中，使装置在运行时处于恒定的低温状态，B 为交流绕组，连接于电网中。初级交流绕组和次级高温超导绕组通过铁芯 E 进行耦合，C 为探测线圈，通过设置 C 的匝数，可以探测和监控铁芯的磁通变化。

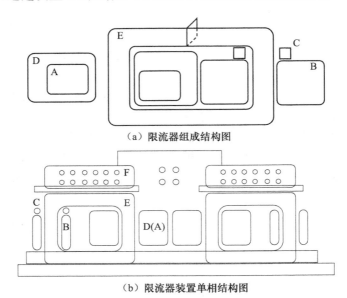

（a）限流器组成结构图

（b）限流器装置单相结构图

图 3-1-1　磁饱和型高温超导限流器装置的原理图
A-高温超导绕组；B-交流绕组；C-探测线圈；D-杜瓦瓶；E-铁芯；F-终端面板

　　以一个实际试验模型装置设计为例，其交流侧电流为 1kA，交流绕组采用 5 匝，即安匝（At）数为 5kAt；交流绕组要求绝缘良好并能承受 10kV 的高压和 10kA 的瞬时冲击电流，这里的短路瞬间的冲击电流约为正常电流的 10 倍；探测线圈可采用直径 2mm 的铜漆包线紧密绕制于铁芯外表，监测铁芯的磁通变化；铁芯单元窗口尺寸为 1.8m×1.2m，断面 0.1m×0.1m，铁芯材料通常为多层硅钢片，也可选择非晶硅、铁素体等具有高磁感应强度和较低磁饱和场强的材料，一般要求尽可能小的磁动势得到大于 1T 的磁感应强度且有较好线性的 B-H 曲线；直流侧的偏置绕组由超导带材 BSCCO-2223/Ag 绕制，通过电流调节可控制铁芯磁化饱和深度即确定工作点，可调节上限为 50kAt。

　　考虑工业化实用模式,为了实际应用的高效、便利和减小体积,可以有不同的设计方案。2000 年澳大利亚在政府研究项目的支持下,利用第一代高温超导导线线圈建立磁饱和型限流器工业原型机的同时,还探讨了不同的实用化结构方案,尤其是一系列共用高温超导直流偏置线圈的设计。磁饱和型限流器工业原型机的主要思路和基本设计原理,可由下列一组基本关系式表达[13]。

　　高温超导直流线圈需要的安匝数,可近似由下式给出:

$$NI = 2(2w + 2h)H_{dc} \tag{3-1-4}$$

式中,N 为直流匝数;I 为直流电流;w 为铁芯的平均宽度;h 为铁芯的平均高度;H_{dc} 为铁芯饱和的设计值。

　　交流绕组的安排,使每个铁芯不同的磁导率磁化方向相反,并有下式的关系:

$$\mu_{diff} = (dB/dH)|_{average} = \Delta B \Delta H \tag{3-1-5}$$

式中,μ_{diff} 为加入偏置后的磁化率;ΔB 和 ΔH 是在直流偏置点 $\pm B_{dc}$ 和 $\pm H_{dc}$ 处,较小磁滞循环中最大范围的磁感应强度变化和磁场强度变化。

　　作为参考,反映到直流线圈的铁芯磁阻由下式给出:

$$R = HL/(BA) = L/(\mu A) \tag{3-1-6}$$

式中,R 为磁阻;B 为磁感应强度;A 为铁芯的横截面积;μ 为铁芯磁导率;L 为每个铁芯的磁路长度,近似等于 $2w+2h$;H 为磁场强度,$H = NI/L$,I 为线圈中的直流电流。

　　稳态时,铁芯交流电网线路的交流阻抗可用以下向量公式表示:

$$Z = R + j2\pi f(n^2 A/L)\mu_{diff} \tag{3-1-7}$$

式中,R 为交流线圈的电阻;f 为工作频率;j 为虚数单位;n 为交流绕组的匝数。

　　交流线圈的电阻 R 与阻抗的虚部相比可忽略不计。

　　对于高效的高温超导限流器,在正常工作时,感抗必须很小,因此保证不会附加电力系统不必要的阻抗或影响。这需要保证 B_{dc} 足够高,具体取决于不同材料的铁芯(如高于 2.5T),因此保证 μ_{diff} 接近零。

　　直流场大小确定的主要依据:波动的故障电流峰值将会使磁导率 $\mu = dB/dH$ 变化,增加到一个相当于直流偏置施加前的较大值。铁芯的尺寸、直流电流的大小、直流匝数的确定和计算,要基于短路电流的级别和铁芯的磁导率。其基本关系由下面公式表示:

$$NI_{f(max)}/L = H_{dc} \tag{3-1-8}$$

$$NI_{f(min)}/L = H_{dc} - H_{dc(sat)} \tag{3-1-9}$$

式中,L 为磁路的长度;H_{dc} 为直流线圈的磁场强度;$H_{dc(sat)}$ 为使铁芯饱和所需要的磁场强度;$I_{f(max)}$ 为高温超导限流器所限制的最大故障电流;$I_{f(min)}$ 为高温超导限流器所限制的最小故障电流,即起始限流值。

　　作为实际应用方案,图 3-1-2 所示基本结构可进行组合设计,以避免采用 6 组独立高温超导直流偏置绕组的不经济方案。图 3-1-2 为一种单相铁芯分裂型共用直流偏置绕组的实用方案,使原有一相的两组直流偏置绕组,简化成只有一组。

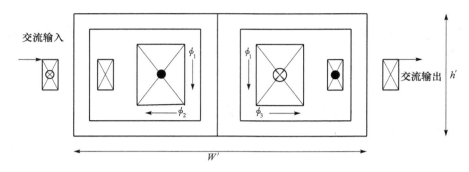

图 3-1-2　单相铁芯分裂型共用直流偏置绕组的实用方案

中心铁芯截面面积 S_1 一般为分支的 2 倍,但依据限流水平的优化考虑,可选在 1 倍和 2 倍之间。其基本关系如下:

$$2\phi_1 = \phi_2 + \phi_3 \tag{3-1-10}$$

$$B_1 S_1 = B_2 S_2 + B_3 S_3 \tag{3-1-11}$$

式中,B_1 是每个铁芯分支的磁通密度,同时通常选择 $B_2 = B_3$ 和 $S_2 = S_3$;S 是每个铁芯分支的横截面积;ϕ 是每个铁芯分支的磁通量。

这种设计结构的直流绕组的安匝数为

$$N' I'_{dc} = (3h' + 2W') H_{dc} \tag{3-1-12}$$

式中,N' 是直流线圈要求的匝数;I'_{dc} 是直流线圈要求的电流;W' 是三个铁芯分支的总宽;h' 是三个铁芯分支的高度。

作为实际应用的三相系统,三相 6 组铁芯分裂型限流器如图 3-1-3 所示。铁芯设计有多种方式,方形断面是最方便的,以及用十字形近似圆形等不同方案。这种设计的优点是:共用一个直流绕组和一套冷却恒温器,降低冷却传输损耗,并益于选择价格相对便宜的大功率制冷机;占地面积减小;降低超导材料和直流绕组材料的需用量。

分裂的中心铁芯将来自三相的交流磁通解耦,且每一相有两个磁化方向彼此相反的一对铁芯,这种结构使得一个直流磁化线圈可饱和三相全部 6 个铁芯。一相发生故障仅使该部分的铁芯脱离饱和,但不会影响其他铁芯的阻抗。但是也有人认为,中心铁芯可整体制造,并不影响如相与相之间的故障或相与地之间的故障的限流特性。

三相矩形铁芯分裂型限流器如图 3-1-4 所示,可适用于特殊空间限制的情况和采用跑道型高温超导线圈。三相三角形铁芯分裂型限流器如图 3-1-5 所示,其最大化各相间绝缘间距,更益于高压应用。

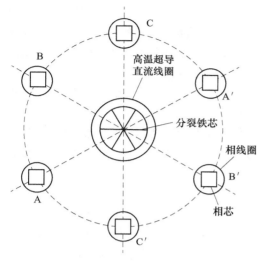

图 3-1-3　三相 6 组铁芯分裂型限流器的
顶部俯视结构示意图

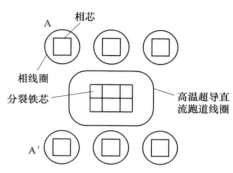

图 3-1-4　三相矩形铁芯分裂型限流器的
顶部俯视结构示意图

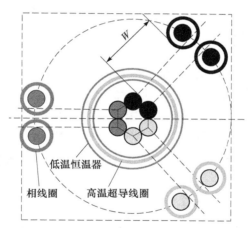

图 3-1-5　三相三角形铁芯分裂型限流器的顶部俯视结构和基本占地空间示意图

　　前面已表明,铁芯的磁路长度是决定铁芯偏置超导材料需求量的一个主要因素。经过分析发现,铁芯加入气隙可以减少对超导材料的需求量。尤其是,气隙可以减少在直流状态下用于偏置铁芯部分的线性尺寸,因此可以使装置的尺寸和质量减少。

　　故障电流通常包括瞬态部分和稳态部分,这两部分故障电流波形都需要被降低,以保证可选用较低容量的断路器。通过对一个直流饱和限流器设备的仿真发现,针对故障波形的这两部分,需要用不同类型和设计的限流器去解决。

一个三相或单相限流器含有两个上面所描述的串联直流偏置,利用每个在 $B\text{-}H$ 曲线上的不同偏置,解决故障波形的不同部分。解决波形中瞬态部分,占据主导地位,要求限流器的铁芯面积要大一些,铜绕组和超导绕组安匝数要小一些。对于稳态部分,限流器铁芯的横截面积需求明显减小,但绕组匝数要多一些。

制作一个单一偏置的限流器去解决所有的波形问题是可能的,但这比针对故障波形两部分而分别设计的两个较小的限流器在尺寸上要大得多。这主要是因为在设计过程中,要保证超导线圈环绕铁芯,所用较大的铁芯需要更长的导线。为了达到使用一个设备同时限制故障波形两部分要求而增加超导材料的长度是没有必要的。

2. 磁饱和型限流器的变体设计

基于磁饱和型限流器原理,在实际应用时可有不同的变体或辅助设计,如:①共用直流偏置;②永磁体偏置;③直流偏置辅助控制;④复合直流偏置。

1)共用直流偏置式

限流器实际应用主要是三相输电系统,因此三相磁饱和限流器通常需要 6 组相同的限流单元。可采用 6 组相同的独立铁芯和绕组的形式,也可采用共用中心直流偏置绕组的六角形铁芯结构。

2)永磁体偏置式

永磁体偏置式磁饱和型限流器,是在磁饱和型限流器的铁芯回路中加入永磁体,取代有源的直流偏置绕组。其磁动势受磁性材料限制,且调控性差;另外,由于合成磁通作用可能导致永磁体退磁,特别是在短路大电流时,永磁体会严重退磁。图 3-1-6 为永磁体偏置式磁饱和型限流器原理示意图。

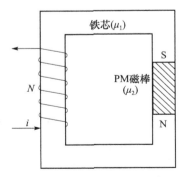

（a）永磁体偏置式磁饱和型限流器原理　　（b）永磁体和软磁铁芯工作点的变化配合

图 3-1-6　永磁体偏置式磁饱和型限流器原理

相对于超导磁饱和型限流器,永磁体偏置式磁饱和型限流器不需要额外的直流绕组和电源,提高了运行可靠性。其拓扑结构和制造工艺类似于油浸变压器,可借鉴已较为成熟的设计加工工艺。永磁体偏置式磁饱和型限流器具有运行可靠性高、无需外加控制而实现自动投切、价格低廉和经济性能好等明显优点，能克服现有限流技术的不足。

永磁体偏置式磁饱和型限流器也面临着一些亟待解决的问题。交流线圈套在永磁体上，合成磁通作用可能导致永磁体退磁，特别是在短路大电流时，永磁体退磁的情况会更严重。为解决此问题，出现了一种"日"字形的磁路结构[14]。该限流器采用了永磁并联偏置方式。这种限流器采用一个铁芯、一块永磁体与两个交流绕组。绕在两侧铁芯分支上的交流绕组产生相反的磁场，短路故障时可在正负半波交替退出饱和以实现限流。该设计方案可节约铁芯材料，降低制造成本。英国 AREVA T&D 中心还提出了一种"口"字形永磁式磁饱和型限流器[15,16]，在设计上较"日"字形更为经济，其永磁体分成上下两部分与铁芯串联，不仅减小了漏磁，还使结构设计更加简洁。

与传统意义上的直流偏置式磁饱和型限流器相比，永磁体偏置式磁饱和型限流器具有结构简单、经济可靠、易于实现高压大容量化等优点，并被认为在高压电力系统具有应用前景。但永磁体偏置式磁饱和型限流器也有明显的缺点，如永磁体退磁及偏置可控性差等。加拿大 Toronto 大学、日本 Kanazawa 大学、英国 AREVA T&D 中心以及国内清华大学、山东大学等科研机构相继开展了前期仿真与试验研究，还试制了一些低压试验样机。

3）直流偏置辅助控制式

直流偏置辅助控制的主要组成部分为监控计算机、磁化控制模块、扩展单元。其中磁化控制模块包括 NI 控制器与磁化控制器；扩展单元一般为 IGBT、晶闸管、开关、警报器等构成的磁化系统。直流偏置辅助控制模块的主要功能包括：①监测限流器主要组件的运行状态；②监测磁化电路的工作条件；③与变电站一起控制和保护系统通信正常；④将命令发送到磁化电路，如改变运行方式、设置或重置操作参数；⑤保存操作数据。

常规设计的磁饱和型限流器，在故障限制期内超导线圈不失超，有多次自动启动能力，适合自动重合闸运行；只是在同一时刻起限制作用的仅为两铁芯中的一个，导致其限流效果较弱，在工程应用中需要更多的铁芯和交流绕组才能达到所需限流要求。另外，直流超导绕组侧还会承受高感应电压的冲击。改良式的铁芯型限流器，通过在直流超导绕组侧加上快速开关，在故障运行时控制其开断，使两个铁芯同时退出饱和并进入限流态，成倍地提高了限流效率。

为充分发挥限流作用并解决直流超导绕组侧的"高压"问题，可在直流回路串入可控开关 IGBT，当检测到短路电流时，由 IGBT 快速切断直流励磁，使交流绕组都工作在铁芯非饱和状态下，等效于两个大电感，可获得更显著的限流作用。但采用 IGBT 不仅造价昂贵，且同步触发和保护技术要求高，稳态功耗和发热厉害，需要加设强迫水冷却系统,其技术经济性差,在近期内的实用性受到一定限制。过压保护元件,可辅助构成释能回路[17,18]。

4）复合直流偏置式

采用永磁体和电磁体等技术的组合,构成直流偏置系统对铁芯饱和磁化。这种方法可集中不同偏置技术的优点,进行有效偏置及控制。

3.1.2 装置与系统

磁饱和型高温超导限流器的研究开始于 1991 年,最早引入高温超导体开发了基于磁饱和电抗器原理并利用 BSCCO-2223/Ag 导线的磁饱和型高温超导限流器,其后 1994 年至 2002 年间,在澳大利亚相继制备和测试了三款试验模型装置[1-4],并进行了系统的高温超导线圈的设计制备、装置电磁设计分析和电力系统应用仿真分析等,奠定了磁饱和型高温超导限流器的实用化技术和商业化发展的基础。2002 年提出了实际挂网试验和应用的设想,并进行了方案探讨和应用评估。图 3-1-7 为在 2000～2002 年研制的基于 BSCCO-2223/Ag 多芯导线线圈的 1kA/10kV 磁饱和型高温超导限流器原型机。

图 3-1-7 磁饱和型高温超导限流器原型机

在澳大利亚磁饱和型高温超导限流器研究的基础上,2003 年,Zenergy Power 公司针对其实际工业应用,进一步开展了实用化的高温超导磁饱和限流器设计。2007 年,中国的北京云电英纳超导电缆有限公司成功制备了利用 BSCCO-2223/Ag 导线线圈的磁饱和型高温超导限流器[14-18]。图 3-1-8 为在 2007 年完成的实用化的磁饱和型高温超导限流器,该系统主要由触发系统、低温杜瓦、直流偏置系统和监控系统组成。其中,触发系统为该系统最主要的功能部分,该部分由交流绕组（a）、超导线圈（b）、铁芯（c）构成,如图 3-1-8（a）所示,实际装置参数如表 3-1-1 所示[18]。

铁芯

交流绕组

含有超导直流绕组的杜瓦

（a）结构原理

（b）实际装置

图 3-1-8　共用直流偏置线圈的六柱形磁饱和型高温超导限流器

表 3-1-1　实际装置参数

装置参数	规格	装置参数	规格
相数	3	最大故障电流	40kA
线路配置	Y 形连接	受限电流	≤20kA
额定电压	35kV	交流线圈压降	≤1%
额定容量	90MVA	触发时间	≤5ms

　　磁饱和型高温超导限流器的实际运行系统由图 3-1-9 所示的分系统构成,装置的附属分系统包括:低温系统、直流电源系统和测控系统[14,17]。

　　高温超导低温系统可采用不同的冷却方式,即制冷液冷却和制冷机传导冷却方法,包括:液氮、液氦、制冷机,以及减压降温和超临界氦强迫循环间接冷却等技术。

　　北京云电英纳超导电缆有限公司与天津百利机电控股集团公司从 2005 年开始研究磁饱和型高温超导限流器,于 2007 年完成了 35kV/90MVA 高温超导限流器样机的研制,2008 年 1 月在昆明普吉变电站正式挂网示范运行,2009 年完成了在线人工短路试验,该高温超导限流器基站外景如图 3-1-10 所示,其所属电力系统和试验位置如图 3-1-11 所示。基于图 3-1-10 和图 3-1-11 所示系统的短路试验设置为:①测试 1——A 点三相对地短路;②测试 2——B 点三相对地短路。测试 1 后,A 短路点移除。每一测试,需要闭合断路器 3。按电站的保护程序,在故障被检测的 65ms 后,断路器 3 开断,于是得到装置的故障保护特性和限流特性试验结果。对于此 35kV 的高温超导限流器,短路电流由原未受限的 41kA,限制到 25kA,达到 40% 的限流率[14,17]。

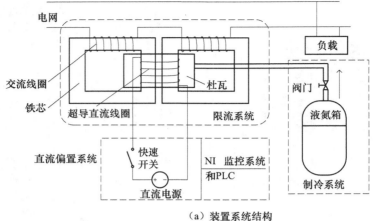

（a）装置系统结构

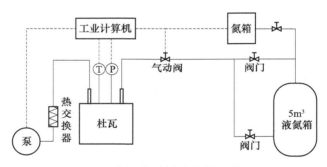

（b）采用制冷液的冷却系统

图 3-1-9　高温超导限流器装置辅助系统

图 3-1-10　云南电力系统在线运行的高温超导限流器基站

　　2012 年 12 月 31 日,以天津百利机电控股集团为主导与北京云电英纳超导电缆有限公司、天津市电力公司合作研究与开发的世界第一台 220kV/800A 容量的磁饱和型高温超导限流器,在国家电网天津石各庄变电站正式挂网运行,如图 3-1-12 所示。其限流能力设计为把 50kA(rms)的最大短路电流限制在 30kA(rms)以下,是当

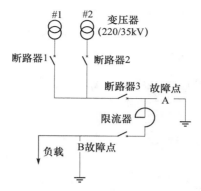

图 3-1-11　云南电力系统在线运行的高温超导限流器短路试验系统

时世界上挂网电压等级最高、传输容量最大的超导限流器,使磁饱和型高温超导限流器研发处于领域领先。

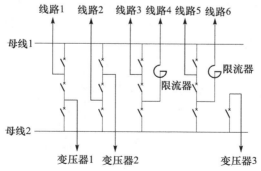

图 3-1-12　在线运行的 220kV/800A 高温超导限流器

2009 年 3 月,Zenergy Power 公司在美国加州能源委员会(CEC)及美国能源部(DoE)的基金支持下在南加州圣贝纳迪诺市(San Bernardino)的 Shandin 变电站,安装了一台 13.8kV/0.8kA 磁饱和型高温超导限流器。该限流器的限流能力设计是将 23kA(rms)的最大短路电流削减 20%[19]。

由于该项目由美国加州能源委员会和美国能源部支持,所以该装置也被称作 CEC 限流器。装置及设计参数如图 3-1-13 和表 3-1-2 所示。

图 3-1-13　安装在南加州 Shandin 变电站的 CEC 磁饱和型高温超导限流器

表 3-1-2　CEC 磁饱和型高温超导限流器设计参数

参数	值	参数	值
线路电压	12kV	故障限制率	20%
最大负载电流	800A(3 相,60Hz)	故障类型	三相接地
电压降(最大负荷时)	<1%(70V(rms))	故障持续时间	30 个周期
预计故障电流	25kA(rms)	恢复时间	即时
不对称	$X/R=21.6$		

图 3-1-14 展示了 Zenergy Power 公司的限流器装置的商业化过程的演变。左侧是最初安装在电网中用于特性和可靠性验证的六角形限流器。中间为矩形的用于验证减小占地面积的更有效的限流器模型。右侧为基于前期工作优化的用于配电应用的实际的圆形紧凑结构的限流器产品。

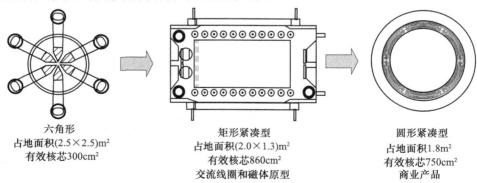

六角形
占地面积(2.5×2.5)m²
有效核芯300cm²

矩形紧凑型
占地面积(2.0×1.3)m²
有效核芯860cm²
交流线圈和磁体原型

圆形紧凑型
占地面积1.8m²
有效核芯750cm²
商业产品

图 3-1-14　Zenergy Power 公司的限流器装置的商业化过程的演变

2010 年 1 月，Zenergy Power 公司获得了一个 15kV、正常工作电流 1.25kA 的限流器合同，要求能将故障降低到 30%，其设计结构和布局如图 3-1-15 所示。该装置于 2011 年安装于加州一个变电站中，如图 3-1-16 所示。

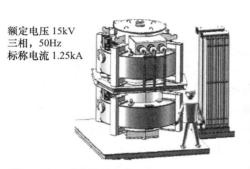

额定电压 15kV
三相，50Hz
标称电流 1.25kA

图 3-1-15　美国 15kV 限流器的结构布局图

图 3-1-16　2011 年安装在美国加州
变电站的 15kV 高温超导限流器

1. 试验系统

作为原理验证的基础研究，限流器的限流特性可由实际试验测试获得，试验原理电路如图 3-1-17 所示，为包含有限流器的单相电力系统等效原理电路。实际试验测试电路主要有：电源、POW(point on wave) 开关、示波器触发、电流互感器或罗氏线圈(Rogowski coil)、示波器电流测量端、示波器电压测量端、电压互感器、断路器、磁通测量线圈、直流电源和限流器。

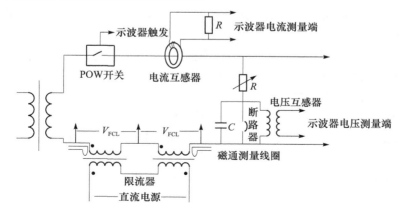

图 3-1-17　限流器限流特性原理验证试验测试电路

2. 仿真建模分析

限流器的电力系统保护特性可通过等效电路的计算得到,也可通过仿真软件进行模拟分析,如采用 EMTP、PSpice 等多种电力系统、磁路和电路分析软件。目前几套常用的电磁暂态仿真软件为 EMTP、BPA、NETOMAC、SIMPOW、PSCAD、PSS/E 等。PSpice 是由 SPICE(simulation program with integrated circuit emphasis)发展而来的用于微机系列的通用电路分析程序[11-13]。

1) PSpice 仿真

铁芯的磁化曲线是非线性的,不能用基本初等函数来抽象地描述,对于不同的材料,其差别很大,限流器铁芯的工作点又处在深度饱和状态,这使得分析绕组内磁通量的变化、计算交流绕组两端的电动势、设计这种高温超导限流器的结构参数和预估限流效果等具有很大难度。利用 PSpice 仿真设计则显得很方便。PSpice 的非线性铁芯采用的是 Jiles-Atherton 模型,通过调整模型参数,能得到与各种实际铁芯相同的 B-H 磁滞回线。在给定铁芯模型参数的情况下,PSpice 可快速求得任何磁场作用时铁芯中任意时刻的磁通量,进一步计算出绕组两端的电压。仿真设计的关键在于确定铁芯的仿真模型参数,使该参数对应的 B-H 曲线与所选铁芯材料一致。

(1) 计算限流器的额定容量。设计铁芯尺寸,确定铁芯的截面积 A 和平均磁路长度 L。正常运行时,限流器对系统几乎无影响,因此计算限流器容量时可按短路情况考虑,并假设短路时负载的额定电压全部加在了两个交流绕组上,即每个绕组上的电压降为 $0.5U_m$,则 $S=0.5U_m I_L$,其中 S 为视在功率,I_L 为限流后的短路电流值。求出 S 后,可选取铁芯的形状以及截面积和平均磁路长度。

(2) 选择铁芯材料。铁芯材料的磁性要求如下:①矫顽力 H_c 小,磁滞回线狭长,以减小磁滞损耗;②饱和磁感应强度 B_s 大,以便在交流线圈匝数相同的情况下,具有更大的限流能力;③饱和磁场强度 H_s 小,可以减小直流磁化电源的容量或节省直流线圈的匝数。

一般选取电工硅钢片或铁镍合金作为铁芯,通过查询电工材料手册,可以获得磁滞回线的参数:矫顽力 H_c、饱和磁感应强度 B_s 和剩磁比 B_r/B_m 或几个不同磁场强度下的磁感应强度值。

(3) 确定铁芯的模型参数值。铁芯的模型参数有铁芯截面积 A、磁路长度 L、有效气隙长度 G_{AP}、叠片系数 P_{ACK}、磁畴壁绕曲常数 C、平均磁场系数 A_{LPHA}、磁化强度饱和值 M_s、磁畴壁约束常数 K 和形状参数 A。G_{AP}、P_{ACK}、C 和 A_{LPHA} 一般取默认值即可,M_s、K 和 A 这三个影响 B-H 曲线的参数由下述方法确定:

① 磁化强度饱和值 M_s。$B=\mu_0(1+x_m)H\approx\mu_0 x_m H=\mu_0 M$,其中 μ_0 为真空磁导率,x_m 为铁芯材料的磁化率,由此可得 $M_s=B_s/\mu_0$。

② 磁畴壁约束常数 K。利用 PSpice 构建一个铁芯磁化曲线 B-H 的仿真测试电路,所测铁芯的模型参数除 K、A 暂取默认值外,其余均取已确定的值。模型参数中,K 影响磁滞回线的宽度,K 越大,磁滞回线越宽,矫顽力也越大。调整 K 的大小,使磁化曲线的矫顽力与所选材料的矫顽力一致,从而确定 K。

③ 形状参数 A。确定 A 的方法与 K 一样,但此时铁芯的模型参数除 A 外,均已确定。A 越大,剩磁比越大,或者说磁化曲线越易趋向饱和值。调整 A 使剩磁比与所选材料相同,或者使几个不同的磁场强度下的磁感应强度值与所选材料给出的几个相对应值相近,从而确定 A。

(4) 初步确定交流线圈匝数 W_{ac}。由法拉第电磁感应定律,可导出每个绕组上的感应电动势 $E=4.44 f W_{ac} \phi_m$。如前假设,短路后每个绕组上的电压降为 $0.5 U_m$,则 $W_{ac}=U_m/(8.88 f \phi_m)$,其中 f 为电源频率,$\phi_m=B_m A$ 为最大磁通量,B_m 为最大磁感应强度,A 为铁芯截面积。

(5) 初步确定直流线圈匝数 W_{dc}:

① 利用磁化曲线仿真测试电路,测铁芯的饱和磁场强度 H_s。

② 确定直流磁化电流 I_{dc} 的大小。确定 I_{dc} 时要考虑以下几个方面:$I_{dc}<I_c$,I_c 为超导材料的临界电流;直流电源能提供的实际电流大小;I_{dc} 越大,W_{dc} 越小;I_c 越大,超导材料单位长度的价格越高。因此,确定 I_{dc} 时既要保证可行性,又要考虑经济性。

③ 求超导直流偏置线圈匝数 W_{dc}。根据安培环路定律,该高温超导限流器的基本电磁约束关系为 $W_{dc} I_{dc}-W_{ac} I_m=(H_s+\Delta H) l$,式中 W_{dc} 和 I_{dc} 为超导线圈的匝数和直流电流;W_{ac}、I_m 为交流线圈的匝数和额定负载电流的幅值;H_s 为饱和磁场强度;l 为铁芯的平均磁路长度;ΔH 为考虑正常过电流 I_g 时的磁场饱和裕度,且 $\Delta H=(I_g-I_m)W_{ac}/l$。

(6) 仿真测试限流效果,确定 W_{dc} 和 W_{ac} 的最终值。前面确定的 W_{dc} 和 W_{ac} 没有考虑限流器的限流程度,只是保证限流器正常工作的最小值,即无故障时铁芯处于饱和区,发生故障时铁芯工作在非饱和区。为此,构建该限流器应用于实际输电系统中的一个限流特性仿真测试电路,测量限流器的限流能力。若限流程度不够,可适当调大 W_{ac};若调大 W_{ac} 后,使得无故障时的交流绕组的电压降超过系统允许值,则可适当调大 W_{dc}。维持 W_{ac} 不变,在保证无故障时交流绕组的电压降在系统允许范围内的情况下,通过减小 W_{dc} 提高限流器的限流能力。

基于上述工作的小结,仿真分析工作要点如下:

(1) 基于 PSpice 和 MATLAB,参考磁饱和型超导限流器的系统动态微分方程和铁芯建模方程,并针对不同的系统参数设计仿真模型,主要仿真的系统参数有:在不同场合下限流器的电压降、电流、磁链/磁通(包括系统整体和单个铁芯的磁链)、交流损耗、反应时间。

（2）基于 ANSYS 和 QuickField,建立磁饱和型超导限流器的 2D 和 3D 有限元模型,并进行瞬态和谐波耦合分析,进一步了解电磁场关系。

（3）利用搭建限流器模型和相关测试电路,测试不同直流线圈和交流线圈安匝数对限流效果的影响,再将仿真结果进行试验验证和分析。

2）EMTP 仿真

磁饱和型超导限流器数学模型,可以看作具有分段线性化的电感性元件模型[13]。这种限流器铁芯的 B-H 曲线,是特性分析的核心基础。通过试验可获得实际的 B-H 曲线,通常可采用 I-ϕ 磁通变化测量方法,或 RC 积分电路测量方法,即利用简单的积分电路,可得到 $B(B=V\times(RC)/(nS),V=-\int i\mathrm{d}t/C)$。根据对工作原理的分析,可用两个特殊连接的参数完全相同的变压器作为高温超导限流器系统的物理模型,如图 3-1-18 所示,变比为 $1:1$;漏阻抗分别为 $R_1=R_2',L_1=L_2'$。交流电源 U_{ac} 的幅值为 U_m,负载为 R_{sc};用开关 K 的闭合来模拟短路情况。其数学仿真结果可利用 EMTP 软件仿真得到。

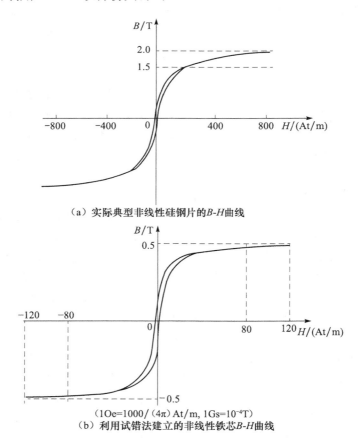

（a）实际典型非线性硅钢片的 B-H 曲线

（1Oe=1000/（4π）At/m,1Gs=10^{-4}T）

（b）利用试错法建立的非线性铁芯 B-H 曲线

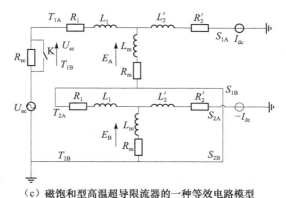

（c）磁饱和型高温超导限流器的一种等效电路模型

图 3-1-18　磁饱和型高温超导限流器的一种仿真等效电路模型

3）电流变化微分方程

除仿真外，还可以从理论上分析电路特性，建立电流变化的动态方程。设单个铁芯的磁路长度为 l，截面积为 A，铁芯上超导绕组的匝数为 W_d，交流绕组的匝数为 W_a，直流电流的值为 I_d，交流绕组电压降为 U，流过的电流为 i，则不同交流电流 i 下的高温超导限流器电压降 U 随时间变化的曲线为

$$W_d I_d + W_a i = Hl \tag{3-1-13}$$

$$
\begin{aligned}
U &= W_a \frac{\mathrm{d}\phi}{\mathrm{d}t} = W_a A \mu_0 \frac{\mathrm{d}(H+M)}{\mathrm{d}t} \\
&= W_a A \mu_0 \frac{\mathrm{d}(H+M)}{\mathrm{d}t} \frac{W_a \mathrm{d}i}{\mathrm{d}H} \\
&= \frac{\mu_0 W_a^2 A}{l} \frac{\mathrm{d}i}{\mathrm{d}t} \left(1 + \frac{\mathrm{d}M}{\mathrm{d}H}\right) \\
&= L_0 \frac{\mathrm{d}i}{\mathrm{d}t} \left(1 + \frac{\mathrm{d}M}{\mathrm{d}H}\right)
\end{aligned}
\tag{3-1-14}
$$

（1）对于一个定值 i 下的 U 随时间变化曲线，因构成高温超导限流器的两个铁芯的材料一样，其尺寸相同，超导绕组和交流绕组的匝数分别对应相同；若将该高温超导限流器与阻值为 R 的电阻串联后接在电源为 $U(t)$ 的系统中，假设两个交流绕组的压降为 u_1 和 u_2，则有如下关系：

$$
\begin{aligned}
W_d I_d + W_a i &= H_1 l \\
-W_d I_d + W_a i &= H_2 l \\
U(t) &= u_1 + u_2 + iR
\end{aligned}
$$

$$\frac{\mathrm{d}i}{\mathrm{d}t} = \frac{U(t) - iR}{L_0 (2 + \mathrm{d}M_1/\mathrm{d}H_1 + \mathrm{d}M_2/\mathrm{d}H_2)} \tag{3-1-15}$$

不同线路阻抗 $Z = R + \mathrm{j}X$ 下的 i 随时间变化的曲线为

$$\frac{\mathrm{d}i}{\mathrm{d}t} = \frac{U(t) - iZ}{L_0(2 + \mathrm{d}M_1/\mathrm{d}H_1 + \mathrm{d}M_2/\mathrm{d}H_2)} \tag{3-1-16}$$

（2）给定初值 $i(0) = 0$，则可得到不同 R 下的 i 随时间变化曲线，因 $H_1 \neq H_2$，故 $\mathrm{d}M_1/\mathrm{d}H_1 \neq \mathrm{d}M_2/\mathrm{d}H_2$。

4）磁滞回线

铁芯的磁化曲线是非线性的，对于不同的铁磁质其差别很大，限流器铁芯的工作点又处于深度饱和区，这些使得分析绕组内磁通量的变化、计算交流绕组两端的电动势具有很大的难度，而简单的线性化处理，必将带来一定的误差。这里先简单介绍铁芯磁滞回线的数学模型——磁滞回线方程，而铁芯材料的 $B\text{-}H$ 曲线可通过试验测试，同时利用如 PSpice 等多种仿真软件确定所选铁芯材料的其他参数。

在考虑铁磁质范畴之间的耦合交换作用以及磁畴壁运动所受的钉扎阻滞作用等磁化机制的基础上，Jiles 和 Athrton 提出了描述磁滞回线的微分方程：

$$\frac{\mathrm{d}M}{\mathrm{d}H} = \frac{1}{1+c} \frac{M_{\mathrm{an}}(H_e) - M}{\delta k - \alpha(M_{\mathrm{an}}(H_e) - M)} + \frac{c}{1+c} \frac{\mathrm{d}M_{\mathrm{an}}(H_e)}{\mathrm{d}H} \tag{3-1-17}$$

式中

$$\delta = \begin{cases} 1, & \dfrac{\mathrm{d}H}{\mathrm{d}t} > 0 \\ -1, & \dfrac{\mathrm{d}H}{\mathrm{d}t} < 0 \end{cases} \tag{3-1-18}$$

有效磁场 H_e 为

$$H_e = H + \alpha M \tag{3-1-19}$$

式中，M 为磁化强度；H 为磁场强度。$M_{\mathrm{an}}(H_e)$ 描述的是一个理想磁化曲线，即磁畴运动不受钉扎和各向异性的阻滞作用，可以用修正的 Langevin 函数表示：

$$M_{\mathrm{an}}(H_e) = M_s \left[\coth\left(\frac{H_e}{a}\right) - \left(\frac{a}{H_e}\right) \right] \tag{3-1-20}$$

上述各式中，M_s 是饱和磁化强度；α、k、c、a 称为磁滞回线的模型参数。其中，α 为平均磁场参数，它反映了范畴之间的耦合作用；k 是磁畴壁的阻塞常数，体现了钉扎作用，主要影响磁滞回线的宽度；c 为磁畴壁绕曲常数；a 是 $M_{\mathrm{an}}(H_e)$ 的形状系数。

M_s 可以由试验测得，α、k、c、a 可由磁化曲线上的 $(0,0)$、$(0,M_r)$、$(H_c,0)$、(H_m,M_m) 几点值依据下述方程求解：

$$a = \frac{M_s}{3}\left(\frac{1}{x_{\mathrm{an}}} + \alpha\right) \tag{3-1-21}$$

$$c = \frac{3ax_{\mathrm{in}}}{M_s} \tag{3-1-22}$$

$$k = \frac{M_{an}(H_c)}{1-c}\left[\alpha + 1\Big/\left(\frac{x_c}{1-c} - \frac{c}{1-c}\frac{dM_{an}(H_c)}{dH}\right)\right] \tag{3-1-23}$$

$$M_r = M_{an}(M_r) + k\Big/\left[\frac{\alpha}{1-c} + 1\Big/\left(x_r - c\frac{dM_{an}(M_r)}{dH}\right)\right] \tag{3-1-24}$$

$$M_m = M_{an}(H_m) - \frac{(1-c)kx_m}{\alpha x_m + 1} \tag{3-1-25}$$

式中，H_c 为矫顽力；M_r 为剩余磁化强度；M_m 为磁滞回线右上角顶点的磁化强度；x_{an} 为理想磁化曲线的起始磁化率；x_{in} 为实际磁化曲线的磁化率，x_c、x_r、x_m 分别对应磁化曲线上 $(0, M_r)$、$(H_c, 0)$、(H_m, M_m) 点的磁化率。

　　计算模型参数时，首先给 α 一个初值，如 0.001，由式(3-1-21)求得 a 的初值，采用循环迭代数值计算法，由式(3-1-22)、式(3-1-23)、式(3-1-24)和式(3-1-25)分别求解 c、k、α、a。试验表明，将实际材料的磁化曲线求得的模型参数值代入模型方程中，得到的磁化曲线与实际磁化曲线吻合。

3. 短路电流的计算

短路电流的计算方法和相关文献有很多，这里借鉴一种简单方法进行介绍。

1) 供电系统各种元件电抗的计算

系统电抗 X_{xt} 的计算依据的公式为：$X_{xt} = S_{jz}/S_{xt}$，S_{jz} 为基准容量（取 100MVA）、S_{xt} 为系统容量（MVA）。

变压器电抗 X_b 的计算依据的公式为：$X_b = (U_d\%/100)\times(S_{jz}/S_{eb})$。

电抗器电抗 X_k 的计算依据的公式为：$X_k = (X_k\%/100)\times(S_{jz}/S_{ek})\times(U_{ek}^2/U_{jz}^2)$。

架空线路及电缆线路电抗 X_{xl} 的计算依据的公式为：$X_{xl} = KL/U_p^2$。

上述各式中，$U_d\%$ 为变压器短路电压百分数；S_{eb} 为变压器的额定容量，按 10(6)kV、35kV、110kV 电压分别取 $U_d\%$ 为 4.5、7、10.5；$X_k\%$ 为电抗器的额定电抗百分数；S_{ek} 为电抗器额定容量，U_{ek} 为电抗器的额定电压，U_{jz} 为基准电压，用线路的平均额定电压代替，分别取 6.3(6+6×5%)kV、10.5kV、37kV、115kV 等；L 为线路的长度；K 为系数：对 6kV、10kV 的电缆线路取 8，架空线路取 40，对 35～110kV 的架空线路取 42.5；U_p 取各级电压的额定电压即 6kV、10kV、35kV、110kV 等。

2) 短路容量和短路电流的计算

求出短路点前的总电抗值，然后用 100 除以该值即可得到短路容量 S_d。计算依据的公式为 $S_d = S_{jz}/X_\Sigma$。

短路电流 I_d 的计算：若为 6kV 电压等级，则短路电流等于 9.2 除以短路点前的总电抗 X_Σ；若为 10kV 电压等级，则等于 5.5 除以总电抗 X_Σ；若为 35kV 电压等级,则等于 1.6 除以总电抗 X_Σ;若为 110kV 电压等级,则等于 0.5 除以总电抗 X_Σ;若为 0.4kV 电压等级,则等于 150 除以总电抗 X_Σ。计算依据的公式是:$I_d = I_{jz}/X_\Sigma$,式中 I_{jz} 表示基准容量为 100MVA 时的基准电流,6kV 时取 9.2kA,10kV 时取 5.5kA,35kV 时取 1.6kA,110kV 时取 0.5kA,0.4kV 时取 150kA。

短路冲击电流 I_{ch} 的计算:对于 6kV 以上高压系统,I_{ch} 等于 I_d 乘以 1.5,i_{ch} 等于 I_d 乘以 2.5;对于 0.4kV 的低压系统,由于电阻较大,I_{ch} 及 i_{ch} 均较小,所以实际计算中可取 $I_{ch}=I_d$,$i_{ch}=1.8I_d$。

以图 3-1-19 的简单供电系统为例,系统 d_1、d_2、d_3 点短路时的 S_d、I_d、I_{ch}、i_{ch} 及各元件的电抗值计算如下:

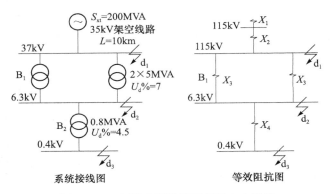

图 3-1-19 短路电流计算示例的电力系统

系统电抗值:$X_1 = 100/200 = 0.5$

35kV 架空线路的电抗值:$X_2 = 10 \times 3\% = 0.3$

35kV 变压器 B_1 的电抗值:$X_3 = 7/5 = 1.4$

6kV 变压器 B_2 的电抗值:$X_4 = 4.5/0.8 = 5.625$

于是 d_1 点短路时

  总电抗值$X_{\Sigma d1} = X_1 + X_2 = 0.5 + 0.3 = 0.8$

  $S_{d1} = 100/X_{\Sigma d1} = 100/0.8 = 125(\text{MVA})$

  $I_{d1} = 1.6/0.8 = 2(\text{kA})$

  $I_{chd1} = 1.5I_{d1} = 3(\text{kA})$

  $i_{chd1} = 2.5I_{d1} = 5(\text{kA})$

d_2 点短路时

  总电抗值$X_{\Sigma d2} = X_1 + X_2 + X_3/2 = 0.5 + 0.3 + 1.4/2 = 1.5$

  $S_{d2} = 100/X_{\Sigma d2} = 100/1.5 = 66.67(\text{MVA})$

  $I_{d2} = 9.2/1.5 = 6.13(\text{kA})$

  $I_{chd2} = 1.5I_{d2} = 9.195(\text{kA})$

$$i_{\text{chd2}} = 2.5 I_{\text{d2}} = 15.325 (\text{kA})$$

d_3 点短路时

$$总电抗值 X_{\Sigma d3} = X_1 + X_2 + X_3/2 + X_4$$
$$= 0.5 + 0.3 + 1.4/2 + 5.625 = 7.125$$
$$S_{\text{d3}} = 100/X_{\Sigma d3} = 100/7.125 = 14.035 (\text{MVA})$$
$$I_{\text{d3}} = 150/7.125 = 21.053 (\text{kA})$$
$$I_{\text{chd3}} = I_{\text{d3}} = 21.053 (\text{kA})$$
$$i_{\text{chd3}} = 1.8 I_{\text{d3}} = 37.895 (\text{kA})$$

4. 限流特性分析

利用简单系统可进一步分析限流器不同设计参数的不同限流效果。限流器的参数选取及对应的限流效果，可由计算或仿真分析得到。20 世纪 90 年代中期，澳大利亚 Wollongong 大学和 New South Wales 大学及中国四川大学合作，率先对磁饱和型高温超导限流器进行了系统的电力系统应用特性仿真分析。图 3-1-20 表明，通过限流器的参数设定，短路冲击电流的幅值可得到有效的抑制。

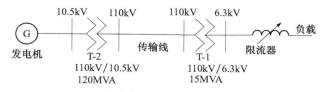

（a）包含限流器的电力系统模型

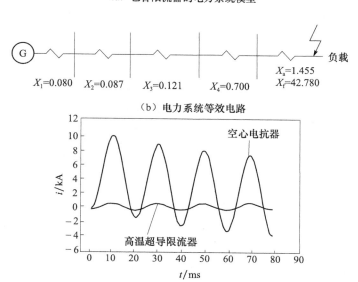

（c）限流器与传统限流电感的限流效果示意图

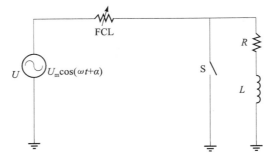

（d）限流器仿真分析等效电路

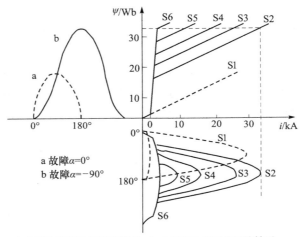

a-在电压为峰值时的短路情况；b-在电压为零时的短路情况

（e）磁链与限流效果

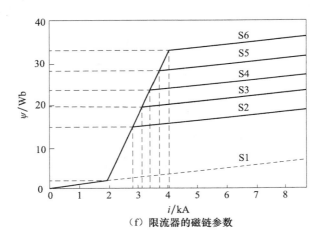

（f）限流器的磁链参数

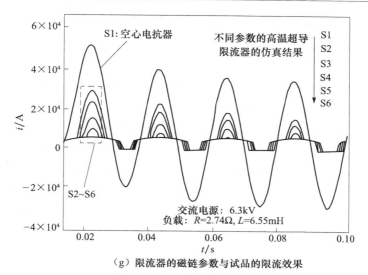

（g）限流器的磁链参数与试品的限流效果

图 3-1-20　不同限流器参数与试品的限流效果仿真分析示意图

仿真分析表明,通过限流器的参数设定,短路冲击电流的幅值可得到有效的抑制,并有效解决了减小正常运行电压损失与增大限制故障电流能力之间矛盾的问题。

3.1.3　磁饱和型高温超导限流器对电力系统保护的影响

磁饱和型高温超导限流器接入电网对电力系统保护的影响及其与保护的配合等问题,是工程应用研究的一个关键技术问题,这里举例介绍基于限流器电力系统保护原理的分析[20]。

1. 磁饱和型高温超导限流器对电流保护的影响

以中国为例,电压等级为 35kV 及以下的电网广泛采用三段式电流保护,包括电流速断保护(也称电流Ⅰ段)、限时电流速断保护(也称电流Ⅱ段)和定时限过电流保护(也称电流Ⅲ段)。其中,前两段主要作为线路的主保护;后者则作为线路的近后备和相邻线路的远后备。当电源电势 $\dot{E}_{\mathrm{S}}$ 为定值时,短路电流的大小主要与短路点和电源之间的总阻抗以及短路类型有关,则对应的三相短路电流可表示为

$$\dot{I}_{\mathrm{K}} = \frac{\dot{E}_{\mathrm{S}}}{Z_{\Sigma}} = \frac{\dot{E}_{\mathrm{S}}}{Z_{\mathrm{S}} + Z_{\mathrm{K}}} \tag{3-1-26}$$

式中, $\dot{I}_{\mathrm{K}}$ 为发生三相故障时的短路电流; $\dot{E}_{\mathrm{S}}$ 为电源电势; Z_{Σ} 为短路点到系统等效电源的总阻抗; Z_{S} 为保护安装处到系统等效电源之间的阻抗; Z_{K} 为短路点至保护安装处之间的阻抗。

而当线路中串入磁饱和型高温超导限流器后,高温超导限流器的阻抗特性会

对短路电流的波形以及幅值产生影响,此时对应的三相短路电流变为

$$\dot{I}'_K = \frac{\dot{E}_S}{Z'_\Sigma} = \frac{\dot{E}_S}{Z_S + Z_K + Z_{SISFCL}} \qquad (3\text{-}1\text{-}27)$$

式中,$\dot{I}'_K$ 为磁饱和型高温超导限流器接入后发生三相故障时的短路电流;Z_{SISFCL} 则为磁饱和型高温超导限流器在"限流态"时表现的阻抗。

故障时,磁饱和型高温超导限流器所表现的限流阻抗使系统短路电流大幅减小,电流 I、II 段保护可能因为短路电流过小且低于其原本设定的动作电流导致保护失灵而"拒动"。故在投入使用磁饱和型高温超导限流器之前需要重新对电流保护进行整定:电流 I、II 段保护的启动电流应按式(3-1-27)进行调整;电流 III 段仍按原来的方式(即启动电流应大于线路上可能出现的最大负荷电流)进行整定。

2. 磁饱和型高温超导限流器对距离保护的影响

距离保护是反映故障点至保护安装地点之间的距离,并根据距离的远近而确定是否动作以及动作时间的一种保护装置,通常作为高压输电线路的主保护或者后备保护。例如,500kV 变电站出线一般采用 3/2 接线方式,磁饱和型高温超导限流器接入超高压输电线路后,显著改变了输电线路的电压和电流等电气量,使得故障点的电气距离相应地发生改变,因此磁饱和型高温超导限流器的接入将对输电线路的距离保护产生重要的影响。一般距离保护的电气量取自线路侧电压和电流。此时存在两种情况:①电压取自磁饱和型高温超导限流器母线侧电压互感器(PT_{I-1}、PT_{II-1});②电压取自磁饱和型高温超导限流器线路侧电压互感器(PT_{I-2}、PT_{II-2}),如图 3-1-21 所示。

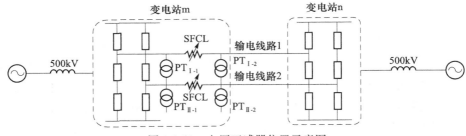

图 3-1-21　电压互感器位置示意图

显然,输电线路上 m 侧距离保护的电压互感器测量位置的不同直接影响了距离保护的保护范围。这里分为两种情况:①距离保护的保护范围不包含磁饱和型高温超导限流器;②距离保护的保护范围包含磁饱和型高温超导限流器。

1) 距离保护的保护范围不包含磁饱和型高温超导限流器

距离保护的电压互感器取自磁饱和型高温超导限流器的线路侧(PT_{I-2}、

PT_{II-2})，即 m 侧距离保护的保护范围不包含磁饱和型高温超导限流器。此时线路 m 侧距离保护不受磁饱和型高温超导限流器的影响，其距离 I 段、II 段、III 段的整定和配合与无磁饱和型高温超导限流器时情况一致。需要注意的是，虽然线路对端 n 侧距离保护 I 段不受磁饱和型高温超导限流器的影响，但是其距离 II 段、III 段仍受磁饱和型高温超导限流器的影响。特别是在 m 侧母线发生故障时，必须考虑 n 侧距离保护是否有足够的灵敏度。同时，在上、下级线路的距离保护中，但凡其保护范围包含磁饱和型高温超导限流器的，都应当重新校验保护对于该线路以及相邻线路末端母线故障时的灵敏度。

2）距离保护的保护范围包含磁饱和型高温超导限流器

距离保护的电压互感器取自磁饱和型高温超导限流器的母线侧（PT_{I-1}、PT_{II-1}），即 m 侧距离保护的保护范围包含磁饱和型高温超导限流器。此时线路 m 侧各段距离保护均受磁饱和型高温超导限流器的影响，其整定与配合都需重新考虑和计算。

（1）磁饱和型高温超导限流器接入对相间距离保护的影响。

假定短路点到保护安装处之间的距离为 l，线路的单位正序阻抗为 Z_1，磁饱和型高温超导限流器阻抗为 Z_{SISFCL}，则发生不同类型故障时，相间距离保护的计算如下。

三相短路时，其测量阻抗为

$$Z_m^{(3)} = \frac{\dot{U}_{\varphi\varphi}}{\dot{I}_{\varphi\varphi}} = Z_1 l + Z_{SISFCL} \tag{3-1-28}$$

式中，$Z_m^{(3)}$ 为发生三相故障时的测量阻抗；$\dot{U}_{\varphi\varphi}$ 为保护安装处测量的相间电压；$\dot{I}_{\varphi\varphi}$ 为保护安装处测量的相电流之差。其中下标 $\varphi\varphi$ 表示 L_1、L_2 和 L_3 中的任意两相。

相间短路时，以 L_1、L_2 两相发生相间故障为例，其测量阻抗为

$$Z_m^{(2)} = \frac{\dot{U}_{L1-L2}}{\dot{I}_{L1} - \dot{I}_{L2}} = \frac{\dot{I}_{L1}(Z_1 l + Z_{SISFCL}) - \dot{I}_{L2}(Z_1 l + Z_{SISFCL})}{\dot{I}_{L1} - \dot{I}_{L2}} = Z_1 l + Z_{SISFCL}$$

$$\tag{3-1-29}$$

式中，$Z_m^{(2)}$ 为发生相间故障时的测量阻抗；$\dot{U}_{L1-L2}$ 为保护安装处测量的 L_1 和 L_2 相间电压；$\dot{I}_{L1}$、$\dot{I}_{L2}$ 分别为 L_1、L_2 的相电流。

相间接地故障（以 L_1、L_2 两相发生相间接地故障为例）时，其测量阻抗为

$$Z_m^{(1,1)} = \frac{\dot{U}_{L1-L2}}{\dot{I}_{L1} - \dot{I}_{L2}} = \frac{(\dot{I}_{L1} - \dot{I}_{L2})(Z_L l - Z_M l) + (\dot{I}_{L1} - \dot{I}_{L2})Z_{SISFCL}}{\dot{I}_{L1} - \dot{I}_{L2}} = Z_1 l + Z_{SISFCL}$$

$$\tag{3-1-30}$$

式中，$Z_m^{(1,1)}$ 为发生两相接地故障时的测量阻抗；$Z_1 = Z_L - Z_M$，Z_L 为输电线的单位自感阻抗，Z_M 为单位互感阻抗。

　　当磁饱和型高温超导限流器接入输电线路后,一旦有故障发生,磁饱和型高温超导限流器表现的限流阻抗就会破坏线路固有的阻抗特性。在发生三相故障、相间故障以及相间接地故障的情况下,相间距离保护的测量阻抗是故障点到保护安装处的线路阻抗 $Z_1 l$ 与磁饱和型高温超导限流器的阻抗 Z_{SISFCL} 之和。由于磁饱和型高温超导限流器的电阻基本可以忽略不计,其接入线路后的相间距离保护测量阻抗是在实际故障线路阻抗的基础上在 j 方向上增加 jX_{SISFCL},如图 3-1-22 所示。从图中可以看出,加入磁饱和型高温超导限流器以后,测量阻抗由 Z_m 变为 Z_m',这可能导致距离保护对区内故障进行误判而"拒动",故需要对距离保护进行重新整定,使其能正确地反映故障点到保护安装处的距离。

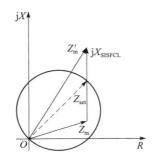

图 3-1-22　SISFCL 对相间距离保护的影响

　　(2) 磁饱和型高温超导限流器接入对接地距离保护的影响。

　　当输电线路发生单相接地故障时,为了正确反映短路点至保护安装点的距离,需要采取零序电流补偿接线方式,此时接地阻抗继电器的阻抗计算为

$$Z_m^{(1)} = \frac{\dot{U}_L}{\dot{I}_L + K \dot{I}_0}, \quad L = L_1, L_2, L_3 \tag{3-1-31}$$

式中, $Z_m^{(1)}$ 为发生单相接地故障时的测量阻抗; $\dot{U}_L$ 为保护安装处测量的相电压; $\dot{I}_L$ 为相电流; $\dot{I}_0$ 为零序电流; K 为零序电流补偿系数。

　　以如图 3-1-23 所示 L_1 相故障为例进行分析。

　　磁饱和型高温超导限流器串入后的接地距离保护的测量阻抗为

$$Z_m^{(1)} = \frac{\dot{U}_L}{\dot{I}_L + K \dot{I}_0} = \frac{\dot{U}_{L1}' + \dot{I}_{L1} Z_{SISFCL}}{\dot{I}_{L1} + K \dot{I}_0} = Z_1 l + \frac{Z_{SISFCL}}{1 + K \times 3 \dot{I}_0 / \dot{I}_{L1}} \neq Z_1 l + Z_{SISFCL}$$

$$\tag{3-1-32}$$

　　采用原有的接地距离保护,其测量阻抗并不是故障点至保护安装点的线路阻抗值与磁饱和型高温超导限流器阻抗值之和,同样不能有效地反映故障距离。而根据线路首端电压与电流的关系,可推导出新的表达式:

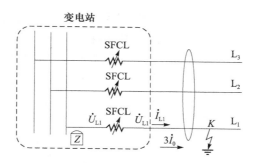

图 3-1-23　输电线路单相接地故障示意图

$$\frac{\dot{I}_{L1} + 3\dot{I}_0 K Z_{SISFCL}}{\dot{I}_{L1} + \dot{I}_0 K} = Z_1 l + Z_{SISFCL} \qquad (3-1-33)$$

若将接地距离保护的接线方式改为式(3-1-33)的形式,接地距离保护的测量阻抗就能得到与相间距离保护的测量阻抗一致的结果,即等于故障线路阻抗与磁饱和型高温超导限流器限流阻抗之和。改进后的接地距离保护再进行重新整定后也能够正确地反映故障点到保护安装处的距离。

3. 磁饱和型高温超导限流器对零序电流保护的影响

高压线路上发生单相或者两相接地故障时,往往会有较大的过渡电阻存在,该过渡电阻可能达到 $100\sim300\Omega$。而距离保护往往对于高阻接地故障没有足够的灵敏度,此时一般采用定时限或反时限零序方向过流保护用于反映高阻接地故障。

1) 故障时磁饱和型高温超导限流器对零序电流保护的影响

当区外相邻线路发生三相短路时,非故障线路的磁饱和型高温超导限流器也会动作进入"限流态"。由于暂态过程中三相短路电流的大小并不相同,会造成三相磁饱和型高温超导限流器阻抗值不同,导致非故障线路三相阻抗不对称,这一过程将产生较大的零序电流,可能使非故障线路的零序电流保护误动。

当本线路发生区内单相或者两相接地故障时,由于磁饱和型高温超导限流器的阻抗相对于输电线路的阻抗并不大,本线路零序电流保护的动作情况与无磁饱和型高温超导限流器时情况基本一致。而当区外相邻线路发生单相或者两相接地故障时,本线路故障相的磁饱和型高温超导限流器启动而非故障相的磁饱和型高温超导限流器不启动,此时三相限流阻抗明显不对称。在区外故障被切除后,如果本线路的磁饱和型高温超导限流器还未恢复,非故障线路仍将出现明显的零序电流。此时零序电流保护是否误动取决于线路的传输功率、限流阻抗的不对称程度以及磁饱和型高温超导限流器的工作状态。其中,磁饱和型高温超导限流器的工作状态至关重要,若磁饱和型高温超导限流器能够快速由限流态转变为稳态,则磁饱和型高温超导限流器对零序电流保护的影响将会被限制到最低。

因此,在故障切除后磁饱和型高温超导限流器应立即做出指令控制高速开关闭合,恢复直流励磁系统对超导绕组的充磁;同时,通过优化磁饱和型高温超导限流器结构等方法减少充磁时间,实现由限流态到稳态的迅速转变。此外,适当延长零序电流保护的动作时限,同样有助于防止保护的误动作。

2) 磁饱和型高温超导限流器失磁对零序电流保护的影响

在系统正常运行的情况下,若线路中某一相的磁饱和型高温超导限流器突然失磁,此时失磁一相的磁饱和型高温超导限流器会由稳态转为限流态运行,其阻抗显著增大,从而导致三相阻抗明显不对称,尤其是在输电线路重载的情况下,此时会产生较大的零序不平衡电流,也可能导致零序电流保护误动作。

针对上述情况,磁饱和型高温超导限流器自身应装设失磁保护:在电力系统正常运行时,监测装置一旦发现直流励磁系统工作异常且磁饱和型高温超导限流器处于限流态,应立即通过开关操作将失磁相磁饱和型高温超导限流器隔离,防止零序不平衡电流的产生,从而避免零序电流保护误动作。

4. 磁饱和型高温超导限流器对纵联差动保护的影响

高压输电线路上的纵联差动保护就是利用某种通信通道将输电线路两端的保护装置纵向联结起来,将各端电气量(电流、功率的方向等)传送到对端,同时对两端的电气量进行比较,以判断故障是发生在本线路范围内还是发生在线路范围外,从而决定是否切断被保护线路。因此,纵联差动保护在理论上具有绝对的选择性。而处于"限流态"的磁饱和型高温超导限流器的阻抗相对于输电线路总阻抗并不大,仅相当于输电线路的电气距离增长了几十千米,因此磁饱和型高温超导限流器的加入并不会对纵联差动保护造成明显的影响。

3.2　变压器型高温超导限流器

3.2.1　装置结构与原理

1. 磁屏蔽型

1) 磁屏蔽型限流器装置原理

磁屏蔽型限流器等效模型原理如图 3-2-1 所示[21],它由初级侧铜绕组、次级侧高温超导磁屏蔽筒(以下简称超导筒)、铁芯及低温箱组成,铜绕组串联在输电线路中。正常运行时,超导筒内的感应电流小于其临界电流而处于超导态,根据迈斯纳效应,超导筒将铜绕组产生的磁场完全屏蔽掉,铁芯内无磁通,铜线圈为空心电感,装置的阻抗仅由初级侧和次级侧间的漏磁决定,因此很小。短路故障发生时,电流迅速增加,当故障电流达到一定水平时,超导筒不能将铜绕组产生的磁场完全屏蔽掉,电流超过临界电流值,超导筒进入正常态。一方面,磁场穿透铁芯,这时铜绕组等价成一个带铁芯的电抗器,故铜绕组的电感上升,从而限制电网中的短路电流;另一方面,可以理解为增大的超导筒电阻折算到初级侧,使得限流器的阻抗急剧上升,限制短路电流。这种装置实质上是次级侧为超导筒的铁芯变压器[22]。

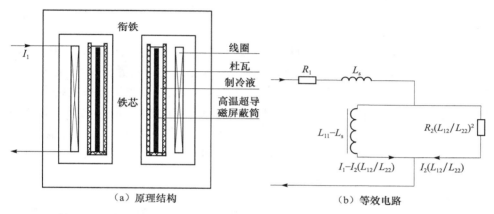

（a）原理结构 　　（b）等效电路

图 3-2-1　磁屏蔽型限流器等效模型原理图

将初级铜绕组和次级超导筒依次标记为 1 和 2,其等效电路如图 3-2-1(b)所示。由等效电路可得

$$U_1 = R_1 I_1 + L_{11}\frac{\mathrm{d}I_1}{\mathrm{d}t} + L_{12}\frac{\mathrm{d}I_2}{\mathrm{d}t}$$

$$0 = R_2 I_2 + L_{12}\frac{\mathrm{d}I_1}{\mathrm{d}t} + L_{22}\frac{\mathrm{d}I_2}{\mathrm{d}t}$$

$$H = \frac{nI_1 + I_2}{h} \tag{3-2-1}$$

$$c\frac{\mathrm{d}T}{\mathrm{d}t} = r_2 I_2^2 - P_c$$

式中,U_1 为铜绕组两端的电压;R_1 为铜绕组电阻;I_1 为铜绕组电流;R_2 为超导筒电阻;I_2 为超导筒电流;L_{11} 为铜绕组自感;L_{22} 为超导筒自感;L_{12} 为铜绕组和超导筒的互感;H 为 I_1 和 I_2 产生的磁场;T 为超导筒的工作温度;n 为初级绕组的匝数;h 是铜绕组和超导筒的高度;c 为超导体的比热容;P_c 为转移到液氮中的热量。

设线圈、超导筒和铁芯的半径分别为 r_{pr}、r_{sc} 和 r_{co},超导筒的高度为 h,真空磁导率为 μ_0,铁芯的磁导率为 μ_r,线圈匝数为 n,则

$$L_{11} = \frac{\pi \mu_0 n^2}{h} \left[r_{pr}^2 + (\mu_r - 1) r_{co}^2 \right]$$

$$L_{22} = \frac{\pi \mu_0}{h} \left[r_{sc}^2 + (\mu_r - 1) r_{co}^2 \right] \qquad (3\text{-}2\text{-}2)$$

$$L_{12} = \frac{\pi \mu_0 N}{h} \left[r_{sc}^2 + (\mu_r - 1) r_{co}^2 \right]$$

图 3-2-1 中 L_s 为铜绕组的漏感,若铜绕组足够长,那么 L_s 可近似表示为

$$L_s = \frac{\pi \mu_0 n^2}{h} (r_{pr}^2 - r_{sc}^2) \qquad (3\text{-}2\text{-}3)$$

这意味着 L_s 是铜绕组与超导筒间隙中的漏磁通产生的电感,工作时,将负载与初级侧铜绕组串联,正常状态下,超导筒的感应电流小于它的临界值,处于超导态,从而屏蔽了铜绕组产生的磁通,超导筒内无磁通穿过,此时相当于等效电路中的 L_{12} 被短接,限流器的阻抗仅由铜绕组电阻 R_{11} 和漏感 L_s 决定,非常小;若负载短路,超导筒因感应电流超过临界值,失超转入正常态,失去屏蔽作用,L_{12} 的短接线被断开,模型电路完整地接入系统中,从而限制短路电流。

2)磁屏蔽型高温超导限流器的参数

(1)临界屏蔽场。

这里把超导筒所能屏蔽的最大磁感应强度 B_p 称为临界屏蔽场,当磁场强度大于这一值时,超导筒失超,失去屏蔽效应。B_p 与主绕组和超导筒特征有关,可用下式描述:

$$B_p = \mu_0 J_c \delta = \mu_0 (N/h) \sqrt{2} I_{lim} \qquad (3\text{-}2\text{-}4)$$

式中,δ 为超导筒的厚度;μ_0 为真空磁导率;J_c 为临界电流密度;N 为主绕组匝数;I_{lim} 为限制电流。

(2)铁芯特性。

根据法拉第电磁感应定律,电压 U 与铁芯参数的关系如下:

$$\sqrt{2} U = 2\pi f B_s K A N \qquad (3\text{-}2\text{-}5)$$

式中,B_s 为饱和磁感应强度峰值;K 为耦合系数;A 为铁芯的截面积;N 为线圈匝数。由方程(3-2-4)和(3-2-5)就可求得铁芯的结构尺寸。

(3)限制阻抗。

因为绕组的感抗为

$$\omega L = 2\pi f K \mu \mu_0 N^2 A / h \qquad (3\text{-}2\text{-}6)$$

式中,L 为电感;f 为电源频率;μ 为铁芯磁导率。若忽略绕组的电阻和超导筒的常态电阻,则有

$$\omega L = |U/I_{lim}| \qquad (3\text{-}2\text{-}7)$$

考虑到式(3-2-4)和式(3-2-5),则

$$\omega L = 2\pi f K \mu_0 (B_{\rm s}/B_{\rm p}) N^2 A/h \qquad (3\text{-}2\text{-}8)$$

即为了保证铁芯不被磁化饱和,相对磁导率 μ 取 $B_{\rm s}/B_{\rm p}$。

（4）交流损耗。

正常情况下,铁芯中没有磁通,因而它不像变压器有铁芯损耗,其交流损耗仅由超导体引起。通常,根据临界状态的 Bean 模型来计算交流损耗,由 Bean 模型不难得到

$$P_{\rm ac} = \frac{8\sqrt{2}}{3} f \mu_0 \frac{r_{\rm sc}}{h^2} \frac{(N I_{\rm in})^3}{J_{\rm c}} \qquad (3\text{-}2\text{-}9)$$

式中,$I_{\rm in}$ 为额定电流。

（5）恢复时间。

磁屏蔽型超导限流器的一个最重要特征是响应时间快,磁力线一旦并入铁芯,限流作用马上开始,这就意味着并不需要超导筒完全进入正常态,就能进行有效的限流。从起始温度 T_0,温度上升,温度差 ΔT 随时间 t 的变化关系可用下述经验公式表示：

$$\Delta T = \left(\frac{4\beta t}{C_{\rm v}\delta} + \frac{1}{\Delta T_0} \right)^{-1/2} \qquad (3\text{-}2\text{-}10)$$

式中,$C_{\rm v}$ 是比热容,约为 $1{\rm J}/({\rm cm}^3 \cdot {\rm K})$；$\beta$ 取 $0.0137{\rm W}/({\rm cm}^2 \cdot {\rm K}^3)$。

根据式(3-2-10),一般可获得图 3-2-2 的结果。

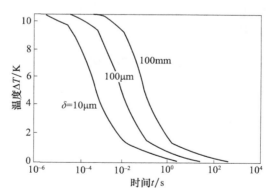

图 3-2-2　超导材料的恢复时间与温升的关系

（6）超导筒的要求。

作为磁屏蔽型超导限流器的超导筒必须能够承受一定热动效应的机械强度,同时还需满足一系列的电力要求。从电的角度讲,超导筒有四种工作状态：①正常运行时的超导态；②失超过渡态；③有阻态；④故障消除后,超导恢复态。下面对以上四种工作方式的要求作进一步的解释。

① 稳定正常运行时,超导筒表层必须传输感应电流,以抵消主绕组产生的磁通,从而起到屏蔽铁芯的作用。为了避免受热不均而导致整个超导体失超,临界电流密度必须具备高均匀性,截面积必须满足传输电流的大小。另外,超导筒的交流损耗必须低到可接受的值。

② 开始转换时是绝热的,超导体的温度和电阻迅速上升,如果温度超过超导体的熔点,超导体有可能被烧毁。

③ 对于限流状态,超导体肯定存在最大电阻值,一旦达到这一最大值,主绕组的电抗不再增加,但是热载将减小。

④ 恢复过程取决于材料的厚度和超导体与冷却液之间的焓差。

分析表明,超导体的临界电流越高,表面积越大,垂直磁通方向的横截面尺寸越小,且具有一定机械强度和电绝缘的衬底的超导体,更能满足上述要求[23]。

2. 标准变压器型

标准变压器设计形式保证该限流器在正常状态下其功能等同于一个高效的超导变压器;当电力系统发生故障时,系统因超导元件失超产生电阻,其功能等价于电阻型限流器,从而达到限流的目的[24,25]。本质上讲,这个设备是一个具有限流作用的变压器。变压器型限流器能够从故障中自我恢复,保证该设备在恢复之后继续执行变压器的作用。这种类型限流器的设计,可有不同方案,如表 3-2-1 所示:①常规变压器加超导元件型;②部分超导变压器加超导元件型;③全超导变压器型;④全超导变压器加超导元件型。

表 3-2-1　四种不同模式的性能比较

方案模式	变压器部分	断路器部分	系统性能
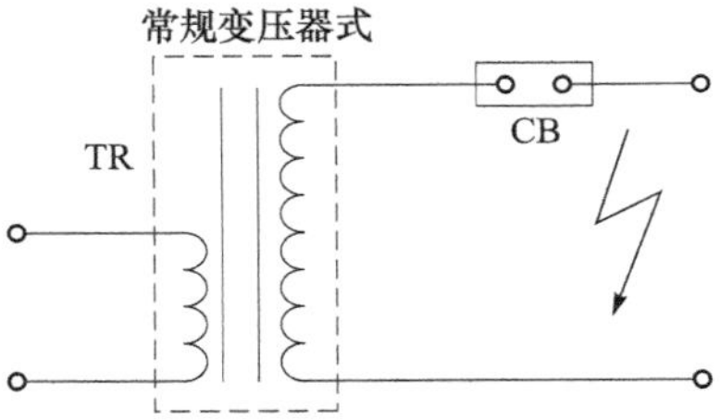 常规变压器式	高阻抗	高负荷	低稳定性
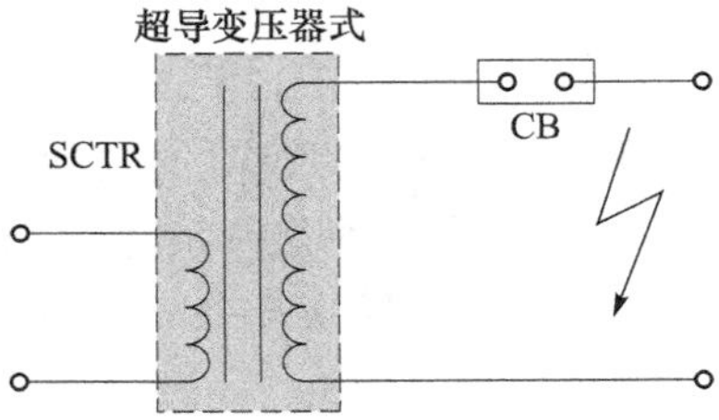 超导变压器式	高阻抗 高效率	高负荷	低稳定性

续表

方案模式	变压器部分	断路器部分	系统性能
超导变压器与超导限流器串联式 SCTR　SFCL　CB	低阻抗 高效率	低负荷 低成本	高稳定性 高成本
超导变压限流器式 SFCLT　CB	低阻抗 高效率	低负荷 低成本	高稳定性 低成本

以图 3-2-3 所示标准变压器型高温超导限流器为例,在结构设计方面,分为高压线圈和低压线圈两部分。高压线圈由铜导线构成,低压线圈部分可由第二代高温超导带材构成,其参数如表 3-2-2 所示,低压线圈又分为限流线圈(Tr/FCL)和非限流线圈(Tr)两部分。其中限流线圈由两层并联的第二代高温超导带材叠加而成,非限流线圈由四层并联的第二代高温超导带材叠加而成。这样可以保证在变压器和限流器的设计方面具有更高的灵活性。通过调整限流线圈(Tr/FCL)和非限流线圈(Tr)之间的匝数比,变压器型高温超导限流器可以实现所需的限流特性和变压器功能[26]。

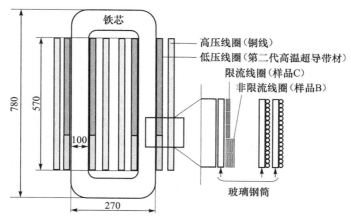

图 3-2-3　标准变压器型高温超导限流器原理结构(单位:mm)

表 3-2-2　第二代高温超导带材样品参数

参数	A	B	C
高温超导层	DyBCO	YBCO	YBCO
缓冲层	MgO	Y_2O_3/YSZ/CeO_2	Al/YSZ/MgO/STO
基体	Haselloy	Haselloy	Haselloy
稳定层	Ag	Cu	Ag
宽度/mm	10.0	4.4	12.4
厚度/mm	0.100	0.200	0.105
I_c/A(77K,1μV/cm)	75	71	131
n	23	27	47

　　铜导线线圈与电力系统相接,作为高压部分;超导部分,作为低压部分,电流由高压铜导线感应产生。其中,低压部分由两部分构成,即限流部分和非限流部分,2个高温超导样品 C(I_c=131A)并联,电流容量约为 262A,4 个样品 B(I_c=71A)并联,电流容量约为 284A,最后将两个样品串联。从电流容量考虑,虽然样品 A 和样品 C 的电场值足以用于限流,但相比之下,样品 C 具有更高的 I_c 和 n 值,所以选择样品 C 作为限流材料。由前面估算可知,故障时,样品 C 要比样品 B 先失超,用以限流;无故障时,两者可以同时传输额定电流。样品 C 的 I_c 值、n 值、电场值相比之下最大,所以选择样品 C 作为限流器的传输导体。样品 B 中加入厚的稳定层铜,所以稳定性要好一些。样品 C 和样品 B 的组合,分别作为超导变压器和高温超导限流器的材料。

　　稳态时,变压器工作在超导态,系统电阻很小,提高传输效率;故障时,变压器失超,变压器的阻抗增加,达到限流的目的。其具有的优势包括:①正常工作时,减少漏抗,增加静态稳定性;②故障时,利用失超限流,增加故障时的动态稳定性;③减少恢复时间。

3. 副边短路式变压器型

　　副边即次级超导线圈短接的限流器概念是 1986 年由法国学者首先提出的[27]。初级线圈与电网相连,次级短接,次级线圈的电流由初级线圈感应产生。当系统正常工作时,次级线圈处于超导态,即限流器的等待模式。因为初级和次级的磁耦合关系,所以初级线圈感应出的磁场被次级线圈抵消掉。因此,整个高温超导限流器表现出低阻抗。当故障发生时,由于次级的感应电流变大并超过超导线圈的临界值而使其失超进入电阻态,即限流器的限流模式,于是次级线圈中的电流变小。次级感应电流的减小,导致初级线圈的感应磁场不能被抵消,从而使得高温超导限流器的阻抗变大。

　　限流器主要结构采用双线圈绕线结构[28-30],具体绕线结构如图 3-2-4 所示[31]。

两个纤维增强塑料(FRP)绕线管构成限流器的内外层,初级超导线圈从内层缠绕一圈,到达底部时,在末端连接处,过渡到外层线圈继续缠绕外层,构成双绕线结构。初级线圈的两端引线与电网相连。次级超导线圈也采用同样的方式构成双绕线结构,但与初级线圈的不同之处在于,次级超导线圈首尾相连构成短路结构。次级超导线圈绕在初级超导线圈上,两者之间通过绝缘材料隔离。电网电流流入初级线圈时,在内外层的电流方向是相反的,所以在中心铁芯处的磁通被抵消。但是,初级线圈和次级线圈之间的磁通保留,初次级线圈间的磁通会在次级线圈处产生感应电流。系统正常工作时,次级线圈的感应电流会抵消初级感应磁通,所以整个高温超导限流器表现出低阻抗。当故障发生时,初级线圈在次级线圈产生的感应电流超过次级线圈的临界值,使其失超。由于次级线圈电阻增大,感应电流减小,不能抵消初级感应磁通,而使整个系统呈现高阻抗,实现限流功能。实际试验中,限流情况下磁通量的变化,可通过在两个绕线管之间安装一个霍尔元件进行监控。

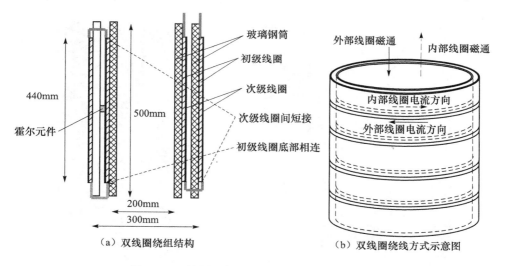

（a）双线圈绕组结构　　　　　　　（b）双线圈绕线方式示意图

图 3-2-4　副边短路式变压器型高温超导限流器

限流模式下,限流器的阻抗可以表示为[23,32]

$$Z_{SFCL} = \frac{U_1}{I_1} = \frac{\omega^2 M^2 R_2}{R_2^2 + \omega^2 L_2^2} + \mathrm{j}\omega\left(L_1 - \frac{\omega^2 M^2 L_2}{R_2^2 + \omega^2 L_2^2}\right) = R_{SFCL} + \mathrm{j}X_{SFCL} \quad (3\text{-}2\text{-}11)$$

式中,U_1 和 I_1 分别是通过限流器终端的电压和电流;L_1 和 L_2 分别是初级线圈和次级线圈的电感;M 是互感;R_2 是次级线圈的电阻。限流模式下,根据式(3-2-11)可知,当 R_2 足够大时,限流器的阻抗 Z_{SFCL} 近似等于 $\mathrm{j}\omega L_1$,所以限流器的感抗部分 X_{SFCL} 要比阻抗 R_{SFCL} 部分大得多。通过感抗部分来限流可以降低热量损耗,减少恢复时间。所以,根据上述原则,设计的变压器型限流器应具有高感抗和低阻抗的特点。

3.2.2　装置与系统

1. 磁屏蔽型

最早研制开发磁屏蔽型高温超导限流器的是瑞士的 ABB 公司[21],其利用 BSCCO-2212 熔铸方法制备超导圆柱形磁屏蔽筒,在 $1\mu V/cm$ 标准下,临界电流密度为 $1400A/cm^2$,于 1993 年研制了世界首台 100kW 的磁屏蔽型高温超导限流器模型,并完成相关测试,如图 3-2-5 所示。随后其他国家相继进行了相关的研究[33,34]。

德国布鲁克(Bruker EST)公司与法国施耐德(Schneider)公司在德国联邦经济和技术部(German Federal Ministry of Economics and Technology, i. e. BMWi)的部分经费支持下,制备了一个 10kV/15MVA 磁屏蔽型电感限流器(iSFCL),如图 3-2-6 所示,并于 2013 年开始在 Stadtwerke Augsbug 安装接入大型工厂电网并进行测试[35]。

图 3-2-5　ABB 磁屏蔽型高温超导　　　　　图 3-2-6　iSFCL 磁屏蔽型高温
限流器试验模型　　　　　　　　　　　　　　　超导限流器

2. 标准变压器型

日本于 1998 年提出了变压器型高温超导限流器的设计概念,而后采用 YBCO 二代导线作为限流材料,于 2008 年完成了容量为 2MVA 的高温超导限流器的安装测试[23-26]。这种设计模型正常工作时,起到高效变压器的作用;故障时,起到限流器的作用。实际装置如图 3-2-7 所示。于 2011 年进行了相关试验,故障电流的峰值约为 $784A_{peak}$,在第一个周期内,被限制到 $267A_{peak}$,即故障电流峰值的 34%;

在第五个周期时,被限制到 $145A_{peak}$,即故障电流峰值的 18%,约经过 0.1s,超导限流元件恢复到超导态[36]。

图 3-2-7　标准变压器型高温超导限流器试验装置

变压器型高温超导限流器在电力传输系统的应用和测试如图 3-2-8 所示,该系统由一个 625MVA 的同步发电机、22kV/500kV 的传统变压器、500kV 的输电线路、500kV/275kV 的变压器型高温超导限流器和无穷大容量的母线构成。

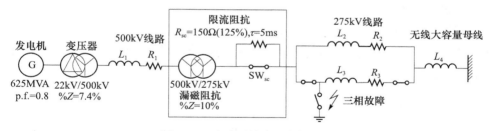

图 3-2-8　电力系统应用实例模型

3. 副边短路式变压器型

图 3-2-9 为副边短路式变压器型高温超导限流器的高温超导线圈,利用 BSC-CO-2223 线材,制备采用双线结构的小型副边短路式变压器型高温超导限流器试验装置。该 380V/200A 的副边短路式变压器型限流器于 2008 年进行了短路测试,在故障的第一个周期,故障电流的峰值约为 $300A_{peak}$;加入限流器之后,第一个周期的故障电流峰值被限制到 $180A_{peak}$,限流率为 40%,大约经过 5 个周期,故障电流被限制到断路器可以工作的状态[37-39]。

图 3-2-9　副边短路式变压器型高温超导限流器的高温超导线圈

3.2.3　系统特性试验分析

为了研究限流特性,以磁屏蔽型高温超导限流器为例,可以建立一个模型机,模型机由三部分组成:初级铜绕组、次级超导筒以及铁芯。初级绕组的匝数 N、铁芯的有效磁导率 μ_{eff} 对高温超导限流器的限流特性都有影响。对模型机进行静态和动态测试,静态试验结果得出了限流器正常运行的范围,动态试验结果描述了限流器的特性。在故障期间限流器电压振幅 $U_{\mathrm{lim}}(t)$ 和超导体中环行电流的振幅 $I_{\mathrm{sc}}(t)$ 的关系为 $I_{\mathrm{sc}}(t)=U_{\mathrm{lim}}(t)/(NR_{\mathrm{sc}}(t))=J_{\mathrm{sc}}(t)A_{\mathrm{sc}}$,其中 $J_{\mathrm{sc}}(t)$ 为电流密度振幅。在额定交流电的条件下,超导环作为磁场屏蔽,其体电流 I_{sc} 和初级线圈中的电流 I_{n} 之间的关系为 $I_{\mathrm{sc}}=NI_{\mathrm{n}}$。

1. 静态试验结果与分析

静态试验电路图如图 3-2-10 所示,一个连续的 50Hz 交流电压被加到限流器上,交流电压的幅值逐渐增大,同时测量回路的电流和限流器两端的电压,以计算出限流器的阻抗[40]。

分别对 50 匝、100 匝、150 匝、200 匝初级绕组的闭合硅钢片铁芯的限流器进行测试,获得的电压与电流关系如图 3-2-11 所示。从图中可以看到,限流器的电压 U 随电流 I 增加而升高,而且可以分为三段:

第一段,U 随 I 线性变化,限流器的初级匝数越大,变化斜率越大;

第二段,随初级匝数增大,U 随 I 从线性上升变为指数上升;

第三段,U 随 I 急剧升高,从图 3-2-11 可以得到限流器的阻抗 $|Z|$ 与电流 I 的关系,如图 3-2-12 所示。

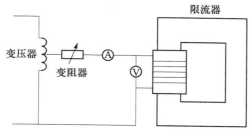

图 3-2-10　静态试验电路图

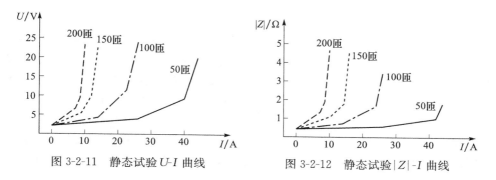

图 3-2-11　静态试验 U-I 曲线　　　　　图 3-2-12　静态试验 $|Z|$-I 曲线

从图 3-2-12 可以看到,限流器的阻抗 $|Z|$ 随 I 的变化也可分为三段:

第一段,阻抗 $|Z|$ 的值很小,不随 I 变化,随初级匝数增大而增大,这说明限流器的超导筒处于超导态,阻抗 $|Z|$ 主要由初级感抗组成,这段对应限流器的额定工作状态。

第二段,随初级匝数增大,$|Z|$ 随 I 从线性上升变为指数上升。当初级匝数为 50 匝和 100 匝时,BSCCO-2212 超导筒处于热助磁通流动状态,$|Z|$ 随 I 线性上升。当初级匝数为 150 匝和 200 匝时,BSCCO-2212 超导筒处于热激活磁通蠕动状态,$|Z|$ 随 I 指数上升。

第三段,$|Z|$ 随 I 急剧升高,超导筒处于黏滞磁通流动状态,并向正常态过渡。

从上述分析可以看到,在磁屏蔽型高温超导限流器中,热助磁通流动状态和热激活磁通蠕动状态影响限制特性,理想情况下磁通跳跃应当引起由低阻抗态到高阻抗态的快速转变,即磁通流动和磁通蠕动电阻率必须增加。将图 3-2-12 中曲线的第一段和第二段分界点对应的电流定义为开关电流 I_{sw},当电流超过 I_{sw} 时,阻抗 $|Z|$ 急剧升高。开关电流 I_{sw} 给出正常运行范围,限流器的额定电流 I_n 应当接近 I_{sw},但额定电流 I_n 应当小于 I_{sw}。从图 3-2-12 获得了开关电流 I_{sw} 及其对应的阻抗 $|Z|$,列于表 3-2-3 中。不同匝数对限流器阻抗和开关电流都是有影响的。从图 3-2-12 可以看到,当电流超过开关电流 I_{sw} 以后,阻抗 $|Z|$ 迅速增加一个数量级。

表 3-2-3　　磁屏蔽型高温超导限流器的开关电流及其对应的阻抗

匝数	50	100	150	200
$|Z|/\Omega$	0.15	0.21	0.27	0.35
I_{sw}/A	25.3	12.7	5.57	4.24

从表 3-2-3 可以看到,当初级匝数为 50 匝和 100 匝时,$I_{sc} \approx NI_{sw}$ 与 $I_{sc} = NI_n$ 是一致的。当初级匝数为 150 匝和 200 匝时,由于 BSCCO-2212 超导筒处于热激活磁通蠕动状态,与 $I_{sc} = NI_n$ 有出入。

2. 动态试验结果与分析

为了确定这种高温超导限流器的动态性能,设计并制造了限流器动态测试系统,如图 3-2-13所示。图中的霍尔电流传感器用于检测限流器中的电流,电阻 R_1 和 R_2 用来取出限流器两端的电压信号,数据采集卡和计算机构成数据采集系统,对电流和电压信号进行高速数据采集。短路控制信号也由采集卡输出,控制两只大功率固态继电器 SSR1 和 SSR2。当 SSR1 导通、SSR2 截止时,线路电源接通,限流器和负载 R_L 工作在额定状态;当 SSR1 导通、SSR2 也导通时,负载 R_L 被短路,线路处在故障状态。限流器测试系统就是在这两种状态下实时检测并记录下限流器的电压和电流。

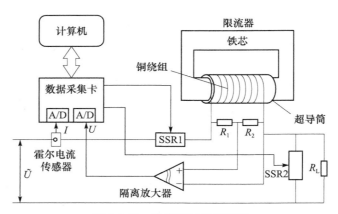

图 3-2-13　动态测试系统简图

在静态试验的基础上,选择额定电流 I_n 在开关电流 I_{sw} 以下进行动态测试,对不同匝数的闭合硅钢片铁芯限流器和相同匝数不同材料开路铁芯的限流器进行了动态测试研究,试验得到的主要结果列于表 3-2-3,其中故障状态参数均指第一个故障周期。

不同匝数限流器的限流过程都是类似的,图 3-2-14 给出了初级匝数 N 为 100 的闭合硅钢片铁芯限流器典型动态电压和电流波形图。静态试验测得 I_{sw} 为

12.7A,选取额定电流 I_n 为 10.4A(小于电流 I_{sw}),当电路中没有限流器时,故障电流约为 500A,串联 100 匝线圈的高温超导限流器后,在第一个故障周期内阻抗快速上升到 0.55,相当于在静态试验中测得故障阻抗值的 50%(静态阻抗值比较高是因为超导体中产生的热量会引起温升,从而导致阻抗增加),故障电流降低到 60A 以下,限制在正常工作电流值 6 倍之内。从图 3-2-14 可以看出,在以后的几个故障周期中故障电流减小,说明阻抗增加。考虑其增加的原因,有可能是因为超导体温度的升高,超导筒内逐渐进入磁通流动状态。

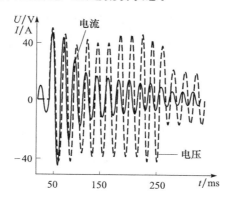

图 3-2-14　闭合硅钢片铁芯磁屏蔽型限流器动态测试结果

3. 变压器型限流器对电力系统暂态稳定的影响

高温超导限流器的实际应用可能在多方面对电网产生综合影响,研究表明,安装变压器型限流器能够有效地降低短路电流水平,抑制母线电压跌落,有利于电力系统的暂态稳定性[24]。

基于图 3-2-15 所示的单机-无穷大系统,分析变压器型高温超导限流器对电力系统暂态稳定性的影响。正常运行时,发电机经变压器和双回线路向无穷大系统送电,在两条出线的始端分别装有一台高温超导限流器。

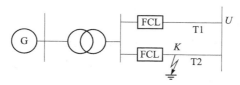

图 3-2-15　单机-无穷大系统

该单机-无穷大系统的参数如下:发电机额定容量为 352.5MVA,额定功率为 300MV,内电抗 $X_d=1.014$,$X_d'=0.314$,$X_d''=0.280$,惯性时间常数 $T_j=0.314$s,系统频率 $f=50$Hz,变压器等值电抗 $X_T=0.15$。传输线每公里电感和电容分别为

h＝0.8mH/km 和 C_l＝15nF/km,线路总长度为 250km,其中一条输电线路 T2 在距离限流器 K＝0 处发生三相短路故障。

系统在输电线 T2 的始端发生三相短路故障,系统的机端功率变化及功率角摇摆曲线分别如图 3-2-16 和图 3-2-17 所示。

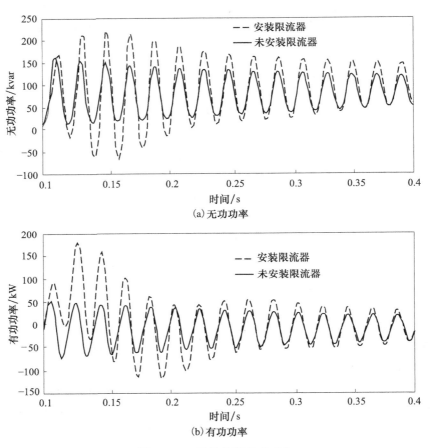

(a)无功功率

(b)有功功率

图 3-2-16　系统机端功率变化

由图 3-2-16 可知,单机-无穷大系统安装高温超导限流器后,发生短路故障时,发电机的输出功率均增大了,有利于维持输出电压,提高系统的暂态稳定性。如图 3-2-17 所示,安装高温超导限流器有利于改善系统在短路故障下的暂态功率角稳定性,功率角摇摆比未安装高温超导限流器的系统明显地减小了。即使系统遭受最严重的三相短路故障,变压器型高温超导限流器也能很快动作,提高了输出功率,限制了功率角的相对变化,提高了输电系统的暂态稳定性。

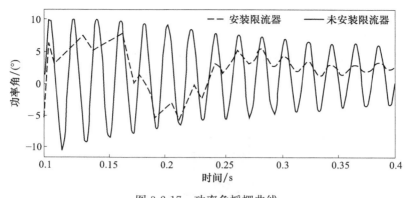

图 3-2-17　功率角摇摆曲线

3.3　桥路型高温超导限流器

3.3.1　装置结构与原理

1. 有源式

桥路型超导短路故障电流限流器的概念是由美国洛斯阿拉莫斯国家实验室 (LANL) 和西屋电气公司 (Westinghouse Electric Corporation) 于 1983 年最早提出来的[41]，并进行了利用低温超导线圈的试验测试。这种有源式桥路型超导限流器主要由功率电子二极管桥路、偏置超导线圈、偏置源等组成[42,43]。图 3-3-1 为桥路型限流器的主要装置结构[44]。桥路型限流器的动作电流可以通过偏压源调节来实现，易于整定，且在故障期间，超导线圈不会失超，所以不存在动作响应和失超恢复的问题。这种模式要求功率电子器件与电路具有很高的可靠性。

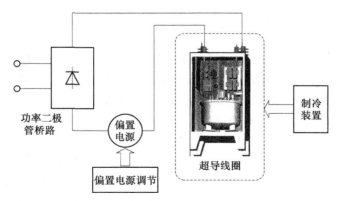

图 3-3-1　桥路型限流器的主要装置结构

2. 无源式

整流桥路型高温超导限流器的设计和等效原理如图 3-3-2(a)所示,主要包括 4 个二极管构成的整流桥和限流线圈。在这个设计中未安装偏置电流源。

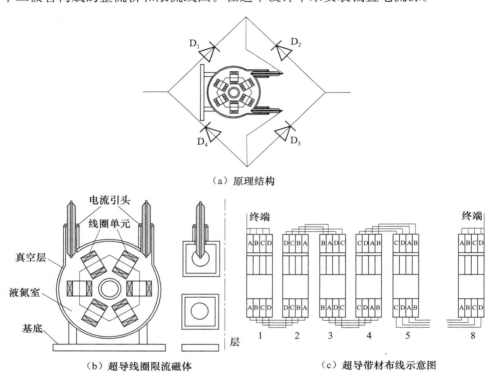

（a）原理结构

（b）超导线圈限流磁体　　　　（c）超导带材布线示意图

图 3-3-2　无源式桥路型限流器

在正常状态下,二极管将电力系统的电流整流,于是只有直流流过限流线圈。这个直流的幅值,就是电力系统电流的峰值。在这种情况下,限流线圈因对直流无感抗而呈现无感抗。电路仅有的阻抗来自线圈的磁通流动电压和整流器的压降,可以忽略不计。故障时,限流线圈通过电感变化限制短路电流的激增。根据电力系统的次序,故障电流被探测后会触发与故障限流器连接的断路器。由于限流器的作用,故障电流将被限制到断路器开断可以承受的范围[45]。从图 3-3-2(a)具体电路看,正常工作时,在正半周期,D_1 和 D_3 处于导通状态,D_2 和 D_4 处于关断状态,电流流经限流器(等价于电感线圈);在负半周期,D_2 和 D_4 导通,D_1 和 D_3 关断,电流流经限流器(等价于电感线圈)。将负载端正负周期的波形叠加,便形成大小变化、方向不变的脉冲式直流电。当系统稳定工作时,虽然电流大小有一定的变化,会在限流器处产生一定的压降,但可以忽略不计。当发生故障电流时,流经限流器的电流瞬间增大,不再等于流经超导电感线圈脉冲直流电的幅值,限流器的电感线圈会瞬间产生高的感抗来阻止瞬间增大的故障电流,同时配合断路器,可以达到限流的目的[45]。

　　日本的研究人员,根据桥路型的基本原理,利用 6 个并联的超导线圈构成一个置于低温杜瓦中的超导磁体,如图 3-3-2(b)所示。超导磁体的设计[46-48]:首先,将 4 层并联的 BSCCO-2223 带材通过 PVF(poly-vinyl formvar)技术实现相互绝缘,但在带材的两个终端的最内层和最外层处相连接;然后,将这 4 层并联的 BSCCO-2223 带材绕制在由玻璃纤维强化塑料制成的 8 层管子上,每层管子上均刻有 2mm 深的凹槽,便于带材绕制和固定。这 8 层管子在结构上是串联的。在 4 层带材位置设计方面,使 4 层超导带材在不同位置处分别出现 2 次[46,47],超导带材的具体绕线方式如图 3-3-2(c)所示。这样设计的优势在于制造方便,且对高温超导带材性能的影响很小。

3.3.2　装置与系统

1. 有源式

　　1993 年,世界上第一个利用电桥的高温超导限流器模型装置在美国南加州爱迪生电力公司完成测试。该装置容量为 2.4kV/2.2kA,试验最大工作电压为 2.38kV,最大故障电流为 3.30kA,在第一个故障周期,故障电流被限制到 1.24kA,限流率为 52.7%。该装置使用 BSCCO-2223 导线制成的高温超导线圈作为限流元件,其实际装置与系统如图 3-3-3 所示[42,43]。

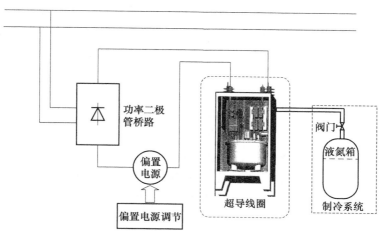

图 3-3-3　有源式桥路型限流器装置与系统

2. 无源式

　　自 2000 年到 2004 年,日本研究并制备了一个容量为 66kV/750A 的利用超导磁体的限流装置,其限流部分包含了 6 个并联的用 BSCCO-2223 导线绕制成的高温超导线圈。在 70K 时,每个超导磁体的额定电流值约为 125A,故限流装置额定工作电流为 750A。实际装置如图 3-3-4 所示[44-47]。

（a）高温超导线圈

（b）系统

图 3-3-4　无源式桥路型限流器系统

通过测量,每个超导带材的分流率依次为 0.23、0.21、0.27、0.29,其中 0.25 是最理想的平衡。尽管在设计过程中没有达到最理想的分流状态,但实际的分流率是符合设计标准的。而基于式(3-3-1)计算获得的四个带材的分流率依次为 0.22、0.22、0.28、0.28。所以,测量结果能与设计值很好地匹配。

$$U = \begin{bmatrix} L_A & M_{AB} & M_{AC} & M_{AD} \\ M_{BA} & L_B & M_{BC} & M_{BD} \\ M_{CA} & M_{CB} & L_C & M_{CD} \\ M_{DA} & M_{DB} & M_{DC} & L_D \end{bmatrix} \begin{bmatrix} I_A \\ I_B \\ I_C \\ I_D \end{bmatrix} \qquad (3\text{-}3\text{-}1)$$

式中,电感矩阵四个自感系数 L_A、L_B、L_C、L_D(即电感矩阵中的对角线元素)之间的差异很小,只有 0.003,但由于强耦合的互感值 M_{ij},耦合系数约为 0.99,使得四个带材之间分配到的电流 I_A、I_B、I_C、I_D 出现了一定的差异。

一台 10.5kV/1.5kA 的三相无源式桥路型高温超导限流器如图 3-3-5 所示,其高温超导线圈电感为 6.25mH,于 2004 年底对其进行了短路测试。通过测试后,该限流器在 2005 年被安装在中国湖南一变电站,如图 3-3-6 所示。该变电站中主变压器的短路阻抗百分比为 13.8%,故障冲击电流可达 3500A 以上。同年,又进行了三相对地短路测试,短路电流被成功地限制到 635A[48]。该高温超导限流器的单相桥路装置如图 3-3-7 所示。

图 3-3-5　无源式桥路型限流器装置测试

图 3-3-6　无源式桥路型限流器系统安装

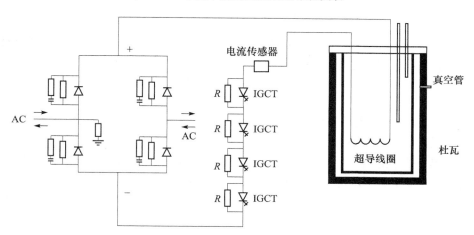

图 3-3-7　限流器的单相桥路结构原理示意图

该系统制冷剂为液氮,通过三组单级 GM 制冷机使工作温度从 77K 降到 65K,制冷时间约为 130h,液氮容器的压强为 0.101MPa(1atm),每个制冷机在 77K 时的功率为 200W。经降温之后,低温恒温器中热分布均匀,最大温差为 0.2K[49]。

3.3.3　桥路型高温超导限流器超导线圈设计

超导线圈是桥路型超导限流器的主要部件,对超导线圈进行设计优化,以确定其最佳尺寸和工作状态,是研制经济实用的超导限流器的基础[50]。下面详细叙述桥路型超导限流器的超导线圈优化设计的基本方法。

1) 超导线圈电感量的确定

电感为 L 的超导线圈的最大储能为

$$W_m = \frac{1}{2} L I_{Lm}^2 \tag{3-3-2}$$

式中,I_{Lm} 为超导线圈的最大电流,它是线路发生故障后,断路器在 n 个半周分开时刻超导线圈中的电流,由偏流 I_0 和电流增值 $n\Delta I$ 组成,即

$$I_{Lm} = I_0 + n\Delta I \tag{3-3-3}$$

式中,$n\Delta I$ 是故障发生后由线路电压 $U = U_m \sin(kt)$ 在 n 个半周内加在超导线圈上的正弦波整流电压引起的。在半个周波内线圈电流的增量为

$$\Delta I = \frac{U_a}{L} \cdot \frac{T}{2} \tag{3-3-4}$$

式中,T 是正弦波电压的周期,U_a 为 U 在半周波内的平均值:

$$U_a = \frac{2}{T} \int_0^{T/2} U_m \sin(kt) \mathrm{d}t = \frac{2}{c} U_m \tag{3-3-5}$$

由式(3-3-2)~式(3-3-5)联解得

$$W_m = \frac{1}{2} I_0^2 L + \frac{1}{2} n U_a I_0^2 T + \frac{1}{8} n^2 U_a^2 T^2 L^{-1} \tag{3-3-6}$$

式(3-3-6)的右边只有一个变量 L,所以 W_m 是 L 的函数,由 $\mathrm{d}W_m/\mathrm{d}L = 0$ 可得到 W_m 具有最小值时的超导线圈的电感为

$$L = \frac{n U_a T}{2 I_0} = \frac{n U_m T}{c I_0} \tag{3-3-7}$$

按式(3-3-7)确定的超导线圈的电感值,对应的是最小的超导线圈。

2) 设计超导线圈用的超导线

通常桥路型超导限流器的超导线圈都绕制成螺管线圈,其电感由线圈的几何尺寸决定,而线圈的几何尺寸取决于绕制超导线圈的超导线的尺寸。

由式(3-3-3)、式(3-3-4)和式(3-3-7)可得

$$I_{Lm} > 2I_0 \tag{3-3-8}$$

式(3-3-8)表明,按式(3-3-7)选择的电感 L 值,当线路发生故障后,断路器所开断的

电流即超导线圈中最大电流总是等于 $2I_0$,考虑到线路过载运行,偏流 $I_0 > I_m$,于是 $I_{Lm} > 2I_m$。

选定超导线圈载流 I_{Lm} 时的中心场强 B_0,初估螺管线圈的高度与内径之比值 β,用下式近似估算超导线圈的最大场强 B_m:

$$B/B_0 = 1 + 0.64/4^{\beta} \tag{3-3-9}$$

在确定超导线圈的超导线拟达到的短样临界性能的百分数后,借助所用超导体的短样特性 J_{sc}-B 曲线,就可以得到超导体的电流密度 $J_{sc}(B_m)$,从而计算出超导线圈载流 I_{Lm} 时所需的超导体的横截面积,再选用合适的超导线铜超比,就可以确定裸超导线的截面尺寸,并计算出工作电流密度 J。

3) 选定超导线圈的绝缘并推算全电流密度

根据限流器所在线路的额定电压,确定限流器的超导线圈的标准耐压水平,选择超导线圈的匝间及层间的绝缘材料,根据绝缘材料的电性能,就可以确定超导线圈的匝间及层间的绝缘厚度,从而估算出超导线圈的导体填充系数 λ。这样,就可以计算出超导线圈的全电流密 λJ。

图 3-3-8 为超导线圈剖面图,$2a_1$ 为其内径,$2a_2$ 为其外径,$2b$ 为其高度。设超导线圈的匝数为 N,则载流 I_{Lm} 的超导线圈的全电流密度可以表示为

$$\lambda J = \frac{N I_{Lm}}{2b(a_2 - a_1)} \tag{3-3-10}$$

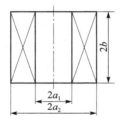

图 3-3-8　超导线圈剖面图

4) 超导线圈几何尺寸的确定

由于超导线圈的超导线尺寸和绝缘尺寸已经选定,所以超导线圈的绕组平均层厚 w 就可以确定。绕制 m 层的超导线圈的绕组厚度应为

$$a_2 - a_1 = mw \tag{3-3-11}$$

螺管线圈的中心磁场可以表示为

$$B_0 = \mu_0 b \lambda J \ln\left[\frac{\alpha + \sqrt{\alpha^2 + \beta^2}}{1 + \sqrt{1 + \beta^2}}\right] \tag{3-3-12}$$

式中,$\alpha = 2a_2/(2a_1)$,$\beta = 2b/(2a_1)$。

螺管线圈的电感与几何尺寸的关系为

$$L = \frac{6.4 \mu_0 N^2 (2a_2)^2}{3.5(2a_2) + 8(2b)} \cdot \frac{2a_2 - 2.25(a_2 - a_1)}{2a_2} \tag{3-3-13}$$

式中,线圈尺寸的单位为 m,电感单位为 H,$\mu_0 = 4\pi \times 10^{-7}$ H/m。

式(3-3-10)~式(3-3-13)四个方程中,有 $2a_1$、$2a_2$、$2b$、N 和 m 五个未知数。如果选定一个 m 值,则可以确定一组超导线圈的几何尺寸。对于不同的 m,可以得到所对应的不同的几何尺寸。这样,就可以从中优选出一组超导线圈的几何尺寸。

5) 校核超导线圈的工作点及其热和电磁稳定性

对于所得的每一组超导线圈的几何尺寸,应精确计算它们在 I_{Lm} 下的磁场,校核 B_0、B_m 以及超导线圈超导线所达到的短样临界性能的百分数。

为保证超导线圈的安全运行,还要校验超导线圈的电磁应力是否低于其导体的许用应力。同时,要计算超导线圈的热点温度是否低于导体及其结构材料所容许的温度。

6) 超导线圈最佳尺寸的确定

为了取得超导线圈的最佳尺寸,在确定超导线圈的最大储能量具有最小值时的电感之后,选取几个合适的 B_0 值,计算出超导线圈的几组优化的几何尺寸及其对应的超导线重量,可以得到 B_0 与超导线圈所需的超导线重量的关系曲线,从而得到具有最小超导线重量的一组最佳的超导线圈的几何尺寸。

3.3.4　桥路型系统分析

设置直流偏置电源的单相桥路型高温超导限流器的动态仿真电路如图 3-3-9 所示。在超导线圈不失超的前提下,设仿真电路运行到 25ms 时系统发生三相对地短路,即图 3-3-9 中开关 K 闭合;电路中系统电源 U_1 取 50V,直流偏置电源 U_2 取 3V,超导线圈电感量 L 取 10mH,R_1、L_1 和 R_2、L_2 分别为系统侧和输电线路侧的阻抗,R_3 为系统负载电阻,按照数字仿真软件的要求,需要对 R_4、R_5 进行设定,这里设置为 $R_4 = R_5 = 0.1n\Omega$。因三相电路对称,现仅分析其中的一相。本仿真将研究分析未接入限流器时故障前后系统线路电流的变化及接入限流器后故障前后系统线路电流的变化,从而验证限流器的限流作用[51]。

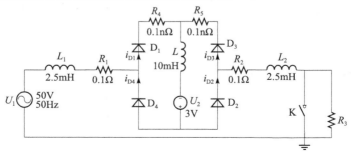

图 3-3-9　设置直流偏置电源的单相桥路型高温超导限流器系统电路

1) 未接入桥路型高温超导限流器时故障前后线路电流

首先将图 3-3-9 中的高温超导限流器短接,系统正常态时单相的电势和电流分别为

$$u_1 = U_{1m}\sin(\omega t + \alpha) \tag{3-3-14}$$

$$i_{R1} = I_m\sin(\omega t + \alpha - \varphi) \tag{3-3-15}$$

式(3-3-14)与式(3-3-15)中,α 是 U_1 的初始相角;$I_m = \dfrac{U_{1m}}{\sqrt{(R_1 + R_2 + R_3)^2 + \omega^2(L_1 + L_2)^2}}$;

$\varphi = \arctan\left[\dfrac{\omega(L_1 + L_2)}{R_1 + R_2 + R_3}\right]$;电流 i_{R1} 的波形如图 3-3-10 所示,即仿真运行时间在 $0 \sim$ 25ms 范围的波形。

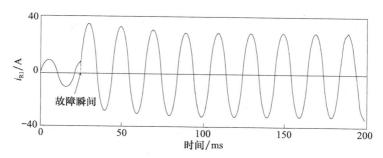

图 3-3-10　未接入高温超导限流器时故障前后线路电流波形

设 $t = 25\text{ms}$ 时(仿真运行到 25ms 时)电路发生三相短路(如图 3-3-10 所示的故障瞬间,以后各图不再标出),则有

$$(R_1 + R_2)i_{R1} + (L_1 + L_2)\frac{\mathrm{d}i_{R1}}{\mathrm{d}t} = U_{1m}\sin(\omega t + \alpha) \tag{3-3-16}$$

解之得

$$i_{R1} = I_{pm}\sin(\omega t + \alpha - \varphi_k) + [I_m\sin(\alpha - \varphi) - I_{pm}\sin(\alpha - \varphi_k)]\exp\left(-\frac{t}{T_a}\right) \tag{3-3-17}$$

式(3-3-17)中,$I_{pm} = \dfrac{U_{1m}}{\sqrt{(R_1 + R_2)^2 + \omega^2(L_1 + L_2)^2}}$ 为短路电流周期分量幅值;$T_a = \dfrac{L_1 + L_2}{R_1 + R_2}$ 为短路电流自由分量衰减的时间常数;$\varphi_k = \arctan\left[\dfrac{\omega(L_1 + L_2)}{R_1 + R_2}\right]$。短路故障电流波形为图 3-3-10 中仿真运行时间为 $25 \sim 200\text{ms}$ 范围的波形。

2) 接入桥路型高温超导限流器时故障前后线路电流

接入高温超导限流器后,只是回路总电阻增加了 R_4 与 R_5 之和,但由于 R_4 与 R_5 非常小,基本上不影响线路电流的波形形状,如图 3-3-11 所示(即仿真运行时间

为 0～25ms 范围的波形）。故障后高温超导限流器自动串入，短路故障电流波形如图 3-3-11 所示，即仿真运行时间为 25～200ms 范围的波形。

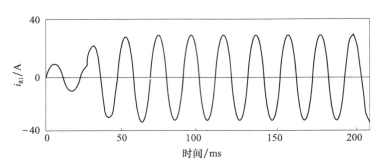

图 3-3-11　接入高温超导限流器时故障前后线路电流波形

在图 3-3-10 中，系统未接高温超导限流器时线路电流峰值为 9.071A，故障电流第一周波峰值（I_{R1m}）达到了 34.378A，而在图 3-3-11 中，接入高温超导限流器后 I_{R1m} 被限制到 22.377A，比未接高温超导限流器时减少了约 35%。此后故障电流会继续增加，但由于超导线圈的电感使增长率变小，在 200ms 内故障电流最大峰值为 29.709A，此时还需及时在 1～2 周波内将故障电流开断。明显可见，此时所需断路器的遮断容量比未接高温超导限流器时断路器的遮断容量小。而且由于是感抗限流，所以不能限制故障电流的稳态值。这一点从图 3-3-10 及图 3-3-11 中可以观察到。

在图 3-3-12 中，正常态时整流管电流的直流分量为 $I_0/2$（即 8.098A），两路整流管电流的叠加即线路电流波形，如图 3-3-11 所示。在图 3-3-13 中，超导线圈电流正常态时为 I_0（即 16.197A），故障瞬间线圈电流从 I_0 开始增加，至 70ms 在 28.5A 附近波动。由此也说明需及时用断路器将故障电流开断。

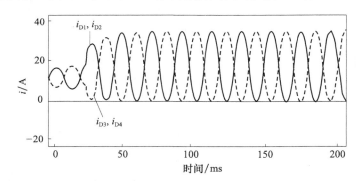

图 3-3-12　接入高温超导限流器后流经桥路中 D_1、D_2 与 D_3、D_4 的电流波形

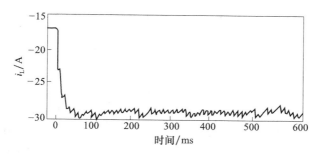

图 3-3-13　接入高温超导限流器后超导线圈电流 i_L 波形

桥路型高温超导限流器为不失超型高温超导限流器,这是因为流经超导线圈的电流为直流,不存在交流损耗的问题。在稳态时,其对线路阻抗无任何影响;故障发生后超导线圈仍处于超导态,只有电感而没有电阻,只是其电感限制了故障电流的增长率。这样电力系统中所采用断路器的容量大为降低,但不能限制故障电流的稳态值。

3.3.5　桥路型高温超导限流器在配电系统中的应用

近年来,面向配电系统的高温超导限流器已经接近实用化水平,适用于输电系统的高温超导限流器研究也在计划中。国际上普遍认为,电力系统短路故障电流限流器将是高温超导磁体大规模应用的领先产品。其实用意义可举例说明,例如,天津钢管有限责任公司横向联合项目,通过对"三相短路后母线残压低的机理研究"项目的研究,对高温超导限流器的应用可行性进行了分析和论证。该公司作为中国最大的石油管材生产基地,世界四大无缝钢管公司之一,每年发生这样的事故 3~5 起,造成了巨大的经济损失。故障发生后,系统出现很大的短路电流,10kV 母线电压下降 20%~60%,与故障无关的部分电气设备由于瞬时低压不能正常运转,影响了公司的正常生产。在这一背景下,运用上述装置来提高该公司的电能质量,一旦顺利完成并成功实施,即可在同类行业推广应用,减小企业因短路故障带来的巨额经济损失,必将带来巨大的经济效益与社会效益[52]。

从限流效果方面出发,随着桥路型限流器限流线圈电感值 L 的增大,短路电流的幅值会逐渐减小,限流效果会越来越好。但是,并不是限流线圈 L 越大越好。故障电流缩减率 $D\%$ 的变化量(增加量)随着 L 数值的增大逐渐趋于饱和,即 $dD\%/dL \approx 0$,限流效果的增强逐渐趋于饱和。实际上,从继电保护的灵敏度方面来看,并不希望 L 取值过大,因此为使高温超导限流器的限流线圈既能够达到限流效果,又不影响继电保护的灵敏度,有必要合理优化限流线圈电感 L 的值。

故障电流缩减率 $D\%$ 是表示桥路型限流器限流效果的重要参数。$D\%$ 的取值范围为 $0 < D\% < 1$,其表达式为

$$D\% = \frac{i_{\rm p} - i_{\rm lim}}{i_{\rm p}} \times 100\% \qquad (3\text{-}3\text{-}18)$$

式中,$i_{\rm p}$ 是无高温超导限流器时发生三相短路时的冲击电流,与系统的等值短路比 X/R 有关,计算式为

$$i_{\rm p} = [1 + \exp(-0.01/T_{\rm a})] I_{\rm p} = K_{\rm im} I_{\rm p} \qquad (3\text{-}3\text{-}19)$$

式中,$K_{\rm im} = [1 + \exp(-0.01/T_{\rm a})]$ 称为冲击系数,它表示冲击电流为短路电流周期分量幅值的倍数;$T_{\rm a}$ 是时间常数,$T_{\rm a} = X/R$,短路冲击电流与短路比 X/R 有关,当时间常数 $T_{\rm a}$ 的数值由零变到无穷大时,冲击系数的变化范围为 $1 \leqslant K_{\rm im} \leqslant 2$。$i_{\rm lim}$ 是装设高温超导限流器后,被限制的短路电流的峰值,由公式 $i_{\rm p} = I_0 + \dfrac{U_{\rm max}}{\omega} [1 - \cos(\omega t)] + \dfrac{U_{\rm b}}{L} t$ 来确定。因为故障电流是在短路发生后的半个周波达到最大值,所以在分析问题时取 $t = 0.01{\rm s}$;又因偏压源 $U_{\rm b}$ 的数值远远小于系统电压,可以忽略,所以 $i_{\rm lim} = I_0 + 2U_{\rm max}/(\omega L)$,$I_0$ 是桥路型高温超导限流器正常运行期间偏压源输出的直流偏流,其值要大于线路电流的峰值。

短路发生后约半个周波时,高温超导限流器的故障电流缩减率 $D\%$ 表达式为

$$D\% = \left[1 - \frac{I_0 + 2U_{\rm max}/(\omega L)}{K_{\rm im} I_{\rm p}}\right] \times 100\% \qquad (3\text{-}3\text{-}20)$$

式中,$I_{\rm p}$ 为短路电流周期分量的幅值。

因此,桥路型高温超导限流器的限流线圈电感值的表达式为

$$L = \frac{2U_{\rm max}}{\omega [K_{\rm im} I_{\rm p} (1 - D\%) - I_0]} \qquad (3\text{-}3\text{-}21)$$

对于某一电力系统,其系统电压幅值 $U_{\rm max}$ 是确定的;$K_{\rm im}$ 值随系统等值 $R_{\rm X}$ 的变化而变化;正常工作时,调节偏压源输出的直流偏流 I_0 使之大于线路运行电流峰值。因此,对于给定的电力系统,桥路型高温超导限流器的限流线圈的电感值 L 是故障电流缩减率的函数,可以设置桥路型高温超导限流器的故障电流缩减率来确定限流线圈的电感值 L 的取值范围。在电力系统中采用高温超导限流器的主要目的之一就是能限制故障电流,使之不超过断路器的瞬时开断能力。在短路电流水平提高的同时,能够采用轻型断路器,延缓现有开关设备的升级换代,节省投资。设断路器升级前额定开断能力为 $i_{\rm op}({\rm kA})$,使之等于安装高温超导限流器后被限制的短路电流(峰值)水平。由此可以得出桥路型高温超导限流器故障电流缩减率具有最小值 $D_{\rm min}\%$:

$$D_{\rm min}\% = \frac{i_{\rm p} - i_{\rm op}}{i_{\rm p}} \times 100\% \qquad (3\text{-}3\text{-}22)$$

将式(3-3-22)求得的故障电流缩减率的最小值 $D_{\rm min}\%$ 代入式(3-3-21),得到桥路型高温超导限流器限流线圈电感的最小值 $L_{\rm min}$。

超导线圈的价格近似地正比于其最大储能,电感为 L 的超导线圈的最大储能为

$$W_m = \frac{1}{2} L I_{Lm}^2 \tag{3-3-23}$$

式中,I_{Lm} 为超导线圈的最大电流,它是线路发生故障后,断路器在 n 个半周分开时刻超导线圈中的电流,它由偏流 I_0 和电流增值 $n\Delta I$ 组成,即

$$I_{Lm} = I_0 + n\Delta I \tag{3-3-24}$$

由公式 $i_L(t) = I_0 + \dfrac{U_{max}}{\omega}[1 - \cos(\omega t)] + \dfrac{U_b}{L}t$ 可知,电感电流变化率为

$$\frac{di_L(t)}{dt} \approx \frac{1}{L} U_m \sin(\omega t) \tag{3-3-25}$$

故电感电流平均变化率为

$$\overline{\frac{di_L(t)}{dt}} = \frac{2}{T}\int_0^{T/2} \frac{di_L(t)}{dt} dt = \frac{2}{T}\int_0^{T/2} \frac{1}{L} U_m \sin(\omega t)dt = \frac{U_m}{L\pi} \tag{3-3-26}$$

所以,$\Delta I = \dfrac{T}{2} \cdot \dfrac{U_m}{L\pi}$。由式(3-3-23)和式(3-3-24)得

$$W_m = \frac{1}{2}L\left(I_0 + n\frac{T}{2}\frac{U_m}{L\pi}\right)^2 = \frac{1}{2}LI_0^2 + \frac{n^2 T^2 U_m^2}{8L\pi^2} + \frac{I_0 nTU_m}{2\pi} \tag{3-3-27}$$

由 $\dfrac{dW_m}{dt} = 0$ 得

$$\frac{dW_m}{dt} = \frac{1}{2}I_0^2 + \frac{n^2 T^2 U_m^2}{8\pi^2}(-1)\frac{1}{L^2} = 0 \tag{3-3-28}$$

所以,$L = \dfrac{nTU_m}{2I_0\pi}$。

　　根据式(3-3-28)确定的超导线圈的电感值可以获得最低价格的超导线圈,电感 L 仅与线路电压峰值、线圈偏流和短路故障持续的时间有关。

　　需要注意的是,很难在桥路型高温超导限流器的桥路中引入直流偏压源,因为在现实生活中并不存在理想电压源。桥路型高温超导限流器中超导线圈的电感值也很难选择。从经济性角度考虑,电感值小意味着超导线圈长度减少,费用自然就降低了,但低电感值并不能有效限制故障电流。高电感值会在限流期间产生较大的电压降。

　　现以天津钢管有限责任公司的配电网为例,进行相应的参数整定计算。根据公司配电网实际运行情况,选取了两条负荷作为研究对象进行进一步的分析和研究,其单相等值电路如图 3-3-14 所示。归算的参数如下:系统电源为 10kV,两条负荷为并联形式。选择有重要负荷的馈线设为馈线 1,馈线 1(敏感负荷)等效电感 L_1 为 12.1mH、等效电阻 R_1 为 7.38Ω。选择某条经常发生短路故障的馈线设为馈线 2,馈线 2 线路电感 L_L 为 0.28mH、电阻 R_L 为 0.0018Ω;馈线负荷等效电感 L_2 为 20mH、等效电阻 R_2 为 19Ω。

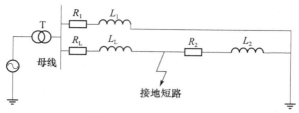

图 3-3-14　单相等值电路

　　根据该公司要求,任一改进后的馈线故障,仍可保证母线的残压不低于 8kV,所以电感 L 值的计算可按如下方法来进行。

　　正常情况下,设

$$A = R_T + L_T$$

$$B = \frac{(R_1 + j\omega L_1)\left[(R_L + j\omega L_L) + (R_2 + j\omega L_2)\right]}{(R_1 + j\omega L_1) + \left[(R_L + j\omega L_L) + (R_2 + j\omega L_2)\right]} \tag{3-3-29}$$

母线电压为 10kV,即 $B/A = 0.5/10$。式(3-3-29)中,R_T 为变压器串联阻抗;L_T 为变压器串联电感。

　　短路故障发生后,串入超导线圈电感值为 L 的限流器,母线电压为 8kV。设

$$B_1 = \frac{(R_1 + j\omega L_1)\left[R_L + j\omega(L_L + L)\right]}{(R_1 + j\omega L_1) + \left[R_L + j\omega(L_L + L)\right]} \tag{3-3-30}$$

则有 $B/A = 2.5/8$,由式(3-3-29)和式(3-3-30)得 $B_1 = 0.16B$。

　　将参数代入式(3-3-30)分别求得

$$I_p = \frac{10/\sqrt{3} \times \sqrt{2}}{0.299} = 27.3 (kA)$$

$$B_1 = \frac{(R_1 + j\omega L_1)\left[R_L + j\omega(L_L + L)\right]}{(R_1 + j\omega L_1) + \left[R_L + j\omega(L_L + L)\right]} = 0.856 + j0.394 \tag{3-3-31}$$

由式(3-3-31)可求得 $L = 0.035H$。

　　上述仿真分析,短路故障发生时间为 0.2s,短路故障持续时间为 0.1s,断路器为 100ms 必须动作。切除短路故障,大约断电时间为 0.5s,根据仿真分析,在 0.1s 时,该回路的切断能维持母线电压为 8kV。

　　建立的配电网仿真模型如图 3-3-15 所示。

　　根据上述电气参数及仿真模型,设 0.2s 时刻其中一馈线发生三相短路接地故障,短路持续时间为 0.1s。短路故障发生后母线电压及线路电流波形如图 3-3-16 所示。

　　可见,加装这种高温超导限流器后,不仅能有效地限制故障发生后的冲击电流,而且能维持母线电压在 8kV 左右,使负荷能正常运行,对系统几乎不会造成影响。面对电力系统中发生概率最高的单相接地短路,桥路型高温超导限流器较之

熔断器、常规限流器优势更加突出。熔断器虽能切断故障线路,但需要频繁更换;常规限流器会导致电压降和网络损耗的增加,并降低系统的稳定性。为此,将桥路型高温超导限流器应用于上述配电系统中,仿真结果如图 3-3-17 所示。

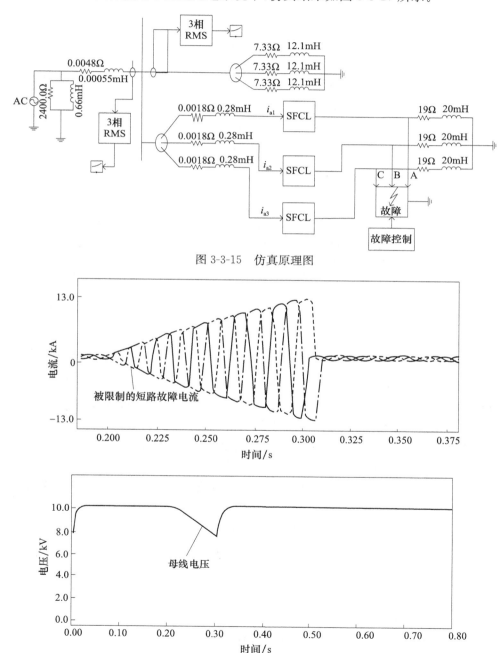

图 3-3-15　仿真原理图

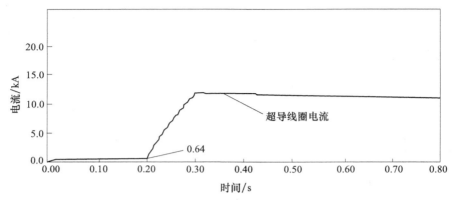

图 3-3-16 三相短路故障发生时的仿真波形图

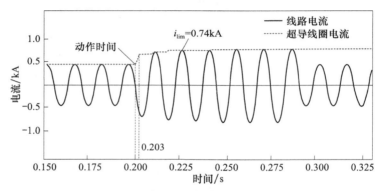

图 3-3-17 单相短路故障电流仿真波形图

从图 3-3-17 可以看出,超导限流器的动作时间为 $0.003s(=0.203s-0.200s)$,而一般常规限流器动作时间为 5 个周波左右;由于采用超导材料,较之常规限流器,高温超导限流器具有体积小、重量轻的特点,正常情况下无损耗,投入使用时也不会引起附加振荡,满足了电力系统中限流技术的要求,是电力系统中的有效保护设备。

要分析该限流器的限流效果,可以先计算短路冲击电流。冲击电流计算如下。

短路故障电流的峰值为 I_p,未加超导故障限流器时,短路发生后($0.2s$ 发生短路故障),总的线路阻抗为

$$Z=(R_T+j\omega L_T)+\frac{(R_1+j\omega L_1)(R_L+j\omega L_L)}{(R_1+j\omega L_1)+(R_L+j\omega L_L)}\approx 0.0066+j0.292$$

$$(3-3-32)$$

所以,$I_p=\dfrac{10/\sqrt{3}\times\sqrt{2}}{0.299}=27.3(kA)$。

放电时间常数为:$\tau=L/R=0.141s$。

冲击电流为:$i_p=[1+\exp(-0.21/\tau)]I_p=33.46kA$。

短路电流冲击系数为：$K_{im}=[1+\exp(-0.21/\tau)]=1.226$。

故障电流缩减率计算：由式 $D\%=(i_p-i_{lim})/i_p\times100\%$ 来确定，$0<D\%<1$，$D\%$ 越大，表明高温超导限流器的限流效果越好。

i_{lim} 的计算与本节前述方法相同，这里在分析时取 $t=0.21s$，其值要大于线路电流的峰值：

$$i_{lim}=I_0+2U_{max}/(\omega L)=0.74\text{kA}$$

$$D\%=\frac{i_p-i_{lim}}{i_p}\times100\%=97.8\%\tag{3-3-33}$$

通过计算机仿真可以看到当发生短路故障时，由于桥路型高温超导限流器的快速投入，抑制了短路故障电流，提高了母线电压，保证了供电质量，不至于因发生短路故障而使母线电压大幅度跌落，同时又可以采用轻型断路器而不用更换现有的开关设备，具有一定的经济效益。

3.4　电阻型高温超导限流器

电阻型高温超导限流器充分利用高温超导体的本征特性，是高温超导限流器最本征的基本方案。基于不断改进的高温超导材料以及实用化电阻型高温超导限流器的设计，形成了不同的电阻型高温超导限流器方案和装置。

3.4.1　几种典型结构的电阻型高温超导限流器

1. 基本电阻型

基本电阻型是指简单利用超导体的电阻变化实现限制故障电流的装置。从实用性考虑，超导元件上可有一个并联旁路电阻或电感线圈，以防止过压和过热对超导体的机械破坏，旁路保护元件还可益于限流设计。短路故障后，超导体失超产生较高电阻，其限流保护作用自动启动直到断路器开始作用和可以动作为止；随后超导体从失超状态开始向正常工作状态恢复。电阻型高温超导限流器具有结构简单、体积小、重量轻、响应速度快，正常工作对电力系统无影响，可以自动触发限制短路电流等优点。其不足之处有：①超导体从失超到正常工作状态，需要一个较长的恢复时间，取决于设备的总体设计和超导材料特性。诸多文献表明，对于薄膜材料和块状材料，恢复时间一般为 1～10s 直至 1min。所以，基本电阻型限流器恢复时间相对较长是一个弱点。②由于电流引线的两端分别处在室温和低温状态下，即使在没有电流的待机操作情况下，也会因热传导引发热损耗。在低温环境下，每根电流引线有 40～50W/kA 的热量损耗需要考虑。所以，热损耗问题是电阻型限流器的另一个弱点。

高温超导无感电阻元件是实际开发这种限流器的核心技术,利用高温超导长线制备无感电阻是一个关键技术;无感线圈关键技术方案在早期就已经开始探讨并得到实际解决[53,54],使得电阻型高温超导限流器能够进行实际产品开发。为进一步改善限流特性和保护高温超导限流元件,可利用附加外场在短路发生后加速高温超导限流元件的快速均匀失超等辅助技术。

从实用角度考虑,实际电阻型高温超导限流器的制备,产生了针对材料特性和限流特性进行改善的改进型结构设计。

2. 磁场辅助失超改进电阻型

通过磁场辅助超导元件失超的改进电阻型,是引入外加绕组的电阻型超导限流器,通过磁场感应来触发和加速超导体均匀失超[55,56]。绕组可通过引线与超导材料串联。正常工作时,绕组的电流会感应产生一个稳恒磁场,与超导材料相互平行,该磁场值低于超导材料的临界磁场值,超导材料处于超导态;故障发生时,故障电流大于临界电流值,同时故障电流感应出的磁场将辅助降低超导材料的临界电流值,从而保证触发均匀失超,达到更好的限流效果。这种限流模型对应的电路原理如图 3-4-1(a)所示,对应的装置如图 3-4-1(b)所示。

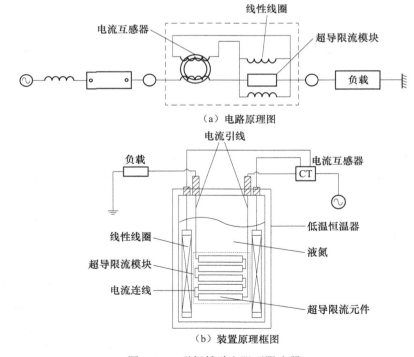

图 3-4-1　磁场辅助电阻型限流器

　　该限流器存在的问题：①在正常工作模式下，金属带绕组产生的磁场，可能高到足以使超导材料失超；②在这种设备中，磁场区难有合适的位置放置超导材料，而这个理想位置能够减小洛伦兹力引起的力学应力；③箔式绕组的电感，会引起压降；④会产生较大的热损耗。

　　相似的磁场辅助超导元件失超改进型装置还有另一种形式，即主动控制外场的电阻型高温超导限流器模型。其具有主动控制机制控制外加磁场的大小，进而控制超导材料临界电流的大小，即当外加磁场作用到超导体上时，超导体的临界电流会变小。当发生故障时，主动控制机制通过控制磁场来降低超导材料的临界电流值，使其小于故障电流值，从而触发失超，而达到限流的目的；当故障清除后，再次通过主动控制机制控制磁场恢复超导材料的临界电流值，使其恢复到超导态。此模式的不足之处为：这种方案需要一个外部电源配合主动控制机制，增加了设计的复杂程度和制造成本，同时产生了额外的系统可靠性问题[56]。

3. 阵列式电阻型

　　法国耐克森（Nexans）公司 2003 年完成了阵列式电阻型的概念设计，2004 年试验验证了概念设计的合理性，2005 年采用 BSCCO-2212 管设计出应用模型，2006 年完成装置制备，其主要实体的原理结构如图 3-4-2 所示[57]。该系统由 n 行 m 列个限流模块组成，每行由 m 个子模块串联而成。正常工作时，由于超导元件处于超导态，所以 I^2R 为零，对电力系统的影响可忽略不计。当发生故障时，超导元件在辅助磁场的作用下，几乎同时失超，开始限流，同时故障电流被转向与超导元件并联的电阻元件上，以达到保护超导元件和限流的目的。

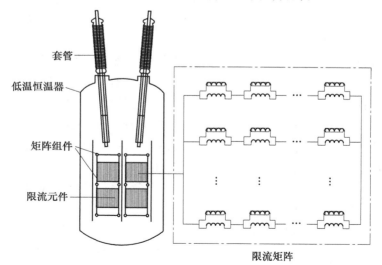

　　　　　　　　　　　　　　　　　　　　　　　　　　　限流矩阵
　　　　　　　　　　图 3-4-2　单相阵列式电阻型概念设计

　　另一种阵列式电阻型高温超导限流器,其对应的电路原理如图 3-4-3 所示。与耐克森公司的模型相比,这种模型增加了触发矩阵。整个限流模块由触发矩阵模块和限流矩阵模块组成。故障电流发生时,触发矩阵中所有超导体同时瞬间失超,同时产生足够大的感应磁场和瞬间高温,该感应磁场会使与触发矩阵-触发元件相串联的限流矩阵-限流元件失超,从而产生高阻抗达到限流的目的。故障电流、感应磁场和瞬间高温应能充分保证所有限流元件失超[58]。

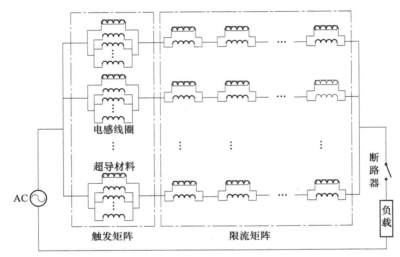

图 3-4-3　具有触发元件的阵列式电阻型高温超导限流器原理图

　　耐克森公司设计的阵列式电阻型高温超导限流器[58,59],结构新颖,无需主动控制机制,模块化,可扩展,系统可靠性高,限流模块中一部分限流元件出现故障不会影响系统整体的限流效果,安全可靠。

　　韩国研究人员通过对传统电阻型限流器分析,发现存在如下问题[60,61]:①超导元件之间失超不平衡问题;②超导元件之间功率消耗不均;③超导元件恢复时间同步性差,且自动恢复时间久。针对耐克森公司设计的模型指出,若系统电感值太小,会存在如下问题[61-63]:①在正常操作过程中,在超导元件和线圈的接触点处存在交流损耗;②限流矩阵处的电感值太小,在失超之后将会影响系统总体阻抗值的大小,这意味着系统的电压将被减小,需要更多的超导材料;③在完全失超之前,超导元件的电阻值开始增加,大量的故障电流被转移到旁路电阻中,因此触发矩阵模块和限流矩阵模块的电感限流压力很大。

　　韩国研究人员对阵列式电阻型限流器做了优化设计研究[64-68],在超导元件上并联铜导线以达到分流的效果,减轻了故障时超导元件的压力,并研制出小规模三相阵列式电阻型高温超导限流器。优化设计方案可将相互串联的电阻元件和电感元件并联在限流矩阵模块的超导元件和旁路电感线圈上,从而维持了系统的高阻态特性。他们还从限流效果、失超、恢复的同步性、恢复时间等方面验证了优化方案的可行性。图 3-4-4 为优化设计方案的等效电路。

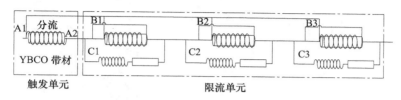

图 3-4-4　优化设计的阵列式电阻型高温超导限流器的等效电路

3.4.2　装置与系统

1. 基本电阻型装置

美国超导公司和德国西门子公司合作[68-71],于 2007 年采用 YBCO 二代导线研制开发了容量为 2MVA/440A 的单相基本电阻型高温超导限流器,如图 3-4-5 所示,并在德国柏林 IPH(Institute "Prüffeld fürelektrische Hochleistungstechnik")实验室进行了测试。故障发生后 0.5ms 限流器开始工作,故障电流的峰值约为 $3.2kA_{peak}$,到最后半个测试周期时,故障电流的峰值为 $1 \sim 1.1kA$,限流率约为 77.2%,限流时间约为 45ms。

低温系统提供了一个低温环境以维持限流器模块在要求的温度下正常工作;提供了一个连接界面;并能在不同故障情况下工作。采用两端覆盖的水平低温恒温器设计模式,长约 8m,直径约为 1.8m。初期试验的低温系统要求能进行单相冷却和测试,即能处理 1/3 的总热量。具体结构如图 3-4-5 所示,这种设计制约项目发展的因素包括成本和性能要求。两个终端安装在低温恒温器的两端,并通过电流引线在终端的底部与限流器模块相连。按照设计要求,冷却液氮的平均温度定为 72K。原因在于:首先,在这个温度液氮的电解质特性最好;其次,冷却可以让故障产生的能量不是以气泡的形式沉积于终端的底部;最后,冷却能够保证限流器超导模块快速恢复到超导态。在设计中,限流器模块的工作温度定为 74K,比冷却液氮的平均温度高 2K,以提供足够的热工裕量。

由于限流器低温恒温设备会对整个系统的安装、热量分布和终端电场产生一定的影响,所以在终端的设计方面主要集中在如何将终端与低温系统很好地结合上。图 3-4-6 为上述美国超导公司与德国西门子公司联合开发的装置在电网中的应用示意图。如图 3-4-6(a)所示:①是外层的绝缘体,其影响常温环境的电场分布;②是一个标准的套环,安装在绝缘体的顶部,将终端与电网相连;③是在中间处设计的一个外壳,目的是优化常温环境下热梯度在绝缘体和内部充满液氮的低温

（a）实际装置

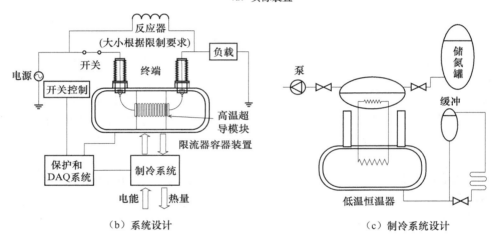

（b）系统设计　　　　　　　　　　（c）制冷系统设计

图 3-4-5　一种基本电阻型高温超导限流器的实际装置与系统

（a）终端结构

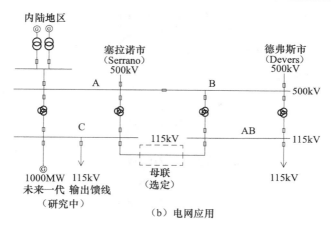

（b）电网应用

图 3-4-6　高温超导限流器的实际电网连接示例

恒温器的内层管之间的分布,保证从常温环境到低温环境的平稳过渡时,限流器模块的性能没有被破坏;同时,也能保证向低温环境过渡时电场的分布。电气连接安装到限流器模块上,并与终端的底部相连。这种电气连接保证在额定电流下,有限的热量损失流入液氮中,同时也能保证在最大的测试电压下,电气连接周围的电场是安全的[71]。

　　德国于 2003 年研制了容量为 10kV/10MVA 的电阻型限流器,采用耐克森公司提供的 MCP-BSCCO-2212 块材,并以项目名称命名为 CURL 10[72-77],并于 2004年完成测试,其实际装置与系统如图 3-4-7 和图 3-4-8 所示,该系统组成主要有:高温超导限流模块,液氮冷却系统,与其匹配的电源和测试系统。德国电阻型高温超导限流器 CURL 10,采用耐克森公司提供的超导材料 MCP-BSCCO-2212[74-77],66K 运行时的自场临界电流密度 J_c 为 3600A/cm^2,传输电流为 7.5kA(4μV/cm、77K)。

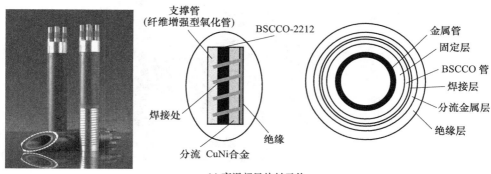

（a）高温超导块材元件

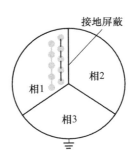

(b) 装置

图 3-4-7　耐克森电阻型限流器 CURL 10

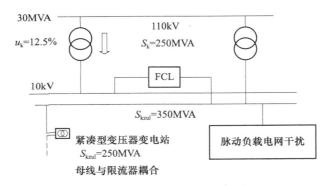

(a) 10kV母线耦合限流器系统连接

(b) CURL 10 10kV Netphen的RWE电网母线耦合电站

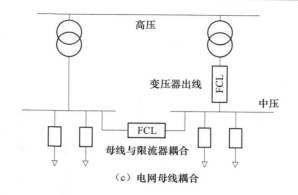

（c）电网母线耦合

（d）基站位置

图 3-4-8　耐克森电阻型限流器 CURL 10 的电力系统与安装

德国 CURL 10 的系统短路测试结果：系统在无限流器的情况下，故障电流的峰值约为 17.3kA，约为额定电流的 17 倍。加入限流器并在 $T=65\text{K}$ 测试环境下，故障发生 4ms 后，限流器开始发挥功能，在大约 20ms 的限流时间内，第一个峰值被限制到 7.2kA，约为额定电流的 7 倍，限流率约为 60%。从第二个峰值开始，电流稳定在 2.5kA 左右，整个限流试验过程持续 60ms。故障清除后，大约经过 2.4s，限流模块恢复到超导态。

在 BSCCO 顶板放置到低温恒温器之前，只对制冷机和低温恒温器的低温操作进行了测试。在液氮中的热负载通过 1100W 的加热器进行模拟，制冷机和制冷机组水循环系统的操作参数通过斯特林制冷机进行优化[72,73]。

法国耐克森公司研制了容量为 12kV/800A 的电阻型限流器[78,79]，2009 年 10 月于德国博克斯贝格（Boxberg）成功安装，2009 年 11 月 2 号正式运行，并于 2010 年 12 月完成测试。其实际装置如图 3-4-9 所示。测试结果如下：故障电流的峰值为 41kA,在第一个电流峰值处,原故障电流被限制到 29.8kA;经过 100ms 之后,故障电流被限制到 13.6kA;整个限流时间持续 120ms。

（a）核心超导组件　　　　　　　（b）装置与基站

图 3-4-9　耐克森电阻型限流器产品装置

2. 阵列式电阻型装置

2002 年,美国超导公司与法国耐克森公司合作,将阵列式的概念应用到设计中,并于 2004 年研制开发了 138kV/800A 的阵列式电阻型高温超导限流器,如图 3-4-10 所示[57-59,80]。限流特性测试:以故障电流第一个峰值为参考对象,当输入电压为 2400V 时,故障电流的第一个峰值约为 23.6kA,当接入限流器之后,在第一个峰值处,被限制到原故障电流的 73.4%,三个周期后,被限制到 44.4%;当输入电压为 4160V 时,故障电流的第一个峰值约为 23.4kA,当接入限流器之后,在第一个峰值处,被限制到原故障电流的 82.6%,三个周期后,被限制到 52.3%;当输入电压为 8660V 时,故障电流的第一个峰值约为 25.6kA,当接入限流器之后,被限制到原故障电流的 83.7%,三个周期后,被限制到 55.9%。

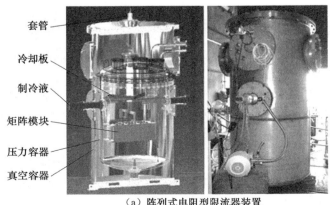

套管
冷却板
制冷液
矩阵模块
压力容器
真空容器

（a）阵列式电阻型限流器装置

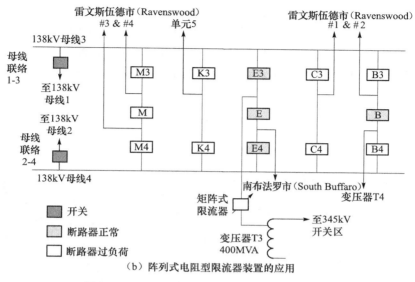

（b）阵列式电阻型限流器装置的应用

图 3-4-10　耐克森阵列式电阻型高温超导限流器

3. 无感线圈式电阻型装置

为获得有效和足够高的失超电阻,可采用高温超导长导线进行无感绕制,制备超导限流元件。无感线圈结构的基本原理是基于相邻导线间反向电流相互抵消磁场的原理。结构按照如图 3-4-11 所示,可以划分为如下三种基本结构:圆盘形、螺旋管末端连接形和螺旋管末端断开形[65-67,81]。

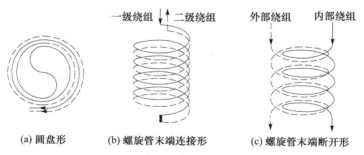

(a) 圆盘形　　　(b) 螺旋管末端连接形　　　(c) 螺旋管末端断开形

图 3-4-11　由高温超导长导线制备的无感线圈式电阻型限流元件

1) 圆盘形

2010 年,法国耐克森公司基于第二代高温超导涂层带材(coated conductor tapes),采用圆盘式的设计[74,78],开发研制了容量为 12kV/600A 的三相高温超导限流器。其限流模块采用图 3-4-12 中所示的结构,包含了单相(图 3-4-12(a))与三

相(图 3-4-12(b))的限流模块结构。实际限流模块装置和整体装置如图 3-4-13
所示。装置短路测试结果如下:故障电流的峰值约为 1367A,经过两个周期
(40ms)之后,故障电流被限制到 760A,整个限流时间约为 50ms。大约经过
27s,整个系统恢复到正常工作状态。另外,韩国等也研制了小容量的圆盘形模
型[65-67]。

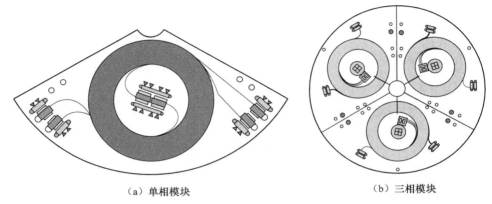

（a）单相模块　　　　　　　　　　　　（b）三相模块

图 3-4-12　耐克森圆盘形电阻型高温超导限流器装置限流模块的结构

图 3-4-13　耐克森圆盘形电阻型高温超导限流器装置

2) 螺旋管末端连接形

2007 年,韩国基于如图 3-4-11(b)所示的基本结构,采用 YBCO 二代导线作为
限流材料,研制了容量为 13.2kV/630A 的无感螺旋管末端连接形电阻型高温超导
限流器[82],并进行了测试试验。实际装置如图 3-4-14 所示。相关的短路测试结果
如下:在没有加入限流器的情况下,故障电流的峰值达到 30kA$_{peak}$,当加入限流器
之后,经过 1/4 周期,故障电流被限制到 9.6kA$_{peak}$。1/4 周期后,超导线圈失超,阻
值约为 4.4Ω,100ms 之后,增加到 11.8Ω。

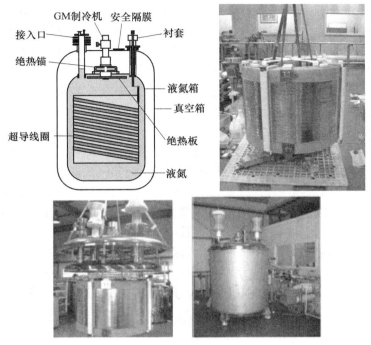

图 3-4-14　YBCO 二代导线无感线圈电阻型限流器装置

　　韩国为容量 13.2kV/630A 的电阻型高温超导限流器开发了一套 65K、3bar 的子冷却系统,如图 3-4-15 所示。液氮的容量为 1300L,通过旋转泵将液氮的饱和温

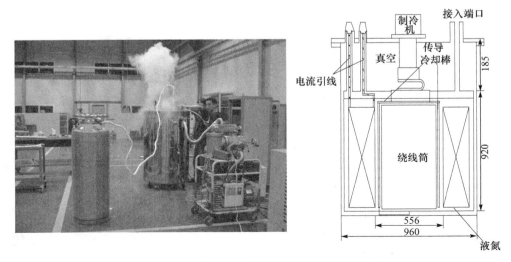

图 3-4-15　13.2kV/630A 电阻型高温超导限流器(单位:mm)

度 77K 冷却到 65K。7h 之后,获得 65K、0.12bar 的饱和液氮。然后,用气态氮将 0.12bar 的低温冷却系统加压到 3bar,并通过 GM 制冷机实现低温系统稳定长期的操作。由于传导和辐射产生的热损耗约为 105W,工作电流 630A 产生的交流损耗约为 92W,所以正常工作时,整体损耗约为 197W。从高温超导限流器的安全因素角度出发,选择 65K 时制冷能力为 270W 的 AL 300 作为制冷机。在制冷机的冷头处安装热板,可以促进液氮的对流[82]。

3) 螺旋管末端断开形

2007 年,韩国根据如图 3-4-11(c)所示的结构原理,采用 BSCCO-2223 带材研制开发了小规模的螺旋管末端断开形电阻型高温超导限流器[81-83]。超导限流元件主要由并联的内层线圈和外层线圈构成。内层线圈和外层线圈缠绕在同一个螺线管上,两个线圈之间由绝缘层隔离,且缠绕方向相反,以抵消相互间的漏磁场。并且,四个终端的距离能够承受一定的高压。室温下,线圈的电阻约为 161mΩ,电感约为 0.5μH。短路测试结果如下:在加入限流器的情况下,故障电流的第一个周期的峰值和最后一个周期的峰值分别为 1600A_{peak} 和 731A_{peak}。在前期的短路试验测试中,没有限流器的情况下,故障电流的峰值为 3100A_{peak},第一个峰值的限流率约为 51.7%。

3.4.3　系统分析

图 3-4-16 为一个由同步电机和传输系统连接到母线组成的简单的电力系统。如前所述,稳态条件 R_{SFCL} 为 0。当发生三相短路或接地故障时,会有一个故障电阻 R_f 作用于母线,高温超导限流器立即向输电线路串联一个电阻 R_{SFCL},如图 3-4-16 所示[84]。

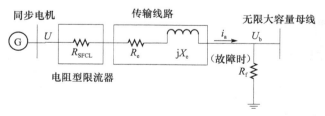

图 3-4-16　具有电阻型限流器的单机-无穷大系统

图 3-4-17 为一个单机-无穷大系统向量图,由图可知,功率角方程为

$$P = \frac{|E||U|}{|X_d|}\sin\delta + |U|^2 \frac{X_d - X_q}{2X_d X_q}\sin(2\delta) \tag{3-4-1}$$

式中,E 为空载电动势;U 为终端电压;X_d 和 X_q 分别为同步电机在横轴和纵轴的阻抗。

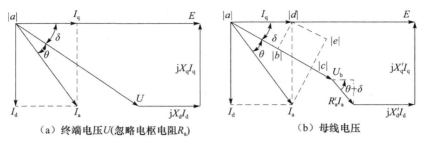

（a）终端电压U（忽略电枢电阻R_a）　　　（b）母线电压

图 3-4-17　单机-无穷大系统向量图

为分析 R_{SFCL} 在故障期间对电力系统的影响，图 3-4-17（a）中 U 的参考向量图变为图 3-4-17（b）中母线电压 U_b 的参考向量图，相关的方程表示为

$$R'_a = R_a + R_e + R_{SFCL} + R_f \tag{3-4-2}$$

$$X'_d = X_d + X_e$$
$$X'_q = X_q + X_e \tag{3-4-3}$$

式中，R_a 为同步电机的电枢电阻；R_e 为输电线路的电阻；X_e 为输电线路电抗。

于是功率角方程分析 R_{SFCL}，可以如下处理。

首先，实际功率 P 为

$$P = |U_b| |I_a| \cos\theta = |U_b| (I_q \cos\delta + I_d \sin\delta) \tag{3-4-4}$$

$|I_a| \cos\theta$ 是图 3-4-17（b）中 a 到 c 的距离，可以表示为

$$|I_a| \cos\theta = \overline{ac} = \overline{ab} + \overline{bc} = \overline{ab} + \overline{de} = I_q \cos\delta + I_d \sin\delta \tag{3-4-5}$$

然后，d-q 轴电流 I_d 和 I_q 为

$$|U_b| \cos\delta = |E| - X'_d I_d - R'_a I_a \cos(\delta + \theta)$$
$$|U_b| \sin\delta = X'_d I_d - R'_a I_a \sin(\delta + \theta) \tag{3-4-6}$$

$$I_d = \frac{|E| - |U_b| \cos\delta - R'_a I_a \cos(\delta + \theta)}{X'_d} = I_a \sin(\delta + \theta) \tag{3-4-7}$$

$$I_q = \frac{|U_b| \sin\delta + R'_a I_a \sin(\delta + \theta)}{X'_d} = I_a \cos(\delta + \theta)$$

最后，I_d 和 I_q 可以表示为

$$I_d = \frac{X'_q(|E| - |U_b| \cos\delta) - R'_a |U_b| \sin\delta}{R'^2_a + X'_d X'_q} \tag{3-4-8}$$

$$I_q = \frac{R'_a(|E| - |U_b| \cos\delta) + X'_d |U_b| \sin\delta}{R'^2_a + X'_d X'_q} \tag{3-4-9}$$

$$P = \frac{|U_b| |E| (R'_a \cos\delta + X'_d \sin\delta) - |U_b|^2 [R'_a - \sin(2\delta)(X'_d - X'_q)/2]}{R'^2_a + X'_d X'_q} \tag{3-4-10}$$

$$P = \frac{|U_b| |E| (R'_a \cos\delta + X'_q \sin\delta) - |U_b|^2 R'_a}{R'^2_a + X'^2_d} \Bigg|_{X'_d = X'_q} \tag{3-4-11}$$

　　将 I_d 方程(3-4-8)和 I_q 方程(3-4-9)代入方程(3-4-4)中,可以得到新的功率角方程(3-4-10),如果假定 $X'_d=X'_q$,那么功率角方程可以表示为方程(3-4-11)。

　　在给定的系统稳态条件下,R_{SFCL} 和 R_f 都不存在。在这种情况下,与方程(3-4-3)中的 X'_d 相比,方程(3-4-2)中的 R'_a 显得很小。如果假定 R'_a 忽略,那么功率角方程(3-4-11)从属于方程(3-4-12)。图 3-4-18 为相应的功率角曲线,下标"ss"代表稳态条件,虚线表示初始机械功率。

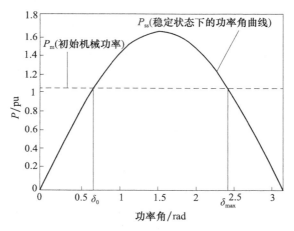

图 3-4-18　稳态条件下的功率角曲线

　　当故障发生时,高温超导限流器开始运行,R_{SFCL} 和 R_f 变为非零值。因此,在这个条件下 R'_a 不能被忽略,此时可以应用功率角方程(3-4-10)或(3-4-11)。方程(3-4-10)和(3-4-11)中的变量 E 和 δ 在给定的条件下可以被计算出来。然后,故障发生在图 3-4-16 中的无限大容量母线故障期间,对地短路故障电流 I_{fault} 可以通过如下方程近似计算:

$$P_{ss} = \frac{|E||U_b|}{X'_d}\sin\delta \tag{3-4-12}$$

$$I_{fault} \approx (U_b\angle 0°)/R_f = |I_{fault}|\angle 0° = |I_{a,fault}|\angle 0° \tag{3-4-13}$$

　　故障期间,$|U_b|\sin\delta$ 和 $|U_b|\cos\delta$ 都非常小,可以近似地忽略。那么,根据向量图 3-4-17(b),对于空载电动势 E 和其角度 $(\delta+\theta)$ 分别有

$$|E| \approx X'_d|I_a|\sin(\delta+\theta) + R'_a|I_a|\cos(\delta+\theta)$$
$$0 \approx X'_d|I_a|\cos(\delta+\theta) - R'_a|I_a|\sin(\delta+\theta) \tag{3-4-14}$$

$$(\delta+\theta) \approx \arctan(X'_q/R'_a) \tag{3-4-15}$$

　　通过方程(3-4-11)、(3-4-14)和(3-4-15),可以得到高温超导限流器在不同 R_{SFCL} 下的功率角曲线。在所有 R_{SFCL} 值功率角曲线中最大功率 P_{max} 是相同的。然而,当 R_{SFCL} 降低时 P_{max} 相应的功率角 δ 增加。

将等面积准则应用在功率角曲线中可以得到临界清除角 δ_C,这是使系统保持稳定的边界点。换而言之,等面积准则应用在方程(3-4-16)中找到使 f 为 0 的 δ_C 值:

$$f = -P_m(\delta_C - \delta_0) + \int_{\delta_0}^{\delta_C} P_{SFCL} d\delta + \int_{\delta_C}^{\delta_{max}} P_{ss} d\delta - P_m(\delta_{max} - \delta_C)$$

$$= \int_{\delta_0}^{\delta_C} P_{SFCL} d\delta + \int_{\delta_C}^{\delta_{max}} P_{ss} d\delta - P_m(\delta_{max} - \delta_0) \tag{3-4-16}$$

当故障期间的功率传输为零时,临界清除时间 t_C 可通过方程(3-4-17)计算:

$$t_C = \sqrt{\frac{2H(\delta_C - \delta_0)}{\pi f P_m}} \tag{3-4-17}$$

3.4.4　电阻型与配电系统继电保护的配合

电阻型高温超导限流器预期有良好的应用前景,但是其实用化发展也面临一些亟待解决的问题,其中,如何协调电阻型高温超导限流器与常规保护系统的动作,便是超导电力系统安全保护的重要研究内容之一。

配电系统多采用电流三段式保护,电阻型高温超导限流器的接入会使短路电流显著减小,因此会降低所在线路保护的灵敏度或缩小保护范围,造成保护拒动或给保护之间的配合带来困难,导致故障无法及时、准确地切除,进而破坏系统稳定,损坏设备[85]。

在图 3-4-19 所示的电动势为 E_s 的单电源三相配电系统中,若不考虑电阻型高温超导限流器接入,线路 AB 的电流速断保护动作值 I_{op}^1 按照系统在最大运行方式下本条线路末端 F_1 点发生三相短路整定,取可靠系数为 K_{rel}^1;限时电流速断保护动作值 I_{op}^2 按其保护范围不超过 BC 线路的电流速断保护范围整定,取可靠系数为 K_{rel}^2;定时限的过电流保护动作值 I_{op}^3,按躲过最大负荷电流整定,假设 $I_{op}^3 = \alpha I_{op}^2$,则

$$I_{op}^1 = \frac{K_{rel}^1 E_s}{|Z_{s-min} + Z_{l1}|} \tag{3-4-18}$$

$$I_{op}^2 = \frac{K_{rel}^2 K_{rel}^1 E_s}{|Z_{s-min} + Z_{l2} + Z_{l1}|} \tag{3-4-19}$$

$$I_{op}^3 = \frac{\alpha K_{rel}^2 K_{rel}^1 E_s}{|Z_{s-min} + Z_{l2} + Z_{l1}|} \tag{3-4-20}$$

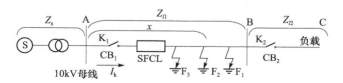

图 3-4-19　10kV 配电系统模型

在系统最小运行方式下,当故障点 F_2 发生两相短路时,保护 K_1 检测到的故障

电流为

$$I_k = \frac{\sqrt{3}\,E_s}{2\mid Z_{s\text{-min}} + xZ_{l1}\mid}\qquad(3\text{-}4\text{-}21)$$

线路投入电阻型高温超导限流器后,由于超导体在故障电流大于临界电流时失超,电阻型高温超导限流器对外电路表现为一个阻值为 R_{SFCL} 的电阻,此时保护 K_1 检测到的故障电流值为

$$I'_k = \frac{\sqrt{3}\,E_s}{2\mid Z_{s\text{-max}} + xZ_{l1} + R_{SFCL}\mid}\qquad(3\text{-}4\text{-}22)$$

取 $E_s=1$,$Z_{s\text{-min}}=0.5$,$Z_{s\text{-max}}=0.6$,$Z_{l1}=1.2$,$Z_{l2}=2.5$,$K_{rel}^1=1.3$,$K_{rel}^2=1.2$,$\alpha=1/2$,超导体的失超电阻 $R_{SFCL}=1.5$,则电阻型高温超导限流器投入前后,在系统最小运行方式下,当短路系数 x,即短路阻抗与线路阻抗之比,取不同值时,F_2 点发生两相短路时,保护 K_1 检测到的故障电流如图 3-4-20 所示。

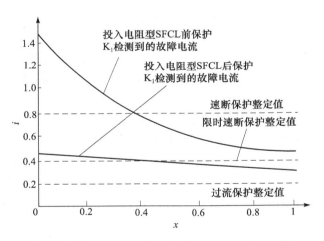

图 3-4-20　检测到的故障电流与保护整定值的比较

由图 3-4-20 可见,当电阻型高温超导限流器接入配电线路后,由于其对于短路电流的限制作用,保护系统检测到的故障电流值远远低于电流速断的动作值,造成速断保护全线拒动,而整条线路限时电流速断的灵敏度也大幅度降低,保护范围缩小到不足线路全长的 20%,在 80% 线路全长的范围内形成死区,故障只能由后备过流保护延时动作切除,延长了故障持续时间,增加了故障对电网的影响。

一般来说,解决电阻型高温超导限流器与配电网保护的配合问题有两条途径,一是调整原有保护的动作值以适应被限制的短路电流,二是调整限流器的限流水平,使电阻型高温超导限流器的限流电阻低于某一个值,从而不会对保护的灵敏性产生太大影响。调整保护动作值的方法不但工作量大,而且可能造成电流速断、限

时电流速断、过流保护以及其他控制装置之间无法协调，导致保护误动作，因而不宜采用。

超导体的参数对电阻型高温超导限流器的限流性能有直接影响，调整超导体的长度、横截面积或临界电流密度都能够改变限流电阻的增长速度和最终可以达到的电阻值。

1）超导体长度对限流电阻的影响

超导体越长，失超后限流电阻增长也越快。而且，当使用较长的超导体时，失超后温升也比较缓慢，有利于避免超导体过热击穿。投入电阻型高温超导限流器后，如果故障电流不能达到电流保护的动作值，则可以适当减小超导体的长度，从而减小失超后的限流电阻，使电流保护做出正确反应。

2）超导体横截面积对限流电阻的影响

超导体横截面积越小，失超后产生的限流电阻越大。投入电阻型高温超导限流器后，如果故障电流不能达到电流保护的动作值，则可以适当增大超导体的横截面积，从而减小失超后的限流电阻，使电流保护做出正确反应。

3）超导体临界电流密度对限流电阻的影响

临界电流密度越小，超导体失超越早，对故障电流第一个峰值的限制效果也越好，但临界电流密度对正常态电阻的影响不大。投入电阻型高温超导限流器后，如果故障电流不能达到电流速断保护的动作值，则可以适当增大超导体的临界电流密度，从而推迟失超发生时间，减小限流电阻对于故障电流第一个峰值的限制作用，有利于电流速断保护做出正确反应。

4）通过给超导体并联常规阻抗来调整限流阻值

当调整超导体参数难以同时满足电网对电阻型高温超导限流器限流能力的要求和保护的灵敏性要求时，可以采用给超导体并联常规阻抗的办法来解决电阻型高温超导限流器与配电网继电保护的配合问题。电网正常运行时，由于超导体阻抗几乎为零，线路电流全部从超导部件流过，对系统无影响；故障发生后，超导体失超产生非线性高电阻，一部分短路电流将转移至常规阻抗路径，这时的限流电阻其实是超导体和常规阻抗的并联组合。通过整定常规阻抗值，就可以达到与继电保护装置相配合的目的。同时，由于旁路阻抗为超导体分担了一定的短路电流，所以可以降低超导体本身的温升，便于失超恢复，并有效避免热击穿。

假设超导体的失超电阻为 R_{SFCL}，则并联阻抗的整定步骤如下：

（1）假设常规阻抗值为 Z_{shunt}。

（2）计算并联常规阻抗后，在系统最小运行方式下，当 AB 线路 15% 处发生两相短路故障时，保护 K_1 检测到的故障电流 I_{k1} 为

$$I_{k1} = \frac{\sqrt{3}E_s}{2 \mid Z_{s\text{-max}} + 0.15Z_{l1} + R_{SFCL}Z_{shunt}/(R_{SFCL} + Z_{shunt}) \mid} \tag{3-4-23}$$

（3）计算在系统最小运行方式下，当线路 AB 末端 F_1 点发生两相短路故障时，保护 K_1 检测到的故障电流 I_{k2} 为

$$I_{k2} = \frac{\sqrt{3}\,E_s}{2\mid Z_{s\text{-}max} + Z_{l1} + R_{SFCL}Z_{shunt}/(R_{SFCL} + Z_{shunt})\mid} \tag{3-4-24}$$

（4）计算在系统最大运行方式下，当保护出口 F_3 点发生三相短路故障时，保护 K_1 检测到的故障电流 I_{k3} 为

$$I_{k3} = \frac{E_s}{\mid Z_{s\text{-}min} + R_{SFCL}Z_{shunt}/(R_{SFCL} + Z_{shunt})\mid} \tag{3-4-25}$$

（5）假设断路器的额定开断电流为 I_{br}，则考虑到电流速断和限时电流速断保护的灵敏度要求和断路器的开断能力限制，故障电流值必须满足

$$I_{k1} > I_{op}^1, \quad I_{k2} > K_{sen}I_{op}^2, \quad I_{k3} > I_{br} \tag{3-4-26}$$

式中，K_{sen} 为限时电流速断的灵敏系数。根据不同的线路参数，由式（3-4-26）可以计算出并联阻抗 Z_{shunt} 的取值范围。

3.5　其他类型高温超导限流器

3.5.1　超导传感与机械开关混合型

该结构主要由超导元件模块、快速开关和限流模块构成。超导元件模块用作故障电流传感，而不是用来限流，所以通过减少超导材料的使用量以达到降低生产成本的目标是可以实现的。快速开关由驱动线圈、真空断路器和一个接触器构成。驱动线圈被放置在电流驱动线路上，与超导元件并联。当故障电流被转换到这条电流驱动线路上时，驱动线圈便会产生电磁排斥力，在这个电磁排斥力的作用下，原本接触的真空断路器以极快的速度断开，并在第一个零点电流将剩余的电流熄灭。在第一个零点电流处，所有的故障电流开始流入限流模块。限流模块采用电阻式，它的阻抗可以根据设计者的要求变化。限流模块的作用是在第一个半周期过后，执行限流功能。原理结构图如图 3-5-1 所示[86-88]。

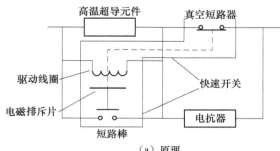

（a）原理

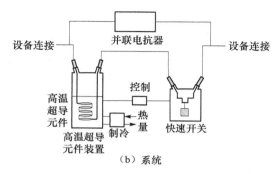

图 3-5-1　超导传感与机械开关混合型限流器原理

这种结构的特点：①第一个半周期允许故障电流通过，第二个半周期开始限流。这样能够保证与传统继电器很好地匹配，实现更好的限流特性。②超导元件用量少，降低生产成本。③结构简单，利于变电站部署。

在韩国政府的支持下，一个容量为 22.9kV/12.5kA 的混合型高温超导限流器得到开发研制，所用的高温超导材料为 YBCO 薄膜。实际装置如图 3-5-2(a)所示，应用到如图 3-5-2(b)所示的 22.9kV 电网：①对馈线的保护，②母线连接，③推荐的安装位置。通过测试，在第一个电流零点后，故障电流就被限制了。以 12.5kA 的情况为例，故障电流的峰值为 31.65kA，在故障发生半个周期之后，被限制到5.6kA。另外，超导材料的短路恢复时间的改善提高了该系统在电网中的应用特性，并已通过官方现场测试[87,88]。

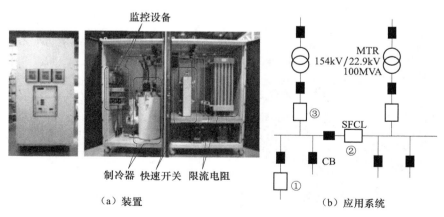

图 3-5-2　超导传感与机械开关混合型高温超导限流器及其应用

3.5.2　无铁芯感应型

无铁芯感应型高温超导限流器类似于一个次级短路的变压器。初级铜绕组与初级超导带材绕组并联,这样能够与次级超导带材绕组很好地耦合,在一定程度上降低了正常工作时初、次级的压降。该结构由 4 个完全相同的限流单元串联构成,每个限流单元有 3 个绕组。这种设计省掉了铁芯,在结构和重量上实现了简化。该设计有两个分开的结构,内层为超导绕组,外层为初级铜绕组。两个结构通过螺丝连接在一起,如图 3-5-3(a)所示。四个模块用 400mm 长的铜棒连接在一起。所

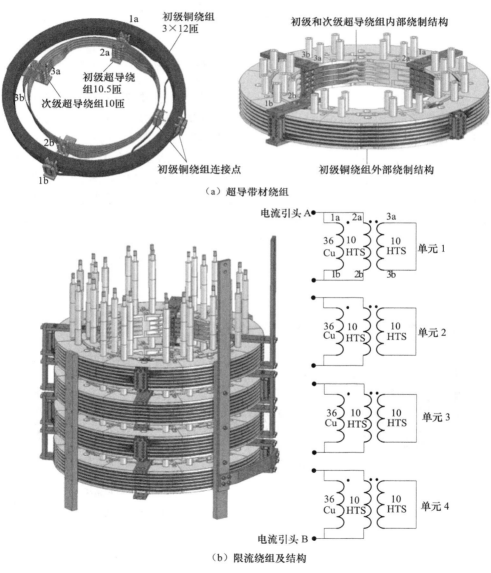

（a）超导带材绕组

（b）限流绕组及结构

图 3-5-3　无铁芯感应型高温超导限流器

有的模块通过 32 个低温棒与低温杜瓦连接，如图 3-5-3(b)所示。超导绕组缠绕在 TECAFORM AH(POM-C)制成的骨架上。每个结构内层有 4 排绕线槽。两层超导带材同时缠绕，一层作为初级，另一层作为次级。在缠绕过程中，通过绝缘材料绝缘。利用专门设计的同步电机和超导带材焊接机，完成绕组的缠绕和带材的焊接，并通过焊接机将超导带材焊接到铜块的末端。具体过程如下：焊接机加热 3min，使温度升到 179℃，这个温度是超导带材焊锡（合金 $Sn_{62}Pb_{36}Ag_2$）熔化的温度。在下一个 45s 内，焊接机加热器的温度升到 185℃，到达这个温度时，加热器被关掉，同时焊接点被冷却。通过焊接铜板，将超导带材与铜块连接。最后，通过螺丝将焊接铜末端与铜块固定在一起，如图 3-5-4 所示[89-91]。

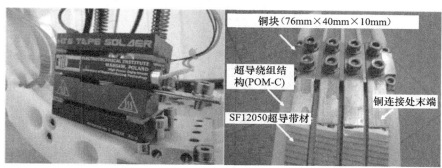

铜块(76mm×40mm×10mm)

超导绕组结构(POM-C)

铜连接处末端

SF12050超导带材

（a）超导带材焊接机　　　　　　（b）超导带材与铜块焊接点

图 3-5-4　高温超导带材的焊接连接

　　日本在传统铁芯感应型高温超导限流器的基础上，结合变压器的原理，开发研制出额定电流为 600A 的无铁芯感应型高温超导限流器，如图 3-5-5 所示。该中压级的装置已在 10kV 的电网中进行了测试，表现出良好的限流特性，故障电流的峰值 I_{peak} 被限制为 $I_{peak}/3$。铜绕组和超导带材绕组的并联组合作为初级，大大降低了正常状态下的损耗。同时，保证了在冷却不足或是超导体性能被破坏的情况下，保护电路能够继续工作。该设计采用无铁芯设计方式，大大降低了装置的总体重量[90,91]。

图 3-5-5　无铁芯感应型高温超导限流器装置

3.5.3　直流电抗式桥路型

图 3-5-6 为直流电抗式桥路型高温超导限流器[92-95],该模型包括一个三相变压器、一个三相晶闸管电路和一个高温超导直流感应线圈。这种设计中超导材料的用量相对较少,可以降低加工成本。三相串联变压器——磁芯反应器,用来将三相电力线与三相功率变化器和高温超导直流反应器相连。磁芯反应器的初级具有中心抽头,所以初级的电压(6.6kV)在次级处被等分为两部分(3.3kV)。

(a) 高温超导直流感应螺旋管

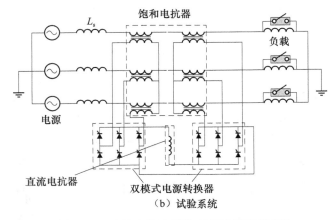

(b) 试验系统

图 3-5-6　直流电抗式桥路型高温超导限流器

采用超导直流感应线圈的优势在于:①只有直流流过超导体,所以不存在交流损耗;②故障发生时,超导体不会经历失超,所以不会对超导体的性能造成破坏;③直流反应器能够阻止电流的激增,所以故障电流的波形不会突然增大。

在高温超导直流感应线圈的设计方面,采用螺线管式结构。利用绕线机,将 5 个串联的线圈绕在 G10-FRP 上,以增大电感。每个线圈由 2 层筒带材和 4 层高温超导带材堆叠而成,它们之间没有相互绝缘。其中,铜带材绕在最里层,用于分流;然后其他层的带材依次绕在前一层带材上。试验中使用的高温超导带材是由美国超导公司提供的 BSCCO-2223/Ag 导线,在自场和 77K 的条件下,临界电流为115A。

韩国研制了一个容量为 6.6kV/200A 的直流电抗式桥路型高温超导限流器,并于 2004 年 3 月完成试验测试,其装置如图 3-5-7 所示[92-95]。短路测试中,在加入限流器的情况下,在前 2.5 个周期里,故障电流的峰值为 $2kA_{peak}$,相对于没加入限流器的故障峰值电流 $5.66kA_{peak}$,限流率约为 65%。

（a）铁芯电抗器　　　　（b）功率电子开关

（c）超导电感　　　（d）超导电感及其冷却系统　　　（e）超导电感系统

图 3-5-7　直流电抗式桥路型高温超导限流器

3.5.4　短路环变压器型

匈牙利凯奇凯梅特学院(Kecskemét College)于 2006 年开始研究超导环的各种特性,图 3-5-8 为一个 11 匝的高温超导短路环,这样无焊接绕制的优点是YBCO 带材在 77K 或者更低的温度下运行时不会在纵轴上产生扭矩使其产生裂缝。通过切割带材的方法得到的短路环的匝数只能为奇数。利用这些短路环可以将磁通从一个铁芯转移到另一个铁芯。这提供了一个可以变换直流和交流的磁场。接着,又研制出了 400VA 的超导环三相限流变压器。该变压型限流器的研制成功主要是基于在一个闭环中磁通量保持恒定的原则,其原理如图 3-5-9 所示[96-99]。

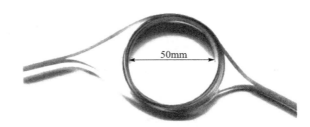

图 3-5-8　YBCO 带材短路环

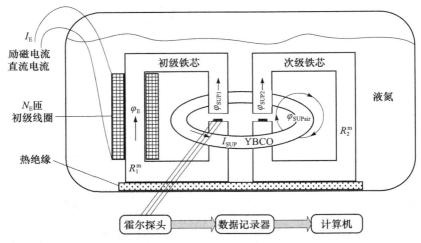

图 3-5-9　一个短路环下的直流磁通变换图

1) 一个短路环下的直流磁通变换

无超导环的初级铁芯励磁线圈的磁通为

$$\varphi_E = \varphi_{SUP1} + \varphi_{SUP2} + \varphi_{SUPair} \tag{3-5-1}$$

$$\frac{N_E I_E}{R_1^m} = I_{SUP}\left(\frac{1}{R_1^m} + \frac{1}{R_2^m} + \frac{1}{R_{air}^m}\right) \tag{3-5-2}$$

超导环的电流为

$$I_{SUP} = \frac{N_E I_E R_2^m R_{air}^m}{R_2^m R_{air}^m + R_1^m R_{air}^m + R_1^m R_2^m} \tag{3-5-3}$$

如果 $R_{air}^m \to \infty$ 与 $R_2^m \neq \infty$,那么

$$I_{SUP} = \lim_{R_{air}^m \to \infty} \frac{N_E I_E R_2^m R_{air}^m}{R_2^m R_{air}^m + R_1^m R_{air}^m + R_1^m R_2^m} = \frac{N_E I_E R_2^m}{R_1^m + R_2^m} \tag{3-5-4}$$

式中，N_E 为初级励磁线圈匝数；φ_{SUP1}、φ_{SUP2} 分别为有超导环的初级和次级铁芯励磁线圈的磁通；φ_{SUPair} 为超导环在空气中的磁通；R_1^m、R_2^m 分别为初级和次级铁芯的磁阻；R_{air}^m 为超导环周围空气的磁阻；I_E 为励磁电流。

单回路的直流和交流磁通变换的可能性是基于一个超导环的磁通量恒定的原则。如果使用次级铁芯，则可以使用较小的超导体环电流，实现所得磁通的临时恒定。

从式(3-5-4)可以得出，如果有一个次级铁芯，超导环的电流将减小。该超导体的电流依赖于几何尺寸和磁导率。

如果超导环的电流大于超导体的临界电流，那么次级铁芯就没有磁通。在这种情况下，铁芯之间耦合终止。由于超导体的特性，磁通常数通常取决于超导环。直流电流下的非线性特性效应比在交流电流下的要大。

短路环变压器型限流器的初级和次级等效磁路如图 3-5-10 所示，由图 3-5-10(a)可得次级侧等效阻抗为

$$R_{eq2}^m = R_1^m + R_2^m + \frac{R_1^m R_2^m}{R_{air}^m} \tag{3-5-5}$$

如果 $R_1^m + R_2^m \gg R_1^m R_2^m / R_{air}^m$，那么

$$R_{eq2}^m \rightarrow R_1^m + R_2^m \tag{3-5-6}$$

由图 3-5-10(b)可得初级侧等效阻抗

$$R_{eq1}^m = \frac{R_1^m + R_{air}^m + R_2^m R_{air}^m + R_1^m R_2^m}{R_{air}^m + R_2^m} \tag{3-5-7}$$

如果 $R_{air}^m \gg R_2^m$，则

$$R_{eq1}^m \rightarrow R_1^m + R_2^m \tag{3-5-8}$$

如果 $R_1^m + R_2^m \gg R_1^m R_2^m / R_{air}^m$ 且 $R_{air}^m \gg R_2^m$，则

$$R_{eq1}^m = R_{eq2}^m = R_1^m + R_2^m \tag{3-5-9}$$

此时，$\varphi_1 = \varphi_2 = \dfrac{N_E I_E}{R_1^m + R_2^m}$。

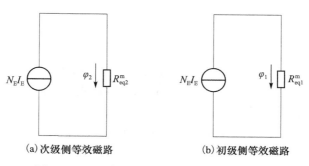

(a) 次级侧等效磁路　　　　　　(b) 初级侧等效磁路

图 3-5-10　短路环变压器型限流器的等效磁路

2) 一个短路环下的单相自限流变压器的交流磁通的传递

短路环应用在交流情况下,如果超导环的电流比超导环的临界电流大,则超导 YBCO 环就会在初级和次级线圈之间建立耦合。据此提出的交流磁通互感器单相自限流变压器的方案,如图 3-5-11 所示。该解决方案的优点在于:此变压器能够在只增加初级电流的情况下,打破初级和次级线圈之间的耦合,即使在次级侧没有负载电流。

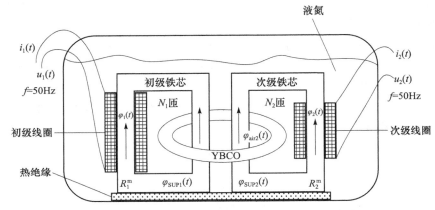

图 3-5-11　交流磁通互感器单相自限流变压器的方案

单相交流通量传输

$$\varphi_1(t) + \varphi_2(t) = \varphi_{\text{SUP1}}(t) + \varphi_{\text{SUP2}}(t) + \varphi_{\text{air}}(t) \tag{3-5-10}$$

$$\frac{N_1 I_1(t)}{R_1^{\text{m}}} + \frac{N_2 I_2(t)}{R_2^{\text{m}}} = \frac{I_{\text{SUP}}(t)}{R_1^{\text{m}}} + \frac{I_{\text{SUP}}(t)}{R_2^{\text{m}}} + \frac{I_{\text{SUP}}(t)}{R_{\text{air}}^{\text{m}}} = I_{\text{SUP}}(t)\left(\frac{1}{R_1^{\text{m}}} + \frac{1}{R_2^{\text{m}}} + \frac{1}{R_{\text{air}}^{\text{m}}}\right)$$

$$\tag{3-5-11}$$

可以得到短路环电流

$$i_{\text{SUP}}(t) = \frac{N_1 i_1(t) R_2^{\text{m}} R_{\text{air}}^{\text{m}}}{R_2^{\text{m}} R_{\text{air}}^{\text{m}} + R_1^{\text{m}} R_{\text{air}}^{\text{m}} + R_1^{\text{m}} R_2^{\text{m}}} + \frac{N_2 i_2(t) R_1^{\text{m}} R_{\text{air}}^{\text{m}}}{R_2^{\text{m}} R_{\text{air}}^{\text{m}} + R_1^{\text{m}} R_{\text{air}}^{\text{m}} + R_1^{\text{m}} R_2^{\text{m}}} \tag{3-5-12}$$

如果 $R_{\text{air}}^{\text{m}} \to \infty$,则

$$i_{\text{SUP}}(t) = \frac{N_1 i_1(t) R_2^{\text{m}}}{R_2^{\text{m}} + R_1^{\text{m}}} + \frac{N_2 i_2(t) R_1^{\text{m}}}{R_2^{\text{m}} + R_1^{\text{m}}} \tag{3-5-13}$$

从图 3-5-12 中可以看出,该单相限流变压器主要由初级绕组、次级绕组以及 YBCO 带材的超导环组成,在所有相的初级绕组侧都加上次级线圈,这样就能够在铁芯的两端测量次级侧的电压,给试验的数据测量带来了方便。由于超导环的存在可以破坏变压器的耦合状态,使得次级侧的电流为 0,所以该装置可以用来限制空载电压和故障电流。基于此原理研制出了如图 3-5-13 所示的三相限流变压器的试验模型实物图。

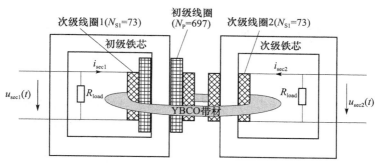

图 3-5-12　单相限流变压器的原理图

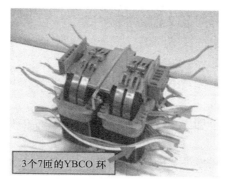

图 3-5-13　三相限流变压器的试验模型实物图

图 3-5-14 中, $i_{sec2}(t)L_1$ 为第一相次级侧的电流, $i_{sec2}(t)L_2$ 为第二相次级侧的电流, $i_{sec2}(t)L_3$ 为第三相次级侧的电流。从图中可以看出,当发生短路故障时,该装置可以有效地限制故障电流,保护电路。该装置的优点在于,如果三相变压器中的某一相发生短路,可以有效地限制三个相的电流。

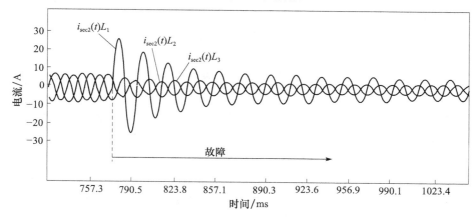

图 3-5-14　次级侧发生故障时次级线圈的波形图

3.6　高温超导限流元件及其特性比较与实例

3.6.1　高温超导限流元件

高温超导材料用于限流器的形式有：①高温超导线材；②高温超导块材；③高温超导薄膜。若考虑形状，高温超导材料有线材、块材、圆筒等形状。具体的高温超导材料有：

（1）BSCCO-2223 线材。多芯和单芯银金属包套导线。

（2）BSCCO-2212 线材。多芯和单芯银金属包套导线。

（3）YBCO-123 线材。金属基带镀膜导线。

（4）BSCCO-2212 块材。不同工艺、不同形状的较大尺寸的条形、棒形、筒形、片形等块材。

（5）BSCCO-2223 块材。不同工艺、不同形状的较大尺寸的条形、棒形、筒形、片形等块材。

（6）YBCO 块材。不同工艺、不同形状的较大尺寸的条形、棒形、筒形、片形等块材。

（7）BSCCO-2223 薄膜。不同工艺、不同形状的较大尺寸的条形、棒形、筒形、片形等薄膜。

（8）BSCCO-2212 薄膜。不同工艺、不同形状的较大尺寸的条形、棒形、筒形、片形等薄膜。

（9）YBCO-123 薄膜。不同工艺、不同形状的较大尺寸的条形、棒形、筒形、片形等薄膜。

（10）BSCCO-2223 磁屏蔽筒。采用块材或薄膜工艺的不同形状的较大尺寸的磁屏蔽筒。

（11）BSCCO-2212 磁屏蔽筒。采用块材或薄膜工艺的不同形状的较大尺寸的磁屏蔽筒。

（12）YBCO-123 磁屏蔽筒。采用块材或薄膜工艺的不同形状的较大尺寸的磁屏蔽筒。

（13）复合磁屏蔽筒。采用块材或薄膜工艺的不同形状的较大尺寸的并有两种不同材料超导层的磁屏蔽筒。

3.6.2　高温超导限流元件特性比较

不同的高温超导限流元件具有不同的特性和适用性，主要影响因素为高温超导限流器的模式，额定与限流容量，以及反应速度和恢复的要求。

　　这里对两种不同高温超导材料的高温超导限流元件进行对比分析。YBCO 二代带材与 BSCCO-2212 块材是常用的限流元件,它们的限流效果各有不同的优势,可根据不同情况设计和优化。作为一般的应用情况,有如下应用特点:

　　(1) 相对于块材,带材的恢复时间明显要短。这一时间与所用的绝缘材料关系密切,而如果浸泡于液氮池中则该时间特别短。

　　(2) 由于设计的正常工作电流远低于短路冲击电流,故交流损耗很小。如果工作电流接近临界电流,双线饼式线圈损耗约为单线块材线圈的 1/10,小于 1W/(kA·m)(77K)。

　　(3) 单线块材线圈的绝缘性明显好于双线饼式线圈,尤其是在雷电过压冲击的情况下。

　　(4) 对于高冲击电流,块材不仅热容较高,而且过流因数较高,与带材相比约为 2:1.6。

　　(5) 考虑限制高冲击电流第一个峰的情况,带材容许更大的电流,益于针对冲击电流限流的设计。

　　(6) 不同设计的超导用量大体相当,但带材的结构和冷却需要优化设计。

　　(7) 在需要旁路电阻的情况下,块材设计较简单,因为二者是一个复合体;而带材限流元件更易受使用环境的影响。

3.6.3　实用高温超导限流材料与元件实例

　　1. 可用于限流器的实用高温超导限流材料和模式

　　这里列举几种常见的由不同机构研制的可用于制备限流器的实用高温超导限流材料。

　　1) YBCO 块材

　　YBCO 块材是最具代表性的高温超导块材,图 3-6-1 为不同机构研制的样品,它们具有不同的形状和应用形式,即块形、条棒形、筒形等和磁悬浮、电流引线、磁屏蔽等。

　　2) 基于 BSCCO-2212 缓冲层的 BSCCO-2223 磁屏蔽筒

　　日本的 H. Kado 等研究人员通过反复烧结和 CIP(cold isostatic pressing)处理,再喷涂到多晶体基层 MgO 的方法来获得 BSCCO-2223 厚膜。为了增加 BSCCO-2223 厚膜与基层 MgO 之间的黏合强度,防止彼此脱落,他们在 BSCCO-2223 厚膜和基层 MgO 之间加入 BSCCO-2212 作为缓冲层。在把 BSCCO-2212 烧入到基层 MgO 晶界的过程中,BSCCO-2212 会熔化,从而与基层 MgO 紧紧地黏合在一起。利用四引线法测得超导磁屏蔽筒的临界电流密度的范围是 $2000 \sim 3000A/cm^2$。切面图、整体磁屏蔽筒及其参数如图 3-6-2 和表 3-6-1 所示。

（a）YBCO单晶块材

（b）多晶体熔融织构YBCO

（c）MCP-BSCCO-2212块材

图 3-6-1　高温超导块材与限流元件

图 3-6-2　一种高温超导磁屏蔽筒

表 3-6-1　一种高温超导磁屏蔽筒的实例参数

成分	$(Bi_{1.85}Pb_{0.35})Sr_{1.90}Ca_{2.05}Cu_{3.05}O_x$
缓冲层	$Bi_2Sr_2CaCu_2O_8$
基体	多晶体 MgO 筒
MgO 筒外径	450mm
MgO 筒内径	430mm
超导体厚度	0.5mm
超导磁屏蔽筒长度	120mm

　　日本于 2004 年采用以 MgO 作为基层、BSCCO-2212 作为缓冲层的 BSCCO-2223 厚膜制成高温超导磁屏蔽筒,如图 3-6-2 所示,并开发出容量为 3.5kV/7.9kA 的磁屏蔽型高温超导限流器[35-37]。

　　限流效果:基于该磁屏蔽筒的限流器在 3.5kV 的条件下进行了短路测试,故障电流从 11.3kA 限制到 7.97kA,限流率约为 20%,高温超导磁屏蔽筒消耗的热量约为 200kJ。

　　3）BSCCO-2223 导线

　　日本设计的 66kV/1kA 容量的桥路型高温超导限流器,使用的材料为 BSCCO-

表 3-6-2　实例导线参数

超导材料		YBa$_2$Cu$_3$O$_y$(临界温度 95K)
稳定层		铜合金
	阻值	6nΩ@77K
		20nΩ@300K
尺寸	宽度	4.3mm
	厚度	0.15mm
临界电流		69A(@77K,自场)
		170A(@65K,自场)

限流效果:故障电流峰值约为 3.4kA,经过 0.125s,故障电流被限制到 1.5kA,限流率为 56%。

另一个例子为美国超导公司与德国西门子公司联合开发研制的中等规模(2MVA)的电阻型高温超导限流器,其采用的超导材料为美国超导公司提供的YBCO 二代带材,如图 3-6-4(b)所示。

5) YBCO 薄膜带材

YBCO 镀膜样品如图 3-6-5 所示,其设计工艺及相关参数为[100]:利用热反应联合蒸发的方法,将 300nm 厚的 YBCO 薄膜镀在 4in(1in=2.54cm)的单晶体蓝宝石晶片上。为了保证良好接触,在薄膜和晶体片之间镀 50nm 厚的金。在这些晶片上,共有 7 个条状带材,每个带材宽 10mm、长 42mm,并通过标准光刻技术雕刻。除了末端接触垫,镀层金将从这 7 条带材中移除。同时,在末端焊接铜导线作为电流引线和电压探针。这种带材在 77K 下的临界电流为 440A。

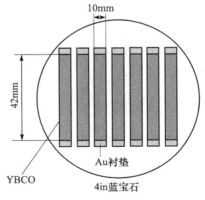

图 3-6-5　YBCO 镀膜样品

限流效果:故障电流发生 0.5ms 后,限流器开始发挥限流作用,在故障电流作用的最后半个周期,故障电流从 7.3I_c 限制到 2.4I_c,限流时间和限流率分别为45ms 和 77.2%。大约经过 2.4s 后,超导材料恢复到超导态。

2. 典型的电阻型高温超导限流模块结构

1）BSCCO-2212 管状结构

德国电阻型高温超导限流器 CURL 10,采用耐克森公司提供的高温超导材料 MCP-BSCCO-2212,其基本结构形态为筒状,如图 3-6-6 所示,并采用切割方式制成螺旋管(bifilar coil),传输电流为 7.5kA(4μV/cm、77K),其参数如表 3-6-3 所示[75,76]。

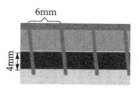

（a）MCP-BSCCO-2212限流元件

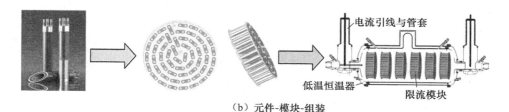

（b）元件-模块-组装

图 3-6-6　BSCCO-2212 管状结构与装置

表 3-6-3　耐克森公司的双线超导管设计工艺及相关参数

BSCCO 超导管长度 L_{coil}	30cm
外直径 ϕ	5cm
导体长度 L	5.4cm
横截面积 A	0.24cm^2
工作温度 T	66K
临界电流密度 J_c(66K)	3600A/cm^2
最大电场 E_{max}	1V/cm

由内到外依次为:金属管层(用于支撑),固定层(FRP 纤维加强塑料管,缓解热膨胀,防止超导层与支撑层的脱离),BSCCO 层(制成管状结构),低熔点焊接层(避免超导材料特性退化,同时起到绝缘作用),分流层(分流、分热,保护超导层),绝缘层。

在金属管(壁厚 2.9mm)与 BSCCO 管之间轴向粘有 FRP 纤维加强塑料管作为固定层,一方面缓解由热膨胀产生的轴向对 BSCCO 管的压力;另一方面可以防止在降温冷却过程中 BSCCO 管与金属管连接的断裂。

为了避免超导材料特性的退化，需要在 BSCCO 管和分流金属层（铜镍合金）之间焊接一个低熔点的薄的（0.2mm）焊接层，同时起到绝缘的作用。分流金属层覆盖整个超导层，且保证故障发生时，其阻值要小于超导层，以达到限流效果。

通过计算机控制圆盘锯将管子切成底部相连的双螺旋线形结构，如图 3-6-6 所示。绕组的高度 6mm，壁厚 4mm，截面积 0.24cm²，齿槽宽度 1mm，限流金属层和 BSCCO 同时被切割，固定层（FRP）只稍作切割。这样同时也可以缓解由热膨胀而产生的压力。1mm 宽的齿槽用略带弹性的填充物填充，同时起到绝缘作用。

对多晶体熔融织构 YBCO 的短路测试表明，失超会引起材料性能退化，这主要是由材料各向异性和晶界处较高的阻值引起的。另外，在连接旁路金属和超导材料的技术方面，没有很好的方案。由于金属旁路和超导元件的热膨胀系数不同，会导致冷却过程中限流元件的破裂。对于 MCP-BSCCO 管，多次短路测试之后，其仍具有良好的性能，而且其限流特性也能满足设计要求。

10kV/10MVA 级的装置，每相由 30 个 BSCCO-2212 管串联而成，每个超导管的超导部分的有效长度为 540cm。按照 0.68V/cm 电压标准计算，每相电压值约为 0.68V/cm×540cm×30≈11kV。经专业切割工艺加工之后，每个超导管超导层的厚度为 4mm，每一条的切割高度为 6mm，横截面积为 0.24cm²。当 $T=66$K 时，临界电流密度约为 3600A/cm²，不考虑旁路电阻的分流，允许通过的最大电流为 3600A/cm²×0.24cm²＝864A，若加上旁路分流部分，约有 1kA。

基于 BSCCO-2212 超导材料的 CURL 10 的概念设计，其容量为 110kV/1.8kA。每个模块由 93 个限流单元串联而成，最后 6 个限流模块串联构成总体组装结构。

MCP-BSCCO 单元管在 77K 时的临界电流密度为 1300A/cm²，故障电流的峰值越大，电压建立得越快。在 $T=65$K 环境下的短路测试显示，当故障电流的峰值约为 10kA 时，在第一个半周期，被限制到 5.53kA，限流率为 45％，经过 40ms 之后，故障电流的峰值稳定在 5kA 左右，限流率为 50％；此后，电流峰值稳定在 1.5kA 左右，测试时间为 75ms。反复测试后，少于 10％的超导元件出现性能退化的现象[101]。

2）YBCO 直线形带材结构

以通过脉冲激光沉积法制造的 YBCO 带材为例，其宽度为 10mm、厚度为 140μm。基层为 Ni-W，超导层为 YBCO，带材的两个面镀有 20μm 厚的铜作为稳定层，临界电流 I_c 约为 150A。YBCO 直线形带材结构：每个限流模块总体由两组并联的 YBCO 带材构成，以达到 400A 的额定电流，如图 3-6-7 所示。每组并联的 YBCO 带材由六个串联的 YBCO 带材构成，承受 700～800V 的压降。每根带材的长度为 1m[102]。

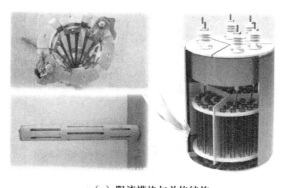

（a）限流模块与总体结构

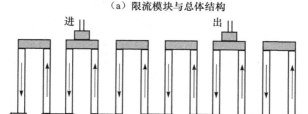

（b）每个模块电流流向

图 3-6-7　YBCO 直线形带材结构

试验限流测试：系统电压为 20V（AC）时，预期故障电流的第一个峰值约为 1.4kA，经限流之后，峰值约为 1kA，限流率约为 40%；系统电压为 40V（AC）时，预期故障电流的第一个峰值约为 2.8kA，经限流后，峰值约为 0.9kA，限流率约为 70%。可见，当系统电压为 40V（AC）时，故障电流使得 YBCO 带材基本全部失超，获得更高的阻抗，从而保证了更好的限流效果。

恢复时间测试：随着带材承受故障电流时间的增加，恢复时间不断延长。例如，承受 5 个周期，约为 100ms，恢复时间约为 0.5s。

3）YBCO 薄膜蜿蜒结构

通常增加临界电流密度，可以加强超导元件的限流能力。YBCO 薄膜具有相对较高的临界电流，但由于加工工艺问题，材料的各向异性相对于第一代材料要大，导致在失超过程中，局部失超问题变得明显，大大影响其限流特性。针对这种情况，可从结构方面进行弥补，设计出如图 3-6-8 所示的结构[103]。

基层的材质不同，会影响超导材料的临界电流特性。从超导体到冷却系统的热量交换，将决定超导元件的恢复时间。限流过程中，超导元件产生的焦耳热主要集中在基层镀金或镀银里，再通过短暂的模态沸腾，由基层传输到液氮冷却液。材料的散热面积尽量做大。如果超导薄膜只覆盖基层的一小部分，可以缩短超导薄膜的恢复时间。超导薄膜的恢复时间与基层的热传导特性近似成正比，与基层的覆盖面近似成反比。

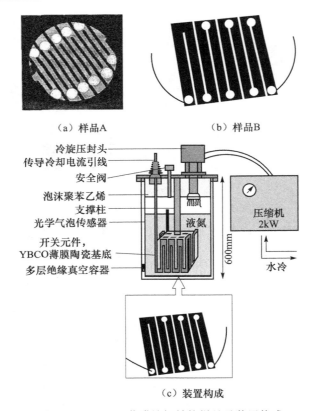

（a）样品A   （b）样品B

冷旋压封头
传导冷却电流引线
安全阀
泡沫聚苯乙烯
支撑柱
光学气泡传感器
开关元件，
YBCO薄膜陶瓷基底
多层绝缘真空容器

液氮

600mm

压缩机
2kW

水冷

（c）装置构成

图 3-6-8　YBCO 薄膜蜿蜒结构样品及装置构成

样品材料及构成如下。

样品 A：从上到下的材料依次为 80nm 厚的镀金层，200nm 厚的 YBCO 薄膜，CeO_2 缓冲宝石基底。其中，镀金层起到分流、分热的作用，从而降低热点对超导性能的破坏。样品临界电流密度为 $3 \times 10^6 A/cm^2$。整体形状如图 3-6-8(a)所示。

样品 B：利用 10cm×10cm 热共蒸发制备的基体，并在其上用 IBAD 制备的缓冲层 p-YSZ(polycrystalline yttria stabilised zirconia)，然后沉积 $1.3\mu m$ YBCO 薄膜。样品临界电流密度为 $2.4 \times 10^4 A/cm^2$，整体形状如图 3-6-8(b)所示。

针对上述两种样品和结构，限流特性的试验测试结果如下。

样品 A：通过的故障电流的最大值约为正常电流的 2 倍，限制后的电流甚至低于正常电流。

样品 B：预期故障电流的峰值约为正常电流峰值（$I_{normal\text{-}peak}$ ＝6.6A）的 40 倍以上，在样品 B 限流作用下，通过的故障电流的最大值为 78.5A。经过 5 个周期的作用之后，故障电流的峰值约为正常值的 3 倍。

另一种由日本设计的 YBCO 薄膜蜿蜒结构（meander-shaped gold layer）如图 3-6-9 所示[104]。通过电磁感应法测得的 77K 薄膜材料临界电流 I_c＝230A。通过仿真试验分析可以看出，当测试电流约为 250A 时，超导材料未完全表现出限流特性，但是局部已经检测到电压，而且首先出现电压的部分恰好是临界电流密度相对较小的区域，而临界电流密度相对较大的区域，未检测到电压的出现，说明临界电流密度小的区域首先出现失超现象，从而验证了临界电流密度分布的各向异性。此方法可以用来检测研究超导元件的均匀失超问题。通过仿真计算，在临界电流密度均匀的情况下，温度会随着最大电场的增加而增加，而且，临界电流密度不均匀的情况下，温度升高的程度要大于均匀的情况。能否保证整个材料完全失超，取决于限流过程开始时 S-N 转化发生时的区域分布。

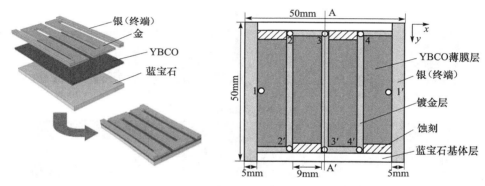

图 3-6-9　基于蓝宝石基体和 CeO_2 的 Au-YBCO-CeO_2 高温超导薄膜蜿蜒结构

该超导材料从上到下依次为：镀金层（带有镀银终端），YBCO 薄膜层（metal organic deposition，有机金属沉积制造法），蓝宝石（sapphire）基体层。其中，镀金层厚度为 50nm，在拐角处，为了防止过热，厚度为 100nm。

4）双螺旋式结构

图 3-6-10 为蜿蜒式与双螺旋式（bi-spiral line）电阻型限流器的高温超导块材元件及结构与特性[105]。其研究要点包括：①焦耳热分布，以防器件烧毁；②优化蜿蜒线，以增加导电能力；③热应力的力学弱化。

为提高电压和电流等级，可考虑分别采用串联和并联的方法。串联模式需要同时实现失超和电压均匀分配；并联模式需要实现电流均匀分配。

双螺旋式和蜿蜒式两者比较分析如下：

（1）磁场分析表明，相对于蜿蜒式，双螺旋式具有更平坦的磁场分布。

（2）失超特性分析表明，蜿蜒式的外围区域和低电流密度区出现局部失超现象；而双螺旋式因其较少的弱连接，所以没表现出局部失超。

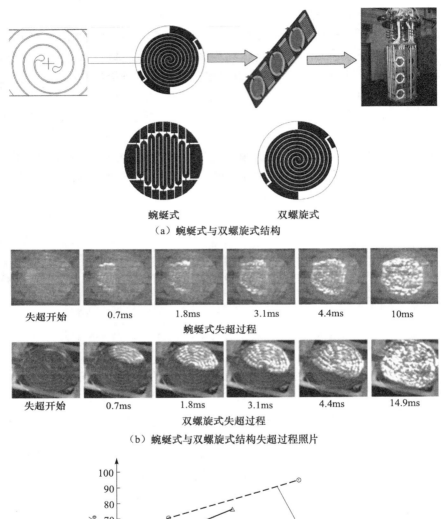

蚓蜒式　　　　　双螺旋式

（a）蚓蜒式与双螺旋式结构

失超开始　　0.7ms　　1.8ms　　3.1ms　　4.4ms　　10ms

蚓蜒式失超过程

失超开始　　0.7ms　　1.8ms　　3.1ms　　4.4ms　　14.9ms

双螺旋式失超过程

（b）蚓蜒式与双螺旋式结构失超过程照片

（c）蚓蜒式与双螺旋式结构失超过程曲线

图 3-6-10　蚓蜒式与双螺旋式电阻型限流器的高温超导块材元件及结构与特性

（3）绝缘测试表明，由于蜿蜒式结构局部增强磁场和热点形成，在额定电压下，其性能会遭到破坏；而双螺旋式经历两次高于额定电压的测试后，仍能保持良好的性能。

参 考 文 献

[1]　Jin J X,Grantham C,Dou S X,et al. Prototype fault current limiter built with high T_c superconducting coils. Journal of Electrical and Electronics Engineering,1995,15(1):117-124.

[2]　Jin J X,Dou S X,Liu H K,et al. Preparation of high T_c superconducting coils for consideration of their use in a prototype fault current limiter. IEEE Transactions on Applied Superconductivity,1995,5(2):1051-1054.

[3]　Jin J X,Grantham C,Dou S X,et al. Consideration of electrical power system application of a high T_c superconducting fault current limiter. Proceedings of the Australasian Universities Power Engineering Conference/Institution of Engineers Australia Electric Energy Conference,Sydney,1997:509-514.

[4]　Jin J X,Dou S X,Liu H K,et al. Electrical application of high T_c superconducting saturable magnetic core fault current limiter. IEEE Transactions on Applied Superconductivity,1997,7(2):1009-1012.

[5]　Jin J X,Dou S X,Grantham C,et al. Consideration of design current limiting devices with high T_c superconductors. The 2nd International Power Engineering Conference,Singapore,1995:170-175.

[6]　Liu Z Y,Blackburn T R,Grantham C,et al. The behaviour of a fault current limiter with high T_c superconducting saturable core under symmetrical fault conditions. Proceedings of the Australasian Universities Power Engineering Conference/Institution of Engineers Australia Electric Energy Conference,Sydney,1997:307-312.

[7]　Liu H L,Li X Y,Liu J Y,et al. Modelling and simulation of HTS fault current limiter. Proceedings of the 11th National Universities Conference on Electrical Power and Automation,Chengdu,1995:248-253.

[8]　Jin J X,Grantham C,Liu H K,et al. Bi-2223/Ag HTS coil magnetic field properties for magnet and bias winding. Physica C Superconductivity,1997,282:2629-2630.

[9]　Jin J X,Dou S X,Grantham C,et al. Operating principle of a high T_c superconducting saturable magnetic core fault current limiter. Physica C Superconductivity,1997,S282-287(282):2643-2644.

[10]　Jin J X,Dou S X,Grantham C,et al. Towards electrical applications of high T_c superconductors. Proceedings of the 4th International Conference on Advances in Power System Control,Operation and Management,Hong Kong,1997,2:427-432.

[11]　Jin J X,Dou S X,Grantham C,et al. Preparation of high T_c superconductors for electrical applications. Proceedings of the Australasian Universities Power Engineering Conference/

　　　　　Institution of Engineers Australia Electric Energy Conference, Sydney, 1997:453-458.

[12]　Guo Y C, Jin J X, Liu H K, et al. Long lengths of silver-clad Bi-2223 superconducting tapes with high current-carrying capacity. Applied Superconductivity, 1997, 5(1-6):163-170.

[13]　陆婷. 饱和铁芯型高温超导限流器的设计与仿真. 成都: 电子科技大学硕士学位论文, 2008.

[14]　Xin Y, Gong W, Niu X, et al. Development of saturated iron core HTS fault current limiters. IEEE Transactions on Applied Superconductivity, 2007, 17(2):1760-1763.

[15]　Hong H, Cao Z, Zhang J, et al. DC magnetization system for a 35kV/90MVA superconducting saturated iron-core fault current limiter. IEEE Transactions on Applied Superconductivity, 2009, 19(3):1851-1854.

[16]　Xin Y, Gong W Z, Niu X Y, et al. Manufacturing and test of a 35kV/90MVA saturated iron-core type superconductive fault current limiter for live-grid operation. IEEE Transactions on Applied Superconductivity, 2009, 19:1934-1937.

[17]　Xin Y, Hong H, Wang J Z, et al. Reliability test of the 35kV/90MVA HTSFCL in live-grid short-circuit conditions. Applied Superconductivity and Electromagnetics, 2010, 1(1):1-4.

[18]　Wang H, Niu X, Hong H, et al. Saturated iron core superconducting fault current limiter. International Conference on Electric Power Equipment-Switching Technology, Xi'an, 2011:340-343.

[19]　Moriconi F, Rosa F D L, Darmann F, et al. Development and deployment of saturated-core fault current limiters in distribution and transmission substations. IEEE Transactions on Applied Superconductivity, 2011, 21(3):1288-1293.

[20]　李斌, 欧逸哲. 饱和铁心型超导限流器对电力系统保护的影响. 南方电网技术, 2015, 9(12):98-102.

[21]　Hayakawa N, Kojima H, Hanai M, et al. Progress in development of superconducting fault current limiting transformer (SFCLT). IEEE Transactions on Applied Superconductivity, 2011, 21(3):1397-1400.

[22]　Hayakawa N, Chigusa S, Kashima N, et al. Feasibility study on superconducting fault current limiting transformer (SFCLT). Cryogenics, 2000, 40(4-5):325-331.

[23]　宗曦华. 感应屏蔽型高温超导故障电流限制器的研究. 沈阳: 东北大学博士学位论文, 2004.

[24]　Hayakawa N, Kagawa H, Okubo H, et al. A system study on superconducting fault current limiting transformer (SFCLT) with the functions of fault current suppression and system stability improvement. IEEE Transactions on Applied Superconductivity, 2001, 11(1):1936-1939.

[25]　Kagawa H, Hayakawa N, Kashima N. Experimental study on superconducting fault current limiting transformer for fault current suppression and system stability improvement. Physica C Superconductivity, 2002, 372-376(12):1706-1710.

[26]　Janowski T, Kozak S, Kondratowicz K B, et al. Analysis of transformer type superconduc-

ting fault current limiters. IEEE Transactions on Applied Superconductivity, 2007, 17(2): 1788-1790.

[27]　Fleishman L S, Bashkirov Y A, Aresteanu V A, et al. Design considerations for an inductive high T_c superconducting fault current limiter. IEEE Transactions on Applied Superconductivity, 1993, 3(1): 570-573.

[28]　Nii T, Shouno Y, Shirai Y. Basic Experiments on transformer type SCFCL of rewound structure using BSCCO wire. IEEE Transactions on Applied Superconductivity, 2009, 19 (3): 1892-1895.

[29]　Suzuki K, Baba J, Nitta T. Conceptual design of an SFCL by use of BSCCO wire. The 8th European Conference on Applied Superconductivity, Brussels, 2008: 236-239.

[30]　Fushiki K, Nitta T, Baba J, et al. Design and basic test of SFCL of transformer type by use of Ag sheathed BSCCO wire. IEEE Transactions on Applied Superconductivity, 2007, 17 (2): 1815-1818.

[31]　Shirai Y, Nii T, Oda S, et al. Current limiting characteristics of transformer type HTS superconducting fault current limiter with rewound structure. The 9th European Conference on Applied Superconductivity, Dresden, 2010: 1023-1026.

[32]　Paul W, Baumann T, Rhyner J, et al. Tests of 100kW high-T_c superconducting fault current limiter. IEEE Transactions on Applied Superconductivity, 1995, 5(2): 1059-1062.

[33]　Meerovich V, Sokolovsky V, Jung G, et al. High-T_c superconducting inductive current limiter for 1kV/25A performance. IEEE Transactions on Applied Superconductivity, 1995, 5(2): 1044-1046.

[34]　Kajikawa K, Kaiho K, Tamada N, et al. Design and current-limiting simulation of magnetic-shield type superconducting fault current limiter with high T_c superconductors. IEEE Transactions on Magnetics, 1996, 32(4): 2667-2670.

[35]　Klein H U. Inductive Shielded Superconducting Fault Current Limiter (iSFCL). http:// www. bruker-est. com/isfcl. html[2012-8-24].

[36]　Sugimoto S, Kida Y, Arita H, et al. Principle and characteristics of a fault current limiter with series compensation. IEEE Transactions on Power Delivery, 1996, 11(2): 842-847.

[37]　Ichikawa M, Kado H, Shibuya M, et al. Inductive type fault current limiter with Bi-2223 thick film on a MgO cylinder. IEEE Transactions on Applied Superconductivity, 2003, 13 (2): 2004-2007.

[38]　Ichikawa M, Okazaki M. Magnetic shielding type superconducting fault current limiter using a Bi-2212 thick film cylinder. IEEE Transactions on Applied Superconductivity, 1995, 5(2): 1067-1070.

[39]　Kado H, Ickikawa M. Performance of a high-T_c superconducting fault current limiter-design of a 6. 6kV magnetic shielding type superconducting fault current limiter. IEEE Transactions on Applied Superconductivity, 1997, 7: 993-996.

[40]　孙晶, 宗曦华, 何砚发, 等. 感应屏蔽型高温超导故障电流限制器模型机研究. 中国电机工

程学报,2002,22(10):81-84.

[41] Noe M,Steurer M. Topical review:High-temperature superconductor fault current limiters:Concepts,applications,and development status. Superconductor Science Technology,2007,20(3):R15-R29.

[42] Leung E,Burley B,Chitwood N,et al. Design & development of a 15kV 20kA HTS fault current limiter. IEEE Transactions on Applied Superconductivity,2000,10(1):832-835.

[43] Leung E M,Rodriguez I,Albert G W,et al. High temperature superconducting fault current limiter development. IEEE Transactions on Applied Superconductivity,1997,7(2):985-988.

[44] Leung E M,Albert G W,Dew M,et al. High temperature superconducting fault current limiter for utility applications. Advances in Cryogenic Engineering Materials,1996,42B:961-968.

[45] Yazawa T,Yoneda E,Matsuzaki J,et al. Design and test results of 6. 6kV high-T_c superconducting fault current limiter. IEEE Transactions on Applied Superconductivity,2006,11(1):2511-2514.

[46] Yazawa T,Koyama H,Tasaki K,et al. 66kV-class high-T_c superconducting fault current limiter magnet model coil experiment. IEEE Transactions on Applied Superconductivity,2003,13(2):2040-2043.

[47] Yazawa T,Ootani Y,Sakai M,et al. Development of 66kV/750A high-T_c superconducting fault current limiter magnet. IEEE Transactions on Applied Superconductivity,2004,14(2):786-790.

[48] Hui D,Wang Z K,Zhang J Y,et al. Development and test of 10. 5kV/1. 5kA HTS fault current limiter. IEEE Transactions on Applied Superconductivity,2006,16(2):687-690.

[49] Yazawa T,Ootani Y,Sakai M,et al. Design and test results of 66kV high-T_c superconducting fault current limiter magnet. IEEE Transactions on Applied Superconductivity,2006,16(2):683-686.

[50] 林玉宝,林良真. 桥路型超导故障限流器及其超导线圈的优化设计方法. 低温与超导,1998,(3):58-63.

[51] 朱青. 桥路型高温超导故障限流器及其限流新方法研究. 长沙:湖南大学博士学位论文,2008.

[52] 马幼捷,刘富永,周雪松,等. 桥式超导故障限流器的数字仿真研究. 电力系统保护与控制,2006,34(23):24-28.

[53] Jin J X,Dou S X,Hardono T,et al. Novel AC loss measurement of high T_c superconducting long wire. Physica C Superconductivity,1999,314(3-4):285-290.

[54] Jin J X,Grantham C,Guo Y C,et al. Magnetic field properties of Bi-2223/Ag HTS coil at 77K. Physica C Superconductivity,1997,278(1):85-93.

[55] Kozak J,Majka M,Kozak S,et al. Comparison of inductive and resistive SFCL. IEEE Transactions on Applied Superconductivity,2013,23(3):5600604.

[56] Saravolac M. Resistive superconducting current limiter: US, US6433660. 2002.

[57] Chung D C, Choi H S, Lee N Y, et al. Optimum design of matrix fault current limiters using the series resistance connected with shunt coil. Physica C Superconductivity, 2007, S463-465(463):1193-1197.

[58] Yuan X, Hazelton D W. Matrix-type superconducting fault current limiter: US, US6664875 B2. 2003.

[59] Yuan X, Tekletsadik K, Kovalsky L, et al. Proof-of-concept prototype test results of a superconducting fault current limiter for transmission-level applications. IEEE Transactions on Applied Superconductivity, 2005, 15(2):1982-1985.

[60] Dong C C, Yoo B H, Yong S C, et al. Verification of improved recovery characteristics by matrix-type over resistive-type superconducting fault current limiters. IEEE Transactions on Applied Superconductivity, 2010, 20(3):1224-1228.

[61] Jung B I, Cho Y S, Choi H S, et al. Recovery characteristics of three-phase matrix-type SFCL in ground fault. IEEE Transactions on Applied Superconductivity, 2010, 20(3): 1229-1232.

[62] Cho Y S, Choi H S. The current limiting effects of a matrix-type SFCL according to the variations of designed parameters in the trigger and current-limiting parts. Physica C Superconductivity, 2008, 468(15):2054-2058.

[63] Cho Y S, Choi H S, Jung B I. Comparison of quenching characteristics between a matrix-type and a resistive-type SFCLs in the three-phase power system. Physica C Superconductivity, 2009, 469(S15-20):1770-1775.

[64] Chung D C, Yoo B H, Cho Y S, et al. Design and characterization of the integrated matrix-type SFCL. IEEE Transactions on Applied Superconductivity, 2009, 19(3):1831-1834.

[65] Park D K, Ahn M C, Yang S E, et al. Fault current limiting characteristic of non-inductively wound HTS magnets in sub-cooled LN₂ cooling system. Journal of Korea Institute of Applied Superconductivity and Cryogenics, 2006, 8(2):29-32.

[66] Ahn M C, Bae D K, Yang S E, et al. Manufacture and test of small-scale superconducting fault current limiter by using the bifilar winding of coated conductor. IEEE Transactions on Applied Superconductivity, 2006, 16(2):646-649.

[67] Dong K P, Min C A, Park S, et al. An analysis and short circuit test of various types of Bi-2223 bifilar winding fault current limiting module. IEEE Transactions on Applied Superconductivity, 2006, 16(2):703-706.

[68] Brian M, Ndeye K F, Richard S. An assessment of fault current limiter testing requirements. Washington: US Department of Energy, 2009.

[69] Kraemer H P, Schmidt W, Wohlfart M, et al. Test of a 2MVA medium voltage HTS fault current limiter module made of YBCO coated conductors. Journal of Physics Conference Series, 2008, 97(1):012091.

[70] EPRI. Superconducting fault current limiters. Technology Watch 2009. Palo Alto: EPRI,

2009.

[71] Neumueller H W,Schmidt W,Kraemer H P,et al. Development of resistive fault current limiters based on YBCO coated conductors. IEEE Transactions on Applied Superconductivity,2009,19(3):1950-1955.

[72] Kreutz R,Bock J,Breuer F, et al. System technology and test of CURL 10, a 10kV, 10MVA resistive high-T_c superconducting fault current limiter. IEEE Transactions on Applied Superconductivity,2005,15(2):1961-1964.

[73] Bock J,Breuer F,Walter H, et al. CURL 10:Development and field-test of a 10kV/ 10MVA resistive current limiter based on bulk MCP-BSCCO-2212. IEEE Transactions on Applied Superconductivity,2005,15(2):1955-1960.

[74] Noe M,Juengst K P,Elschner S,et al. High voltage design,requirements and tests of a 10MVA superconducting fault current limiter. IEEE Transactions on Applied Superconductivity,2005,15(2):2082-2085.

[75] Bock J,Breuer F,Walter H,et al. Development and successful testing of MCP BSCCO-2212 components for a 10MVA resistive superconducting fault current limiter. Superconductor Science Technology,2004,17(5):S126.

[76] Bock J,Elschner S,Herrmann P. Melt cast processed(MCP)-BSCCO-2212 tubes for power applications up to 10kA. IEEE Transactions on Applied Superconductivity,1995,5(2): 1409-1412.

[77] Elschner S,Breuer F,Noe M,et al. Manufacturing and testing of MCP 2212 bifilar coils for a 10MVA fault current limiter. IEEE Transactions on Applied Superconductivity,2003,13 (2):1980-1983.

[78] Bock J,Hobl A,Schramm J. Superconducting fault current limiters—A new device for future smart grids. China International Conference on Electricity Distribution, Shanghai, 2012:2161-7481.

[79] Verhaege T,Cottevieille C,Weber W,et al. Progress on superconducting current limitation project for the French electrical grid. IEEE Transactions on Magnetics,1994,30(4):1907-1910.

[80] Kim C H,Lee K M,Ryu K W. A numerical study on temperature increase in the resistive SFCL element due to the quench condition. IEEE Transactions on Applied Superconductivity,2006,16(2):636-641.

[81] Lee C,Kang H,Min C A,et al. Short-circuit test of a novel solenoid type high-T_c superconducting fault current limiter. Cryogenics,2007,47(S7-8):380-386.

[82] Kang H,Lee C,Nam K,et al. Development of a 13. 2kV/630A(8. 3MVA)high temperature superconducting fault current limiter. IEEE Transactions on Applied Superconductivity,2008,18(2):628-631.

[83] Lee C,Kang H,Nam K,et al. Quench characteristics of high temperature superconducting coil for fault current limiting application. IEEE Transactions on Applied Superconductivi-

ty,2008,18(2):632-635.

[84] Sung B C,Dong K P,Park J W,et al. Study on a series resistive SFCL to improve power system transient stability: Modeling, simulation, and experimental verification. IEEE Transactions on Industrial Electronics,2009,56(7):2412-2419.

[85] 祁爱玲,叶林. 电阻型超导故障限流器与配电网电流保护配合问题的研究. 中国高等学校电力系统及其自动化专业第二十四届学术年会,北京,2008:1888-1892.

[86] Hyun O B,Sim J,Kim H R,et al. Reliability enhancement of the fast switch in a hybrid superconducting fault current limiter by using power electronic switches. IEEE Transactions on Applied Superconductivity,2009,19(3):1843-1846.

[87] Lee G H,Park K B,Sim J,et al. Hybrid superconducting fault current limiter of the first half cycle non-limiting type. IEEE Transactions on Applied Superconductivity,2009,19:1888-1891.

[88] Lee B W,Park K B,Sim J,et al. Design and experiments of novel hybrid type superconducting fault current limiters. IEEE Transactions on Applied Superconductivity,2008,18(2):624-627.

[89] Kozak J,Majka M,Janowski T,et al. Tests and performance analysis of coreless inductive hts fault current limiters. IEEE Transactions on Applied Superconductivity,2011,21(3):1303-1306.

[90] Kozak J,Janowski T,Kozak S,et al. Design and testing of 230V inductive type of superconducting fault current limiter with an open core. IEEE Transactions on Applied Superconductivity,2005,15(2):2031-2034.

[91] Kozak J,Majka M,Kozak S,et al. Design and tests of coreless inductive superconducting fault current limiter. IEEE Transactions on Applied Superconductivity,2012,22(3):3015-3019.

[92] Min C A,Kang H,Bae D K,et al. The short-circuit characteristics of a DC reactor type superconducting fault current limiter with fault detection and signal control of the power converter. IEEE Transactions on Applied Superconductivity,2005,15(2):2102-2105.

[93] Kang H,Min C A,Yong K K,et al. Design,fabrication and testing of superconducting DC reactor for 1. 2kV/80A inductive fault current limiter. IEEE Transactions on Applied Superconductivity,2003,13(2):2008-2011.

[94] Min C A,Lee S,Min C K,et al. Characteristics of critical current of superconducting solenoid wound with the stacked tape. Cryogenics,2003,43(10-11):555-560.

[95] Min C A,Lee S,Kang H,et al. Design,fabrication,and test of high-T_c superconducting DC reactor for inductive superconducting fault current limiter. IEEE Transactions on Applied Superconductivity,2004,14(2):827-830.

[96] Kosa J. Detailed review and application of the 3-phase self-limiting transformer with magnetic flux applied. Physics Procedia,2012,36:835-840.

[97] Kosa J,Vajda I,Kovacs L. Novel self-limiting transformer with active magnetic short cir-

cuit using perfect YBCO wire loops. IEEE Transactions on Applied Superconductivity, 2011,21(3):1417-1421.

[98]　　Kosa J,Vajda I. Transformation of the DC and AC magnetic field with novel application of the YBCO HTS ring. IEEE Transactions on Applied Superconductivity,2009,19(3):2186-2189.

[99]　　Kosa J,Vajda I. Novel 3-phase self-limiting transformer with magnetic flux applied by perfect closed YBCO wire loops. IEEE Transactions on Applied Superconductivity,2011,21(3):1388-1392.

[100]　　Kaiho K,Yamasaki H,Arai K,et al. Study on the quench current of YBCO thin film FCL. IEEE Transactions on Applied Superconductivity,2007,17(2):1795-1798.

[101]　　Noe M,Kudymow A,Fink S,et al. Conceptual design of a 110kV resistive superconducting fault current limiter using MCP-BSCCO-2212 bulk material. IEEE Transactions on Applied Superconductivity,2007,17(2):1784-1787.

[102]　　Hong Z,Sheng J,Zhang J,et al. The development and performance test of a 10kV resistive type superconducting fault current limiter. IEEE Transactions on Applied Superconductivity,2012,22(3):5600504.

[103]　　Gromoll B,Ries G,Schmidt W,et al. Resistive current limiters with YBCO films. IEEE Transactions on Applied Superconductivity,1997,7(2):828-831.

[104]　　Ohsaki H,Sekino M,Nonaka S. Characteristics of resistive fault current limiting elements using YBCO superconducting thin film with meander-shaped metal layer. IEEE Transactions on Applied Superconductivity,2009,19(3):1818-1822.

[105]　　Lee B W,Kang J S,Park K B,et al. Optimized current path pattern of YBCO films for resistive superconducting fault current limiters. IEEE Transactions on Applied Superconductivity,2005,15(2):2118-2121.

第4章 高温超导限流器的发展与应用趋势

4.1 高温超导限流器的电力系统应用方案

4.1.1 高温超导限流器在电力系统中的基本功能和应用方案

电力系统保护包括线路保护和设备保护,线路保护主要有电流保护、距离保护和纵联保护。电流保护是最基本和简单的保护方式,该保护技术是在电流增加超过允许值时相应保护开始动作。电流保护继电器具有瞬时过流和限时过流两种形式。距离保护是根据故障点和保护装置间的距离或阻抗大小,确定动作时限的一种保护方案。纵联保护是通过通信获取和比较输电线路两端的电气量,判断故障是在本线路范围内还是范围外,以决定是否切断被保护线路。电流保护的内容还包括零序电流保护和电流差动保护。当中性点直接接地的电网中发生对地短路时,会出现很大的零序电流,这在正常运行时是没有的,因此可利用零序电流构建对地短路保护方案。电流差动保护是基于基尔霍夫定律构建的,通过对差流的监测,进行判断和实现保护。

基于高温超导限流器的基本功能,高温超导限流器在电力系统中的潜在应用有不同方案及相应效果。这里简单讨论高温超导限流器基于其基本功能的电力系统潜在应用方案。

高温超导限流器在电力系统中的实际应用具有诸多优势和特殊效果,其基本功能和作用包括:

(1)减少短路电流对电力设备的电动力和热效应,从而提高电力系统的可靠性;

(2)减少短路电流,提高电力系统动稳定性;

(3)减小系统电抗值,提高电力系统静稳定性;

(4)减小系统电抗值,提高供电质量;

(5)减小系统电抗值,降低一些设备的造价;

(6)保护其他超导电力设备;

(7)解决因短路电流过大而无法解决的联网问题,增加电网运行的可靠性、经济性和灵活性;

(8)改善新建电站后短路电流增加而导致大批高压断路器面临更换的状况;

（9）与当前应用的电抗器相比，可降低不少有功和无功损耗，并提高供电质量；

（10）在电网出现短路故障时，可减小电压降低的影响范围；

（11）与常规高压断路器比较，能自动抑制短路电流且不需要继电保护系统，没有机械部分，动作快；

（12）可以根据需要将故障电流限制在系统额定电流的一定比例内，如 2 倍左右；

（13）串联在电力系统中且呈超导状态，因此在正常运行状态下多数超导限流器只有极小的功率损失；

（14）能自动触发、自动快速复位，集检测、触发、限流于一体；

（15）是一种静态的限流器，结构较为简单；

（16）当超导限流器串联在几个系统之间并相互通电时，能形成极稳定的电力系统网，以保证某一系统发生故障而不至于影响整个系统的正常运行，提高了系统的可靠性。

4.1.2　高温超导限流器的应用与说明

高温超导限流器在电力系统中的基本应用方案如图 4-1-1 所示。

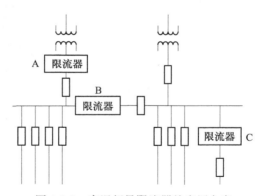

图 4-1-1　高温超导限流器的应用方案

A-用于保护整个系统或母线；B-用于联络两段母线；C-用于保护负荷

高温超导限流器在电力系统中的位置和作用可由下述具体描述进一步进行原理说明。以一个输配电系统为例，若在如图 4-1-2 中数字所示的位置安装高温超导限流器，将可获得技术上的有效保证和巨大的经济效益[1]。

（1）连接发电机。发电机端安装限流器能够减小故障对发电机组的冲击。通过减少故障时系统的短路容量，从而减轻电力设备的短路热动效应，除此之外，还可延缓对系统的改造升级时间。

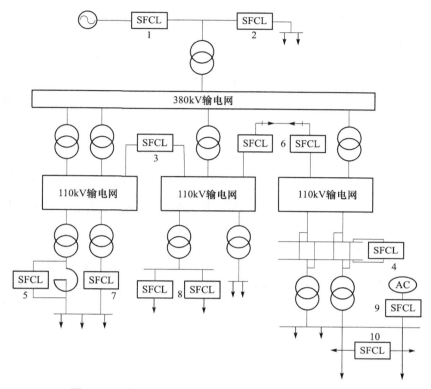

图 4-1-2　高温超导限流器在电力系统中的潜在安装位置

（2）连接整个母线端。当负荷增大导致采用容量更大的变压器时，可以不用更换断路器和隔离开关等电气设备；在更高的功率水平上，可采用大功率低阻抗变压器维持电压调节水平，并可使短路电流得到限制，从而避免对变压器的破坏；当变压器的高压线路上的故障电流得以限制后，在中等电压等级的母线发生短路故障时，可使高压母线的电压降到最低程度。与发电站辅助设备相连，可降低电压降，减少对系统的干扰，提高系统的稳定性，另外，还可减小各种辅助装置的尺寸。

（3）连接网络与网络间。在网络与网络间安装高温超导限流器，会在以下几方面产生很大的优势：功率流动、电压稳定、供电安全、系统稳定与扰动。用于系统的联络线，可以保护一个系统不受另一个系统故障的影响，提高供电系统的可靠性；与静态电容、电感等电气设备配合使用可调节电力系统的潮流分布，减小系统损耗。

（4）联络两段母线。分离的母线连接后，短路电流对母线的影响并不会明显加剧；当某一母线发生短路故障时，可保证未发生故障的另一母线的电压水平，使其维持正常运行;联络多段母线后,可使多台变压器并联运行,从而降低系统阻抗,增强变压器的调压能力,并可避免使用高内阻变压器;一段母线上的过剩电能可供另一段母线上的负载使用,从而使变压器额定容量的利用率提高,作用效果与(3)类似。采用较小额定电流的超导限流器就能够满足这种应用。

(5)并联限流分裂电抗器。在正常运行时,限流器将电抗器短接,从而降低电抗器两端的电压降和功耗,避免了电压损失,提高了电能质量。

(6)连接其他超导装置。例如,与超导电缆相连,通过限流避免其他超导装置因失超而被烧毁。

(7)连接变压器。可以减少合闸时的冲击电流,保护变压器及其后续设备,减轻它们的短路热动效应,从而降低其规格,如容量、尺寸等;减少干扰,提高稳定性,减小损耗,增大用户负载。

(8)连接母线后端。可用于保护整个母线。当负荷增大导致采用容量更大的变压器时,如果不在此变压器端安装超导限流器,就要在后面的母线端安装超导限流器。虽然这将需要更多的超导限流器,但它能减少正常运行和故障情况下母线上的损失。保护难以更新的设备,如地下电缆或安装在地下室的变压器等。线路处于雷电频发区,经常引起事故跳闸,加装超导限流器可改善电网安全性和稳定性。

(9)连接地方发电机端。为连接后续并网的发电厂,如热电站、风力发电站等,超导限流器是非常有益的,因为它能减少上述电站对短路电流的贡献。

(10)关闭环路。在中等电压等级的网络中,由于高短路电流,环路有时是断开的。这些环路可以通过超导限流器来关闭,这不仅意味着更好的供电安全和电压平衡,而且能降低损失。

4.2　高温超导限流器的关键技术与实用化发展

4.2.1　高温超导限流器的特点

高温超导限流器是基于高温超导材料研制成的故障电流限制装置。在系统正常工作时,高温超导限流器呈现一个很小的阻抗,不影响系统的运行;而当系统发生故障时,立即转变为一个大阻抗,进行限流。高温超导限流器集检测、转换和限流于一体,能有效地限制故障电流。

高温超导限流器具有共同特征,即装置本身本征具有:短路故障电流自动检测和感应;工作状态或电抗自动转换;自动限流和正常工作状态下的低损耗特征。

作为高温超导电力应用技术的领头产品,高温超导限流器能在高压下运行,响应时间快,可在极短时间(如百微秒级)内有效地限制故障电流,可靠性高,是输电系统限流保护技术未来发展的重要方向;原理结构简单,正常时无损耗,克服了各种常规限流器的缺点,具有显著优点,是一种理想的限流装置。若能将其产品化,安装在电力系统中,可获得巨大的经济利益。通过利用高温超导限流器限制短路电流,可使得在现有电网电力设备规格不变的情况下,降低短路电流,提高电网输送容量,或者降低系统控制设备的规格,如显著降低断路器的容量,节省电网的建设成本和改造费用以及延长电气设备的寿命;从技术层面,它可提高电网的稳定性、提高供电的可靠性和安全性以及改善电能质量。

目前高温超导限流器的研究重心已由概念验证转向装置的实际应用和产业化发展方向。实际应用技术尚不成熟,还有一系列关键技术需要解决。例如,电流整定困难、失超后的散热维护等问题;需附属制冷设备,造价高;对超导元件的制备工艺要求很高,不易掌握。

超导限流器要实现产品实用化,从根本上讲取决于超导材料的发展。低温超导材料运行的制冷成本高,约为高温超导材料制冷成本的 100 倍。但高温超导材料属金属氧化物,如一代 Bi 系导线,机械加工性能较差,成材困难,成材后的实际临界电流密度比其短试验样品的要低得多,材料本身的成本还较高,而且有些材料性能不稳定。目前已有几种不同的高温超导材料,以不同形式用于不同模式的限流器的设计和装置制造,各有优缺点,也基本都具有实用化潜力。随着高温超导材料的改善和发展,其实用化潜力与效果将会明显增强。利用现有高温超导材料,可从以下几方面着手,加快超导限流器的产业化进程:①优化产品结构,提高其安全可靠性;②与常规电力系统的兼容性;③引线技术;④低温高压绝缘技术;⑤低温制冷与绝热技术。

高温超导技术用于电力系统故障限流,除进一步改善高温超导材料性能之外,还需解决如下实际技术问题:在大功率和高压场合的应用技术及入网标准尚不成熟;有些模式的动作电流整定困难,如受材料制作工艺水平的限制及超导体本身的"锻炼效应"等因素的影响,高温超导限流器的整定电流不是恒值,这也给实用化带来了问题;高温超导限流器对继电保护的影响,即高温超导限流器会影响其安装处的测量阻抗及系统控制,且由于超导体失超恢复时间较长,一般失超模式的高温超导限流器在满足重合闸方面的要求尚有不足;高温超导限流器的失超恢复、散热和维护等问题。

4.2.2　不同高温超导限流器的特点

1. 不同高温超导限流器的应用特点

针对高温超导限流器在电力系统中的实际应用,不同模式的高温超导限流器有不同的应用特点,其可由表 4-2-1 总结和概述。

表 4-2-1　　几种主要高温超导限流器的优点与缺点

类型	优点	缺点
纯电阻型	利用超导的最基本特性、结构简单、响应速度快、电流过载系数低和正常运行压降低等	与系统串联,承受系统全电流,交流损耗大,失超后恢复时间长。超导线圈在正常运行期间要流过线路全电流,因此需要低交流损耗的大电流超导电缆。由于大电流交流超导电缆在制造中有难以解决的机械和热问题,及其恢复时间长,电流的额定有效值受到限制
混合电阻型	比纯电阻型反应更快,因为超导元件失超所需储存的能量较少	在实现自身限流器小尺寸的同时,需增加其他部件及其尺寸
磁屏蔽型	超导元件结构简单且制造成本低,所需的高温超导体用量是各类型中最少的,交流损耗低,且不需电流引线,热负荷小	限制故障电流期间有瞬态过电压产生,故障后恢复时间长,要做两套装置才能用于快速重合闸,并需转换开关
磁饱和型	超导线圈偏置电流是直流的,所需的直流超导电缆和线圈制造相对容易,超导元件不失超,不需要通过电网额定的大电流,有多次自动启动能力,适于多次重合闸运行,可采用金属杜瓦,过电压小,根据系统的需要可在一定的范围内调整直流偏置电流的大小,从而可以调整预定的最大限流系数,灵活设计和控制	铁芯和常规绕组尺寸需按 2 倍的故障功率设计,故装置较笨重;正常运行期间铁芯处于饱和状态,有显著的漏磁场;限流期间,铁芯因反复饱和、去饱和,将产生电压谐波
桥路型	可多次启动,适于自动重合闸运行,正常工作时装置的压降小,超导线圈无交流损耗	超导线圈中存在高于电网额定电流的直流电流,由电流引线引起的低温损耗较大
感应型	具有变压器兼限流器的功能,超导线圈不需要电流引线,热损耗较小	需要非金属杜瓦和大电流超导电缆
变压器型	只需采用比线路电流小得多的交流超导电缆,使得超导电缆简单易制,减小了超导体重量,大降低了低温损耗,同时由于故障限制期间磁路饱和而降低了电压和电流的有效值,从而减小超导线圈发热,有利于超导态的恢复	引进常规变压器机构,使总损耗很大且很笨重;故障期间有较高的过电压,故障后磁路饱和会引起电流电压畸变

2. 不同高温超导限流器的特点小结

1) 磁饱和型高温超导限流器

磁饱和型高温超导限流器是一种不失超型的超导限流器,不存在失超响应和恢复时间,响应时间快,对系统重合闸无影响;结构简单,易于制作,所需超导材料也易于获得。它利用铁芯磁化曲线的非线性改变阻抗的大小,正常工作时,铁芯处于深度饱和,交流绕组的感抗很小,对系统几乎无影响,短路时脱离饱和区,感抗迅速增大,限制短路电流,因而其电磁关系复杂,使得分析绕组内磁通量的变化、计算交流绕组两端的电动势、设计限流器的结构参数和预估限流效果具有很大的难度。

(1) 磁饱和型高温超导限流器可以提供较高的限流阻抗,应用于电压等级较高的电网中。虽然在线路正常输电时,其稳态阻抗略高于电阻型高温超导限流器的值,但还是非常小,设备压降一般可以做到线路电压的 $1\%\sim2\%$,甚至更低。

(2) 磁饱和型高温超导限流器的另一个优势是在故障限流后,可以在很短的时间内($<500\mathrm{ms}$)恢复到低阻抗状态,满足大多数电网发生短路故障后线路重合的要求。

(3) 在线路发生短路故障后,磁饱和型高温超导限流器立即发挥限流作用,也就是说,其限流启动时间几乎为零。

(4) 磁饱和型高温超导限流器在正常输电时不会产生令人担心的谐波,也未观察到对输送电流的波形产生任何影响。

(5) 与线性网络的短路电流特征显著不同,磁饱和型高温超导限流器一次绕组中的交变电流为畸变波形,并在励磁绕组中激发交变双峰不过零电流。

(6) 磁饱和型高温超导限流器对最大短路电流的限制率可达 $20\%\sim40\%$。

(7) 在较低电压等级电网中,保护动作清除短路故障的时间比超高压电网要长,并且电网结构多为辐射状,对限流器的阻抗要求不高,因此忽略限流器的过渡过程尚可接受。但在超高电网中保护动作更快,且电网多为网状,这就要求限流器具备更高的限流阻抗,因此在参数选择时必须考虑其过渡过程的影响。

(8) 为发挥限流效果,应尽量缩短灭磁时间,以便快速结束过渡过程。增大灭磁电阻可使电路电流显著减小;但增大灭磁电阻,将使励磁绕组感应很高的电压,因此在参数设计时应统筹考虑。

(9) 在铁芯尺寸不变的情况下,磁饱和型高温超导限流器的限流能力与交流绕组匝数和直流饱和磁化深度有关,交流绕组匝数越多,直流磁化强度越弱,短路限流能力越大,反之越小。然而,如果短路时的限流能力越大,正常无故障时,限流器对系统的影响也越大。

(10) 由于磁饱和型高温超导限流器可以达到比较高的限流阻抗,目前在中、高压电网都有成功应用的例子。

2) 变压器型高温超导限流器

变压器型高温超导限流器的限流效果取决于与所在系统的参数配合。当系统网络的固有频率 ω_0 增大时,变压器型高温超导限流器的电流抑制效果随之增强,循环电流将减小,而且变压器损耗因子 δ 对这些指标的变化产生了不同程度的影响。当系统网络的同有频率较低时,限流器限流效果较差且流经变压器绕组的电流也较大,因此在实际应用中要综合考虑,选择合理的限流器电容值 C 和变压器损耗因子 δ,以避开系统网络固有频率 ω_0 的低值区间。

不管是在超高压输电系统中,还是在电压等级较低的配电系统中,安装变压器型高温超导限流器均能够较有效地限制短路电流水平,抑制母线电压跌落,提高电能质量,具有良好的限流特性和较强的工程实用性。

变压器型高温超导限流器的应用可能会对电网的多方面产生影响,对于单机-无穷大系统,安装变压器型高温超导限流器后,发电机输出功率提高,功率角相对变化减小,改善了系统在短路故障下的暂态稳定性。

变压器型高温超导限流器的研制和工程应用必然会对电网运行造成影响,要实现该高温超导限流器的实际工程应用,还必须进行更加深入细致的研究。目前,国内外对高温超导限流器技术、经济性能的综合评估方案还不够成熟,很多高温超导限流器的研究和设计都停留在理论层面,导致电力企业对高温超导限流器潜在的经济效益还不太认同,这在一定程度上影响了高温超导限流器在电网中的推广应用。为了保证高温超导限流器能够在实际系统中可靠工作,必须要与综合性的数字化在线监测、故障诊断、触发控制和保护方案进行配合。在理论分析的基础上,还需要对高温超导限流器开展绝缘耐压、动态模拟、冲击电流考核等研究,以验证高电压等级高温超导限流器的实用性能。

3) 磁屏蔽型高温超导限流器

磁屏蔽型高温超导限流器的特性,可归纳如下:

(1) 在磁屏蔽型高温超导限流器的额定运行状态下,限流器的阻抗很低,其阻抗是由初级铜绕组的电阻和电感以及超导筒中的交流损耗产生的;故障状态下,限流器相当于次级短路的变压器,阻抗增加了一个数量级。

(2) 磁屏蔽型高温超导限流器的额定电流应当小于开关电流;同时,为了提高限流器的额定容量,限流器的额定电流应当接近开关电流。

(3) 磁屏蔽型高温超导限流器能够在回路发生故障时将短路电流限制在额定电流的5~10倍。而在额定运行状态下,故障电流限流器的阻抗很小,不会影响电网的供电质量。

(4) 磁屏蔽型高温超导限流器的恢复时间是升温后的超导筒的温度恢复到额定状态时(此时的超导筒处于超导状态)所需要的时间。处于液氮冷池之中的磁屏蔽型高温超导限流器的恢复时间约为3s。

(5) 在相同的系统条件下,闭环铁芯限流器和开环铁芯限流器的限流效果相近,所以在满足电网限流要求的基础之上,磁屏蔽型高温超导限流器采用开环铁芯将会获得更优的经济性能。

4) 桥路型高温超导限流器

桥路型高温超导限流器需要直流偏置电源,这在工程上实现比较困难。故障后,系统电流急剧增大,线圈串入系统中,限制故障电流的增长速度。当系统电流值超过线圈电流值时,线圈被充磁,线圈电流不断增大,当线圈电流增加到故障电流峰值后,限流器的线圈电流将会被充磁到超过故障电流峰值,以至于桥路全部导通而失去限流功能,对于短路电流的稳态值不起限制作用,只能结合断路器断开用电系统,否则大电流将会对系统中的设备器件造成毁灭性的损坏。可见,该限流器只能限制暂态电流,不能限制稳态电流,且需要结合断路器暂时断开用电系统。

所以,为了使桥路型高温超导限流器能限制短路电流的稳态值,就必须设法在电感被励磁的同时,增加去磁环节,使超导电感的电流不至于在短路时增加到无限流器时短路电流的稳态值。

(1) 电阻投切式桥路型高温超导限流器。

电阻投切式桥路型高温超导限流器采用一个常规电阻作为限流电阻,对与之并联的可控开关进行控制,以实现电阻在故障时的投入。该类型高温超导限流器的优点是:方法简单,技术上容易实现,成本较低;保留了普通桥路型高温超导限流器快速反应和快速恢复的优点。缺点是:限流过程需要故障检测和控制装置;正常运行时,并联开关存在通态压降,消耗功率;对限流电阻的载流特性和热稳定性要求高,需要大功率散热系统。

这里着重讨论三个关键参数对此类高温超导限流器限流性能的具体影响,并得出以下结论:

① 超导电感 L 主要起到限制短路电流峰值的作用,对短路电流的稳态值没有抑制作用。超导电感值越大,短路电流峰值的限制效果越明显,电感电流的波动也越小,但是取值过大可能导致线路电流的畸变现象的产生。因此,实际中 L 取值要适当。

② 限流电阻 R 对于短路故障电流的峰值和稳态值都有很好的限制作用。限流电阻取值越大,限流效果越明显。但伴随限流电阻值的增大,增加单位电阻值所起到的作用逐渐减小。在实际应用时还要考虑系统热损耗的问题。

③ 去磁环节的响应时间 t_d 越短,说明控制器检测到故障的时间越短,限流电阻投入越迅速,短路故障电流峰值的限制效果越好。

(2) 混合式桥路型高温超导限流器。

混合式桥路型高温超导限流器是将电阻投切式桥路型高温超导限流器中的电阻 R 用一个电阻型高温超导限流器替换。这种限流方案同时利用了超导体的无阻传输特性、高密度载流特性及 S/N 转变特性。混合式桥路型高温超导限流器的限流电阻在故障时能自动投入,不需要故障检测。当系统正常运行时,超导元件在直流下工作,正常态阻抗小。其缺点是电阻型高温超导限流器恢复时间长,需要并联开关或第二套电阻型高温超导限流器设备。

(3) 有源式桥路型高温超导限流器。

有源式桥路型高温超导限流器采用虚拟电阻来实现超导电感的去磁环节。虚拟电阻的实质是一个可控直流电压源。电源的输出电压可调节,从而能够实现对超导电感的励磁和去磁。这种高温超导限流器将限流与储能功能集成为一个系统,共用超导线圈,节省了总体造价;故障时可以采用施加反压的方法同超导线圈一起限制短路电流;具有补偿故障时电压跌落的功能。因此,这种限流-储能类型的限流器具有较好的应用价值,但仍存在一些缺陷:需要故障检测装置;系统结构和控制策略较为复杂,限流动作环节多;可控直流电压源的造价较高。

（4）全控混合式桥路型高温超导限流器。

相比于传统桥路型高温超导限流器的特点,全控混合式桥路型高温超导限流器方案的优点在于:

① 能够有效缩短响应时间;电力系统中,响应速度当然越快越好,响应速度可提高到微秒级别。

② 能限制暂态及稳态故障电流。

③ 不需切断系统。当系统中负载被短路后,先暂时让存在故障的系统继续运行短暂的时间,而不是立刻切断用电系统,以便如果短时间持续或瞬时性的短路故障自动清除或消失后,限流器转换到正常运行状态以及系统迅速地恢复到正常供电,这样就持续地保证了系统供电和用户用电。

④ 不需偏置电源;大大地简化了限流器结构,系统可靠性提高,设备成本降低、体积减小、重量减轻。

全控混合式桥路型高温超导限流器方案的缺点:

① 由于可控开关的引入,令硬件成本增加;

② 由于增加控制系统,使限流器模块增多,结构复杂化,限流器自身故障可能性增加;

③ 目前只适应于低压系统。

该高温超导限流器可以有效解决传统的几种功率电子桥路型限流器不能使限流器兼顾低成本、结构简单,并且快速响应及有效限制暂态和稳态故障电流的技术问题;该限流器具有结构简单、成本低、响应快,能有效限制暂态及稳态故障电流,系统及限流器自身能实现自保护等明显优点。

5）电阻型高温超导限流器

电阻型高温超导限流器的限流/通流元件直接由超导材料制作,在线路正常输电时处于超导状态,直流电阻为零。此时该通流/限流元件的阻抗仅来源于交流损耗,量值很小。稳态阻抗小是电阻型高温超导限流器的最大优点。也正是由于这一点,电阻型高温超导限流器的限流阻抗与稳态阻抗的比值很大,大大地提高了其实用价值。但是,目前要想制造和使用限流阻抗很高的电阻型通流/限流元件面临一些需要解决的难题。

难题之一是制造成本和设备体积问题。由于目前市场上所能得到的超导材料在失超后的电阻率较低,要制作限流阻抗大的元件就要使用大量材料,由此导致元件体积过大和制造成本过高。更为棘手的难题是对于一个尺寸很大的超导元件,无论是绕组形式还是组件形式,在实际工作时各个部分的温度很难做到完全一致,所受磁场的大小和方向也难以均匀。

大体积限流/通流元件在线路发生短路故障时难以实现同步均匀失超,成为目前发展具有较高限流阻抗的电阻型高温超导限流器的瓶颈,亟待解决。

电阻型高温超导限流器在限流时,其超导元件要经历失超过程,并且限流器需要较长的恢复时间,难以应用到保护系统对短路故障发生后有自动重合要求的电网中。

电阻型高温超导限流器的功能实现依赖于反复的超导态/正常态的转变,超导体经常要失超工作,很有可能因失超而导致性能下降甚至损坏。考虑到超导体目前价格昂贵,必须设置超导体失超保护装置,确保超导体失超后不被损坏以及多次失超后性能不明显下降。

一般来讲,电网的电压越高,对限流装置的阻抗要求越高。虽然电阻型高温超导限流器有诸多优点,但电阻型高温超导限流器具有较高的限流阻抗/稳态阻抗比,所能实现的限流阻抗值较小,所以到目前为止还只在几十千伏或以下的中等电压等级的配电网中得到成功的应用。

4.2.3　高温超导限流器研究中的关键技术

尽管国内外对高温超导限流器已进行了大量的研究,但尚未有成熟的产品投入批量工程应用,其中既包括高温超导限流器本身存在大量的技术难题需要解决,也包括应用高温超导限流器可能对电力系统产生各种正面或负面的影响,如高温超导限流器与电力系统整体性能的交互影响;高温超导限流器与电网中发电机、变压器、断路器以及继电保护装置等各种电气设备间的交互影响。以下简要归纳各类型高温超导限流器开发及工程应用过程中需要面对的一些关键技术问题。

(1) 高温超导限流器在电力系统中的大量应用依赖于高温超导线材的发展。开发新型价格低的高温超导线材,完善现有高温超导线材的机械加工、成材性能以提高实际临界电流密度,进一步提高高温超导限流器的限流性能和稳定性,是降低运行成本、促进超导电力时代真正到来的关键。

(2) 目前高温超导限流器需长期不间断地使高温超导体保持低温状态,低温冷却技术是高温超导限流器研究和实际应用的前提条件之一。因而,有必要以超导-低温一体化的技术观念,研究超导体的低温动态热稳定性,在低温、大电流、强磁场等极端条件下的传热特性,及其与低温系统的最佳热耦合,并开发出低漏热率和无磁杜瓦的低温系统及相应的低温测控器件。另外,高温超导线路自身故障在线监测、故障诊断、触发控制和保护策略,以及紧急情况下相应的处理技术也需加以研究。

（3）可靠性是高温超导限流器在电力系统中应用的最重要的问题之一。在电阻型高温超导限流器中,发生故障所造成的焦耳热会产生很多泡沫,降低液氮的绝缘特性和使限流器装置中的介质失效。高温超导限流器的快速断路反应和恢复也是高温超导限流器运行的潜在风险。在高温超导限流器运行中的另一个问题是附加电感。在引入感应型高温超导限流器时会产生附加电感,同时电阻型高温超导限流器也会产生一个和超导体并联的电感;电感性的磁饱和型高温超导限流器,其饱和铁芯将产生一个附加电感。增加的电感可能会降低电力系统的性能,如在通过故障暂态允许的高电流时,降低功率传输能力。因此,在正常运行条件下将附加电感最小化是一个重大的挑战。

（4）高温超导限流器在电力系统中的安装地点将直接影响其限流效果和限流器参数的选择,目前该方面的研究还极少。因此,有必要探索有效的性能仿真分析方法,建立高温超导限流器的经济性评价指标和评估模型,对安装地点进行合理选择。同时,分析高温超导限流器参数变化对其限流特性的影响,针对特定电网提出高温超导限流器的最佳配置方案,从而使高温超导限流器在满足限流指标的前提下,有利于提高电网的暂态稳定性。

（5）短路电流故障引发的暂态功率角振荡以致失稳会威胁到电力系统的安全运行,而高温超导限流器串入线路后在抑制短路电流的同时也参与了系统的暂态过程。另外,还可能对电网产生综合影响,涉及继电保护、断路器开断能力、自动重合闸等方面。因此,有必要就其对系统暂态行为、自动重合闸操作的影响,以及新的继电保护整定策略、断路器的关合与开断条件进行分析研究,这在高温超导限流器的实用化设计过程中至关重要。

（6）基于新型限流拓扑电路,并与灵活交流输电（FACTS）技术相结合,研究高温超导限流器与 FACTS 设备的配合问题。或以超导材料为核心,基于电力电子技术,开发集调节电网电能质量、限流功能、故障切除能力等于一体的多功能高温超导限流器。在开发过程中,应通过建立试验回路对高温超导限流器样机开展绝缘耐压、动态模拟、冲击大电流考核等研究,同时还应开展一系列有关高温超导限流器的设计、计算、运行、测试及控制、日常的安全维护以及其中每个元器件的选择等方面的工作。

4.3　高温超导限流器的能效分析

4.3.1　高温超导限流器的自身能耗分析

目前,电力系统容量得到快速增长,导致电网短路功率及故障短路电流迅速增加。此时,高压断路器开关容量已不能满足电网需求,因此系统故障时,需串接限流器提供高阻抗限制故障电流,系统正常运行时,限流器需呈现低阻抗以保证其高效运行。高温超导限流器作为一种限制故障电流的装置可在亚毫秒级内有效限制故障电流,显著提高电网的稳定性和可靠性。但是高温超导限流器在正常运行时会产生一定的损耗。

高温超导限流器的总损耗为 P_t,主要包括高温超导材料的交流损耗 P_{AC}、电流引线的热损耗 P_{CL}、制冷机的热损耗 P_{Cryo} 以及一些连接处和接头产生的额外损耗 P_{ADD},可由以下公式表示:

$$P_t = P_{AC} + P_{CL} + P_{Cryo} + P_{ADD} \tag{4-3-1}$$

高温超导限流器在正常运行时产生的损耗会导致导体发热,如果热量不能及时排除,随着温度的升高临界电流会退化。同时,由于温度的升高,制冷系统需要的功率不得不相应增加,这样大大加重了高温超导限流器的制冷费用。

随着高温超导技术的发展,许多国家的相关研究人员对高温超导限流器的电路结构和原理进行了详细研究与分析。但如何减少限流线圈产生的热量对装置本身特性的影响并提高冷却系统效率的问题仍需解决。因此,在系统正常运行状态下减少高温超导限流器的总损耗是其实际应用于电力系统必须解决的问题。表 4-3-1 为各个国家实际挂网运行的不同模式的高温超导限流器的损耗表。

表 4-3-1　各个国家不同模式实际挂网运行的高温超导限流器的损耗

模式	国家	容量	高温超导材料	高温超导体临界电流	正常运行总损耗	交流损耗	电流引线损耗	低温恒温器损耗	其他
电阻型	德国	12kV/0.1kA[2]	BSCCO-2212块材	600A(77K)	200W(73K)			150W	
电阻型	德国	12kV/0.8kA[2]	BSCCO-2212块材	1200A(77K)	2000W(65K)	860W	240W	200W	700W
电阻型	德国	12kV/533A[3]	YBCO 薄膜	275A(77K)	500W(77K)	10W	240W	200W	50W
电阻型	德国	24kV/1kA[4]	YBCO 带材	300A(77K)	600W(77K)	150W	270W	120W	60W
混合型	韩国	22.9kV/630A[5]	YBCO 薄膜	900A(77K)	13300W(77K)			8000W	5300W
无线圈感应型	韩国	13.2kV/630A[6]	YBCO 导线	1200A(65K)	197W(65K)	92W	66W	36W	3W
磁饱和型	中国	35kV/90MVA[7]	BSCCO-2223导线	85～145A(77K)	100W(77K)	68W	15W	10W	7W
磁饱和型	中国	220kV/300MVA[8,9]	BSCCO-2223导线	325A(77K)	200W(77K)	34W		150W	
桥路型	中国	10.5kV/1.5kA[10]	BSCCO-2223导线	500A(77.3K)	150W(77K)			120W	

关于限流器自身损耗,以 2012 年中国研制的 220kV/300MVA 磁饱和型限流

器为例,进行比较说明。该限流器在正常运行时,缠绕在六个铁芯柱上的超导线圈不会失超,制冷系统为超导限流器提供低温环境,使高温超导线圈处在超导状态。图 4-3-1为交流线圈阻抗与临界饱和阻抗的比值、交流电流和额定电流的比值与直流电流和超导线圈临界电流比值的关系曲线[11]。在不同的直流情况下,当直流电流增加时,在临界阻抗的条件下,交流电流会增加;同时临界阻抗也会增加。当交流电流很小或者直流电流很大时,铁芯将会完全饱和,阻抗为 1.85~2.00Ω,基本不再发生改变。

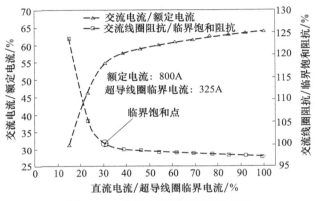

图 4-3-1　磁饱和型限流器特性曲线

在限流器正常运行的条件下,控制模块可以不断地向杜瓦中添加液氮,在不同的工作情况下,液氮的消耗是不同的,即能耗不同。在电网中没有交流电流时,磁化电流从 0 增加到 200A 时,液氮消耗从 150W 增加到 170W,当磁化电流为 200A 且交流电流从 0 增加到 300A 时,液氮消耗从 170W 增加到 190W,如图 4-3-2 所示[9]。

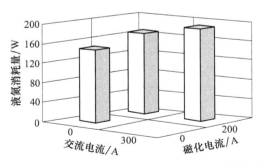

图 4-3-2　磁饱和型限流器在不同工作情况下的液氮消耗量

德国在 2012 年研制的 24kV/1kA 电阻型高温超导限流器对限流器自身各个方面的损耗有具体研究,其中包括交流损耗、电流引线损耗、低温恒温器损耗和接头损耗分析,该限流器在不同电流的条件下各个方面的损耗如图 4-3-3 所示[4]。其在温度为 77K、临界电流为 300A 的情况下,交流损耗为 0.05W/m,电流引线损耗为 45W/kA。从图 4-3-3 可以看出,当电流增加时,交流损耗增加较大,电流引线损耗和接头损耗增加较小,低温恒温器损耗由设计的低温恒温器所决定。因此,当电流增大时,限流器总损耗的变化由交流损耗的变化决定。

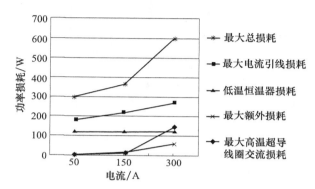

图 4-3-3　24kV/1kA 电阻型高温超导限流器在不同电流情况下自身的各种损耗

4.3.2　高温超导限流器在电力系统应用中的能效分析

1. 传统电力系统能效分析

在发电、输电、配电等过程中,能量损失是不可避免的。电力系统中的能量损失是所产生的电能和输送给用户的电能之间的差值。综合线路损耗率为在电力网络系统中总能量损失占发电系统产生的电能的比例,它是电力系统节能水平的重要指标。电力系统中的能量损失主要是由电力系统中的电气元件引起的,可能的损失包括变压器损耗、架空线路和地下电缆损耗、电容器和电抗器损耗、电压互感器和电流互感器损耗、仪表和保护设备损耗、变电站能耗和传导损耗等。

在中国,从 2010 年到 2014 年的综合线路损耗率如图 4-3-4 所示,可以看出,综合线损率随年份的增加仅有一些小的波动。这说明在现有条件下,通过减少线路损耗降低系统损耗是不易实现的,需要有适用于改善电力系统的创新技术[12]。

综合线路损耗又称电网损耗,主要包括两大类,即技术损耗和非技术损耗。其中,技术损耗是自然损耗,涉及变电站的相关损耗,以及变压器和输电线由其内部电阻所产生的损耗;非技术损耗是指由故障或非法操作引起的损耗。一般来说,技术损耗大于非技术损耗,当计算电网理论线损时,通常忽略非技术损耗。

基于电力系统的物理特性,电力系统中的实际能量损耗是由有功功率损耗引起的。对于一个典型的网状系统,总的有功功率损失为

$$P_{\mathrm{L}} = \sum_{i=1}^{N}\sum_{j=1}^{N}\Delta P_{ij} = \sum_{i=1}^{N}\sum_{j=1}^{N}G_{ij}(V_i^2 + V_i^2 - 2V_iV_j\cos\delta_{ij}) \qquad (4\text{-}3\text{-}2)$$

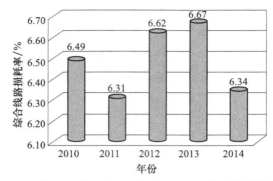

图 4-3-4　从 2010 年到 2014 年中国电网的综合线路损耗率

式中，ΔP_{ij} 是母线支路 i、j 上的有功功率损耗；在网络总线导纳矩阵中，G_{ij} 是 i、j 分量的实部；V_i 和 V_j 分别是母线支路 i 和 j 的电压；δ_{ij} 是母线支路 i、j 之间的相角差。

图 4-3-5 显示了一个典型的 IEEE 30 总线电源系统。在正常运行条件下，可将母线电压、相位角、导纳矩阵、有功功率和无功功率注入各个母线中。总的有功功率损失可按式(4-3-2)计算。很明显，能量损失是一个包含不同变量的函数，包括线路和变压器的阻抗，母线上的有功功率和无功功率，每条母线的电压和相位角。这些变量的值取决于电力系统结构、运行方式和组件的物理属性。因此，如果对电源系统的结构、运行模式进行了优化，或由高温超导器件取代传统的电力器件，电力系统中的能量损耗将减少。

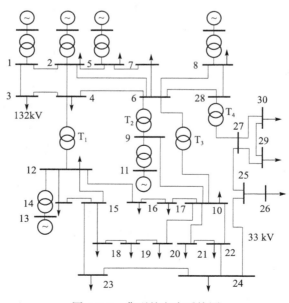

图 4-3-5　典型的电力系统图

2. 高温超导限流器在电力系统中的能效分析

随着人们对电力需求的不断增长和对供电质量要求的不断提高,输、配电网规模日益扩大,电网互联程度越来越高。电网的互联改善了电网的输电效率,增强了电网的供电可靠性,降低了电力成本。但这也使得电网的短路阻抗越来越小,短路电流水平急剧增大。现在很多电网的短路电流水平已经超出或即将超出现有线路断路器能够应对的范围,电网运行安全存在着很大隐患。控制电网的短路电流水平,一方面要在电网结构及运行机制设计时充分考虑这个问题,优化电网系统,保证短路电流处在可控的范围;另一方面要发展能够有效限制短路电流的电力设备,提高电网抑制短路电流水平的能力。目前,在设备上解决短路电流过大问题,常用的是高阻抗变压器或限流电抗器,但这些设备的使用增加了输电损耗,减弱了电网的电压调节能力。有时还要配置有载调压变压器来补偿这些设备带来的电压降落,加大了电网损耗和电网建设成本。而高温超导限流器为解决以上问题提供了方案,可提高电网的灵活性、供电质量和安全性。

目前电力系统中广泛使用电抗器和 SF_6 断路器等来限制短路电流,电抗器是通过增加系统阻抗,降低电网的紧密程度,从而减小变电站母线某些分支的短路电流。电抗器在中低压系统得到广泛的应用,可有效降低系统的短路电流水平,减小设备的短路电流耐受水平,但使用电抗器会出现较大的电能损耗,造成较大的经济损失。表 4-3-2 为不同电压等级下串联电抗器的损耗[13]。

表 4-3-2　不同电压等级下串联电抗器损耗

电压等级 /kV	额定容量 /kvar	空心电抗器 (75℃)/kW	铁芯电抗器 (75℃)/kW	半芯电抗器 (75℃)/kW
6	100	3	1.6	2
10	250	5	3.25	3.5
35	500	8	5.5	5
66	2000	18	14	12

由表 4-3-2 可以看出,不同类型的电抗器在不同额定容量和不同电压等级的条件下,电抗器的损耗达到了几千瓦甚至几十千瓦。例如,在 35kV 电压等级条件下,不同的串联电抗器的损耗为 5~10kW,而同电压等级的高温超导限流器,如 35kV/90MVA 的磁饱和型高温超导限流器在正常运行的条件下,其损耗约为 100W。因此,由高温超导限流器取代传统的限流设备,极大地节约了能源。

另外,SF_6 断路器是采用具有优良灭弧性能和绝缘性能的 SF_6 气体作为灭弧介质的断路器,适用于频繁操作及要求高速开断的场合,SF_6 断路器不仅在系统正常运行时能切断和接通高压线路及各种空载和负荷电流,而且当系统发生故障时,通过继电保护装置的作用能自动、迅速、可靠地切除各种过负荷电流和短路电流,防止事故范围的发生和扩大。但是 SF_6 气体是目前发现的六种温室气体之一,温室效应极强,环境污染严重。一个 SF_6 气体分子对温室效应的影响为 CO_2 分子的 25000 倍,同时,排放在大气中的 SF_6 气体寿命特别长,约 3400 年。现今,每年排放到大气中的 CO_2 气体约 210 亿 t,而每年排放到大气中的 SF_6 气体相当于 1.25 亿 t CO_2 气体。高温超导限流器在电网中的实际应用,可以极大减少 SF_6 断路器的使用。

能量损失和 CO_2 排放是电力系统中的重要问题。高温超导限流器在提高电网的灵活性、供电质量和安全性,以及提高能源节约和减排上限上有很大的潜力。为了实现高温超导电力应用对节能减排的优势,在电力系统中,高温超导限流器的大规模应用是必要的。由于材料、电气技术和安装运行成本的限制,目前高温超导限流器尚未实现大规模的生产及应用。但是随着科学技术的不断发展,尤其是高温超导材料应用特性的改善,高温超导限流器在未来电力系统中将具有广阔的应用前景。

4.4　高温超导限流器的发展趋势与展望

4.4.1　高温超导限流器的意义

高温超导材料出现后,一系列利用高温超导特性设计的不同类型的限流器相继问世。若高温超导限流器的研究获得成功,将在电力产品中取消结构复杂、价格昂贵的断路器,而代之以高温超导限流器和结构简单、价格便宜的负荷开关,从而改善电力系统结构。这将为整个电力系统开创一个新时期,21 世纪的超导技术如同 20 世纪的半导体技术,将对人类生活产生积极而深远的影响。

高温超导限流器不是简单地替代传统的故障电流限流器,而将对提高电力系统的稳定性、可靠性、经济性和运行灵活性均有重要作用,属于灵活输电系统(FACTS)的一个重要内容。因此,有人认为,即使比传统高压断路器贵几倍,其也会有良好的市场。高温超导限流器正走向产业化,逐步向在电力系统的实用化应用拓展。

随着经济的快速发展,电能需求日益增大,尤其是大容量、特高压和大规模输电技术和实际应用的发展,使得开发高温超导限流器具有十分重要的意义。高温超导限流器的应用广泛,无论是大容量的集中输电系统还是分布式的区域系统,以及发电厂、输电网、变电站,均可用到,其市场潜力大。高温超导限流器应用的技术意义在于:不仅可以提高电力系统的稳定性、安全性、可靠性和电能质量,而且当负荷增大时能有效地保护母线。采用高温超导限流器,短路电流的水平可按要求限制到任意的设计水平,如可以将短路电流限制到线路容许的过载水平,从而可以使断路器对瞬态故障不作反应。在发电机端配备高温超导限流器,可以减少故障对发电机组的冲击等。

高温超导限流器是高温超导技术、新材料技术、电力技术、电力电子技术、计算机控制技术和低温制冷技术等发展的结晶。高温超导限流技术利用超导体的超导态与正常态的转换,即由无阻态变到高阻态的特性,以及超导体在超导态时的零阻抗、传输电流密度大的特点,同时利用其他方式进行状态转换来实现限制短路故障电流的目的。这种装置在正常运行时阻抗小,而故障出现时装置阻抗自动增大;并且具有响应速度快、自动限流和自动恢复的特点。同时,高温超导体具有体积小、重量轻、损耗低和传输容量大的特点,成为电力应用和发展的一项重大技术。高温超导限流技术是超导电力应用的重要技术之一,具有广泛的应用前景。

由于超导体在其临界温度、临界磁场和临界电流密度以下具有零电阻和完全排磁性,所以温度、磁场和电流密度三个物理量中任何一个超过其临界值,超导体都会立即失超,它的这一特殊性质,尤其适合制作用于电力系统的限流器。利用超导体的特有性质,使其在正常状态下,对系统几乎无影响,当发生短路后,其阻抗迅速增大以限制短路电流。

本征超导限流器的原理是当通过超导体的电流一旦超过其临界电流 I_c,或脉冲磁场超过其临界磁场时,超导体就从超导态变为正常态。瞬间的电阻增加限制了故障电流,直至最终被与超导体串联的常规剩余电流断路器动作而消除故障。

理想的实用限流器要满足四个基本要求:①在正常运行时,其阻抗应尽可能小,以减少正常运行时的电压损耗;②当系统发生故障后,应立即呈现出较大的阻抗,以限制短路电流;③在系统故障消除后,应立即恢复正常运行;④能长期、重复使用。高温超导体的本征特性,特别适合用来设计和制作限流器。

利用高温超导体设计限流器,有不同的设计方案。例如,利用超导态与正常态转变的电阻特性,可以有效地限制电力系统故障时的短路电流,并且还可以自动地将故障检测、触发、转换、限流和自动恢复功能集于一体,从而快速和有效地达到限流作用。又如,高温超导材料具有磁屏蔽性,利用对其磁场穿透的控制,也是一种直接利用超导本征特性的限流器设计和制作。高温超导的大电流无损耗特性,还可用来设计和制作多种类型的限流器。高温超导限流器的响应时间可快到百微秒级,是很有发展前景的电力系统的保护装置。

高温超导限流器所带来的基本益处有:

(1) 自动通过材料自身触发和限流,而不需外加故障检测。

(2) 正常运行时低阻抗,低运行成本。

(3) 故障产生时高阻抗,高限流特性。

（4）设计灵活，适应不同电网特性。

（5）自我故障保护，自身故障不破坏电网运行。

（6）快速响应，在最初故障电流上升时，可快速有效地限流。

高温超导限流器集检测、触发和限流于一体，是电力系统最理想的限流装置之一；具有损耗低、能自动触发、自动复位、可多次动作等特点。若能将其实用化，不仅可降低系统保护装置的规格，提高现有电网的输送容量，还可以提高系统的安全可靠性和供电质量。

发展高温超导限流器的主要意义：①减小短路发生时的故障电流，因而减小大电流对电力系统和在线装置的冲击烧毁，提高系统的稳定性；②在瞬时短路时可维持较高的母线残留电压，避免电力系统瘫痪；③随着目前电力系统并网和容量的增加，引入这种限流器，可以避免或推迟现有设备代价昂贵的耐大电流冲击的容量提升和更新。

正常情况下，高温超导限流器对电网无影响，并能对电网浪涌保护。其应用可增加负荷容量；避免现有断路器的升级；避免分离母线，增加可靠性；避免增加高感抗，增加可靠性。

高温超导限流器在电力系统中将具有广阔的应用前景：

（1）随着城市化和工业化的发展，用电需求大增，电网容量不断扩大。升级改造、更换电力传输系统将会耗费巨资，而高温超导限流器可以使潜在短路电流大大降低，有效缓解电力传输系统升级压力。

（2）伴随高温超导材料的性能及其制造工艺的进一步提高，高温超导限流器在电力系统中将具有更好的实用性。

（3）现今国内外部分类型高温超导限流器已实际应用，但其中仍存在着一些问题，如与电力系统原有继电保护装置的配合、在电力系统中的参数优化、控制策略及安装地点以及低温系统的设计和绝缘等。

（4）近年来提出的超导限流器与超导变压器、超导储能装置或与超导电缆构成的超导组合电器在性能方面将更加优良，也是一个非常值得研究的方向。

高温超导限流器具有诸多优点：动作时间快，可有效减小故障电流，具有较低的额定损耗，集检测、转换、限制于一体，是一种可靠性较高的静态限流器，也是一种"超级保险丝"；同时由于其结构简单、体积较小、造价低、反应和恢复速度快，具有广阔的应用前景。

4.4.2　高温超导限流器的发展过程与发展水平

高温超导材料已具备了较好的实用特性[14-18]。高温超导导线特性与低温超导导线特性如表 4-4-1 所示。

2223/Ag 带材，宽 4.2mm、厚 0.25mm，包层为银锰合金（银、锰总含量约为 0.3%），BSCCO-2223 与合金之间填充一层厚度为 15μm 的 PVF 绝缘层，如图 3-6-3 所示。在 77.3K 自场条件下，BSCCO-2223 的临界电流值超过 50A。最后处理时将这种带材缠绕在纤维强化玻璃管上，制成作为限流元件的超导磁体。

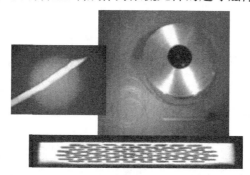

图 3-6-3　BSCCO-2223/Ag 带材

4）YBCO 薄膜导线

以韩国为例，作为 21 世纪前沿研究与发展项目之一，开发出容量为 13.2kV/630A(8.3MVA) 的电阻型高温超导限流器，其采用美国超导公司提供的第二代涂层导体，它包括铜合金稳定层、YBCO 缓冲层和含量为 5% 的镍基层，如图 3-6-4(a) 所示。在该装置中，YBCO 涂层导体的串联长度为 330m。该样品在 77K 时的临界电流约为 60A，在 65K 时约为 150A，比 77K 条件下临界值约增加了 2.5 倍。YBCO 涂层导体的并联数为 8 层，故在 65K 条件下，其临界电流约为 1200A，其参数如表 3-6-2 所示。

(a)

(b)

图 3-6-4　YBCO 薄膜导线

表 4-4-1　高温超导与低温超导导线特性

材料		临界电流密度 /(A/cm²)	正常态电阻率	比热容 /(J/(m³·K))
高温超导	YBCO-123	~10⁶@77K	~$10\times10^{-5}\Omega\cdot m(\rho_c,T\sim T_c)$	~1×10^6@77K
	BSCCO-2212	~10⁴@77K	~$6\times10^{-5}\Omega\cdot m(\rho_c,T\sim T_c)$	~8×10^5@77K
	BSCCO-2223	~10⁵@77K	~$10^{-5}\Omega\cdot m(\rho_c,T\sim T_c)$	
低温超导	NbTi	10^5@4.2K-5T $H_{c2}<12$@4.2K	~$10^{-5}\Omega\cdot m(\rho_c,T\sim T_c)$	~1×10^3@4.2K
	Nb₃Sn	10^6@4.2K-5T $H_{c2}<23$@4.2K		
其他超导	MgB₂	5×10^6@25K	$75\sim150\mu\Omega\cdot cm$ $(38\sim250K)$	

注:ρ_c 是指高温超导材料垂直于 CuO_2 平面方向的电阻率。

作为应用实例,由北京云电英纳超导电缆有限公司研制的 35kV/90MVA 磁饱和型高温超导限流器,其超导材料为 BSCCO-2223 导线。该超导直流励磁绕组包含 5 组,44 个饼状单元线圈。每个饼状单元线圈由 2 根 200m 的 BSCCO-2223 高温超导带材串联或并联在强化玻璃钢环形骨架上绕制而成。根据所在位置的磁场分布情况和每个单元线圈的临界电流强度,44 个单元线圈被有序地分成 5 组,每组内单元线圈是串联连接的。然后,这 5 组被并联连接在一起,形成限流器的直流绕组。这个直流绕组的超导临界电流强度大于 350A,满足限流器 300A 最大励磁电流和 141000At 励磁能力的设计要求,其动作时间小于 5ms,恢复时间小于 800ms。表 4-4-2 为高温超导励磁绕组具体的参数[7]。

表 4-4-2　35kV/90MVA 高温超导励磁绕组参数

导体	BSCCO-2223 带材	线圈匝数	470
线圈形状	圆筒	额定直流电流/A	300
高度/mm	880	磁化功率/At	141000
内径/mm	1280	常温下电阻/Ω	8.018
外径/mm	1340	在液氮下电阻/mΩ	1.71
总带材长度/km	17.6		

制造电力系统的限流器和电缆是高温超导电力应用最主要的两个热点领域,并已具备了实际应用的技术条件。高温超导限流器具有前面谈到的无可比拟的优点,因而被认为是目前最好且行之有效的电力系统短路故障电流限制装置。从 20 世纪 80 年代初,人们就开始了超导限流器的研究,但当时只有运行成本很高的低温超导体。80 年代中后期,高温超导体被发现之后,超导限流器的研究就转向到了利用操作简单且经济的高温超导技术。近年来,随着高温超导材料、低温技术及其他如功率电子、控制、测试等辅助技术的日趋成熟,高温超导限流器的研究开发成为电力系统短路电流限流技术的热点,高温超导限流器的实用化发展也随之日

渐完善,并取得了实用化的可喜成就。

自 20 世纪 90 年代初开始发展至今,已有多个国家的许多机构开展了高温超导限流器的研究工作,如澳大利亚、瑞士、美国、日本、德国、法国、英国、苏联、加拿大、意大利、以色列、韩国和中国等。早期有关装置研究工作包括:研制了用于概念验证的模型,随后开发了容量较大的实验装置进而形成了产品雏形的装置。这些研究工作为解决电力领域的重大需求提供了一种重要的技术方案,同时促进了超导应用研究这一边缘学科的发展,有效带动了多学科多领域的高新技术发展。

基于不同的高温超导材料及其应用模式,在世界范围内已有多种不同设计、不同类型的高温超导限流器。这些设计方案得到了初步实用化的研究和开发,并且形成了工业化产品的雏形。

当前,国际上适应配电系统的高温超导限流器的技术性能,已逐渐接近实际应用的水平。由于前期高温超导材料和技术的限制,高温超导限流器存在实际应用的技术问题,目前此技术大体上仍处在模型研制及实际应用实验阶段。高温超导技术总体发展日趋成熟,已处于商业化应用的边缘。许多科技水平较高的国家及其科研人员和高技术企业正在努力把握机会,争抢先机引领高温超导的产业化发展。本节将介绍各国高温超导限流器的研究状况,着重描述和总结具有代表性的高温超导限流器装置,并进一步探讨高温超导限流器的发展趋势。

1) 澳大利亚

澳大利亚是最早开展高温超导 Bi 系导线工业化开发及其电力应用研究的国家之一。20 世纪 90 年代初在澳大利亚的金属制造公司(MM Cable)和英国的 BICC 电缆公司的支持下,澳大利亚于 1991 年开始高温超导电力应用探讨和高温超导限流器及电缆研制规划,并基于在此之前已开始研制的 Bi 系高温超导长导线,最早提出了利用高温超导直流偏置线圈的磁饱和型限流器方案,并相继进行了系统的超导材料特性分析,研究了相关的高温超导应用技术、限流器模型设计与制备、模型实验测试、限流器装置及其电力应用特性仿真分析,并且开发了工业化实验装置[19-34]。

1991 年澳大利亚悉尼市的新南威尔士大学(University of New South Wales)材料科学与工程学院和电力工程学院合作,开始了应用高温超导体研制限流器的相关研究工作,并率先提出了磁饱和型高温超导限流器模式。结合对利用高温超导 YBCO-123、BSCCO-2212 和 BSCCO-2223 块材电阻以及 YBCO-123 块材磁屏蔽筒制备的小容量电阻型和电感型不同高温超导限流器模型的实验分析,认为磁饱和型高温超导限流器是当时最适合工业化发展的模型,并选择其为首选研发方案。研究工作随即在 1992 年全面展开。研究包括磁饱和型高温超导限流器的:①概念设计;②实验验证;③限流器模型制备;④模型及系统的实验测试[19-23];⑤BSCCO-2223/Ag 长导线制备及其直流偏置线圈试制[24-28];⑥高温超导线圈及铁芯磁路的电磁计算;⑦电力系统应用的仿真计算等一系列系统研究工作[29-32]。

1993 年完成 220V/50A 的实验验证模型及其系统测试和分析。1994 年由卧龙岗大学(Wollongong University)材料科学与工程学院的超导和电子材料研究中心及新南威尔士大学电力工程学院合作,开始 1000V/200A 更大容量实验模型装置的实验验证和用于 6.3kV 输配电系统的应用分析和装置设计。1995 年磁饱和型高温超导限流器的研究工作得到领域普遍认可,被称为"Wollongong 模式",成为高温超导限流器最初发展的四种最主要模式之一[33-35]。1997 年完成磁饱和型高温超导限流器的系统研究工作[29]。2000 年在澳大利亚研究理事会大型工业合作研究项目支持下,由卧龙岗大学和澳大利亚超导(Australian Superconductors)公司等单位合作,开始磁饱和型高温超导限流器的工业化制造与应用研究,并于 2002 年完成用于 10kV 输配电系统,最大额定工作电流 1kA 和最大短路电流 10kA 的磁饱和型高温超导限流器工业原型样机。作为实用化结果,2002 年提出了单相直流偏置绕组共用结构和两种三相直流偏置绕组共用结构,包括中心同柱共偏置的六角星形实用结构。此研究工作和模型装置,随后也成为 Zenergy Power 公司商业开发磁饱和型高温超导限流器的基础。

　　2) 瑞士

　　瑞士 ABB 公司在高温超导限流器方面的研究开展较早,于 1989 年、1990 年、1992 年和 1993 年,利用熔化处理工艺制备的 BSCCO-2212 磁屏蔽筒,分别制备了 10VA、100VA、10kVA 和 100kVA 的磁屏蔽型限流器实验装置[35,36]。1993 年研制并测试了一台 100kVA 级的样机,其超导元件为直径 20cm、高度 35cm、厚度 0.2cm 的 BSCCO-2212 磁屏蔽筒,运行温度 77K,运行于额定 480V/120A 的配电网系统。该系统原最大短路故障电流为 8.8kA,接入此限流器后故障电流被限制到 650A。1994 年又研制出了 480V/250A 限流器的样机。ABB 公司在高温超导应用发展的早期就积极开展了工业化实用的探讨,1996 年成功地研制出一台 10.5kV/1.2MVA 的准商业化的三相磁屏蔽型高温超导限流器,并于 1997 年在瑞士电网进行了现场测试,成为高温超导限流器实用化发展第一个重要的里程碑[37]。该限流器成功地将短路电流从 60kA 限制到 700A。自 1996 年 11 月它被安装在瑞士的一家水力发电厂后,在成功运行一年中,没有发生重大技术问题。2001 年成功研制了 8kV/800A 的电阻型限流器,其高温超导材料为 BSCCO-2212 块材,该模型于 2001 年成功测试。2002 年 ABB 公司又成功研制出单相 6.4MVA 的电阻型高温超导限流器原型样机,并成功地把短路电流在 100ms 内从额定电流的 20 倍限制到 2.7 倍[38]。

　　3) 美国

　　美国很早就开始关注超导限流器,也是最先提出超导电力系统短路故障电流限流器概念的国家,1978 年美国洛斯阿拉莫斯国家实验室(Los Alamos National Laboratory,LANL)基于低温超导材料 NbN 薄膜,较系统地分析了电阻型超导限

流器。自 1982 年起，美国洛斯阿拉莫斯国家实验室、美国洛克希德马丁公司
(Lockheed Martin Corporation, LMC) 就开始了第一阶段的固态桥路型超导限流
器的研究工作；此后，美国通用原子能 (General Atomics, GA) 公司和磁通用公司
(Intermagnet General Corporation, IGC) 加入第二阶段的超导限流器的研究工作。
1983 年由洛斯阿拉莫斯国家实验室、西屋电气公司 (Westinghouse Electric Corpo-
ration) 和美国能源部 (Department of Energy, DoE) 系统地提出了基于低温超导线
圈和可控硅开关电路的固态超导限流器，即桥路型超导限流器[39,40]。

　　1993 年 10 月美国能源部支持的 SPI(Superconducting Partnership Initiative)
计划——DoE-SPI 开始启动。在 1995 年 9 月项目第一阶段将结束时，完成了
2.4kV/80A 的桥路型限流器模型装置的制备，优于原计划的 240V/3kA 的模型。
参与计划的洛克希德马丁公司、美国超导公司 (American Superconductor Corpo-
ration, ASC)、南加州爱迪生 (Southern California Edison, SCE) 公司和洛斯阿拉莫
斯国家实验室等合作研制完成一台额定容量为 2.4kV/80A 的桥路型高温超导限
流器，理论上它可将最大短路电流从 2.2kA 限制到 1.1kA；实际测得结果可将最
大短路电流从 3.03kA 限制到 1.79kA；额定电压为 2.38kV，额定电流为 100A。
1995 年该 2.4kV/80A 桥路型高温超导限流器在南加州爱迪生电站进行了 6 周的
实验运行，经实验，它的动作反应时间为 8ms，小于半周时间，能将短路电流降低约
50%，并能对相隔 15s 的两个 400ms 连续故障作出正确的反应[41]。其项目的下一
步计划为设计和制备一台 15kV/10.6kA 的装置，于 1997 年完成制备和测试，随后
形成商业产品；同时设计了 69kV 的装置。项目实际完成情况：装配了第一台
2.4kV 的材料为 BSCCO-2223 的高温超导限流器，结合可控硅整流器-故障电流控
制器，设计出了 15kV/1.2kA 的桥路型高温超导限流器。1999 年该装置在测试
中，辅助设备在高压下绝缘失效，且三相测试不正常，后修复成功并完成单相测试，
之后尚未见有相关进展报道[41,42]。

　　1999 年，洛克希德马丁公司、美国超导公司、南加州爱迪生公司和洛斯阿拉
莫斯国家实验室利用当时世界上最大的 3 个 BSCCO-2223 高温超导线圈，研制
出三相 15kV/20kA 的桥路型高温超导限流器[42]。2000 年又成功地研制了
17kV/45kA 的高温超导限流器样机。美国通用原子能公司于 1999 年成功测试
了超导材料为 BSCCO-2223 线圈的感应型高温超导限流器，其额定值为 15kV/
20kA，临界电流为 100～115A，该装置于同年安装在加州南部一变电站中[43]。

　　1999 年美国通用原子能公司和美国超导公司用 BSCCO-2223/Ag 导线研制了
15kV/1.2kA 桥路型高温超导限流器，短路实验时，故障电流缩减率达 80%。在美
国能源部支持下，美国通用原子能公司、磁通用公司、洛斯阿拉莫斯国家实验室和南
加州爱迪生公司合作研制额定容量为 15kV/1.2kA 的商用超导限流器。根据设计，
它可将最大短路电流从 20kA 限制到 4kA，即将短路电流减少到 20%。整个项目投

资为 980 万美元,研究工作在 1999 年基本完成,整个系统实验在 2001 年完成[44]。

美国通用原子能公司、超导公司、洛斯阿拉莫斯国家实验室等合作开发了容量为 7.2kV/1.2kA、高温超导材料为 BSCCO-2223 带材的桥路型高温超导限流器,其临界电流为 102A。该装置于 2002 年成功测试[45]。

2003 年美国能源部支持的 SPI 计划,由 SuperPower 公司领衔开始了研制 138kV 阵列式电阻型高温超导限流器的项目。类似于借助磁场辅助失超方法,该阵列式电阻型高温超导限流器利用阻抗的变化,即利用失超电阻将电流转入旁路电感来限制短路电流,在此过程中短路电流均匀地分布在阵列式电阻型高温超导限流器的每一个元件中。该装置于 2004 年 5 月完成测试。在成功的概念测试之后,高温超导材料为采用熔铸处理 MCP(melt-cast processed)-BSCCO-2212 超导块材的阵列式概念没有再继续研究下去。这个项目现在的方向改为采用 YBCO 涂层导体材料的纯电阻式设计概念路线[15,46]。

2004 年,由美国超导公司为主要的技术牵头人,耐克森超导公司提供 BSCCO-2212 材料,美国能源部国家实验室(DoE National Laboratory—CRADA)和美国橡树岭国家实验室(ORNL)负责高压部件开发,共同承担了美国超导限流器项目,整个项目耗资 1220 万美元。在 2005 年完成了 138kV 单相样机的制造,在 2007 年 2 月完成了 138kV 三相超导限流器的挂网应用[45]。

美国超导公司、西门子公司、耐克森公司、洛斯阿拉莫斯国家实验室共同合作,于 2008 年在完成一台为 13kV 配电设计的 2.2MVA 限流器装置及其 7.7kV 实验测试后,随即开始了一个利用 4~5 年时间完成设计、制造和测试一台 115kV/1kA 电阻型高温超导限流器的计划。其所用第二代高温超导材料的临界电流密度为 350A/cm。该项目由美国能源部提供部分资金支持。美国超导公司作为项目领导者,提供了满足该限流器需要的 YBCO 二代导线线圈,并负责高温超导单元的制造、系统集成和制冷;西门子公司的主要任务是电源交换模块的开发;耐克森公司提供高压终端和测试;洛斯阿拉莫斯国家实验室负责研究交流损耗[47,48]。美国超导公司牵头的这个项目,又在 2009 年获得了美国能源部 1270 万美元的资助,以进一步研发和测试用于 115kV 等级传输电网中的额定容量为 115kV/1kA 的三相高温超导限流器,其能够将短路电流由 63kA 限制到 40kA。

美国磁通用公司和 SuperPower 公司研制了利用 YBCO 二代导线线圈的 80kV 电阻型限流器,该样机于 2009 年进行了测试[45]。

美国 Zenergy Power 公司研制了 15kV/1.2kA 磁饱和型限流器,其超导材料为 BSCCO-2223 带材,临界电流大小为 115A。后又考虑恢复使用传统导线直流偏置线圈。该样机于 2009 年进行了短路测试[49]。

美国阿文蒂(Avanti)汽车公司于 2009 年 1 月开始研制三相磁饱和型高温超导限流器,项目由 Zenergy Power 公司负责,于同年顺利完成 12kV/800A 三相磁饱和型高温超导限流器的研制。该装置于 2010 年运行在加州 Shandin 变电站的 13kV 电压系统中[50]。

美国 Zenergy Power 公司在 2011 年研制了 11kV/1250A 的磁饱和型限流器，其超导材料为 BSCCO 块材，于 2011 年完成短路测试，并于 2012 年并入电网进行测试[51]。2011 年，该公司又研制了 138kV/1300A 的三相磁饱和型限流器，并进行了相关短路测试，样机已于 2011 年 5 月安装在俄亥俄州 TIDD 变电站[50]。同年，该公司还完成了 11kV/400A 三相电阻型限流器的研制，并完成了相关测试，于 2012 年安装在利物浦一个电站中并网运行[51]。

美国 ASL 公司于 2012 年研制了 12kV/1250A 电阻型限流器样机，其超导材料采用 MgB$_2$，于 2012 年完成了相关的短路测试[51]。

4）日本

日本的超导限流器研究工作开展得较早。早期以低温超导材料为主，日本大阪的成蹊大学（SeiKei University）和中央电力实验研究所（Central Research Institute of Electric Power Industry）在 1988 年用 NbTi 制备了 600V/6A 三相电抗器型限流器，并进行了电网实验。1991 年，日本东芝公司与中央电力实验研究所共同开发出并测试 400V/100A 的限流器装置，交流超导导线为微细的 NbTi 丝，该限流器包含无感缠绕的超导触发线圈和超导限流线圈[52]。1992 年，日本中央电力实验研究所研制了一台采用 CuNi/NbTi 的 200V/13A 三相平衡电抗器型限流器，并进行了单相对地短路和两相短路故障的测试。1995 年，中央电力实验研究所利用 BSCCO-2212 和 BSCCO-2223 构造了铁芯感应型限流器。日本中央电力实验研究所从 1994 年开始研究用 Bi 系块材厚膜研制 250VA 磁屏蔽型超导限流器模型，于 1997 年制造出单相 6.6kV/400A 的磁屏蔽型模型装置，其超导薄膜圆筒由基于 MgO 基板上的厚膜构成[18,53]。该限流器装置宽 1.3m、深 0.6m、高 2m。该研究所研究的桥路型 6.6kV/100A、电阻型 1kV/40A，超导材料均为 YBCO 薄膜，分别于 2003 年、2004 年进行了测试；磁屏蔽型 6.6kV/2kA 于 2003 年进行了测试。

日本东芝公司和东京电力（Tokyo Electric Power）公司合作，形成了当时日本最有影响力的高温超导限流器项目，其长远目标是发展 500kV 和 8kA 额定电流的限流器，初期研制出了 6.6kV/1.5kA 并采用 CuNi/NbTi 低温超导材料作为触发线圈的电阻电感型限流器[54]。东京电力公司与日本东芝公司合作研究了 500kV/8kA 超导限流器，1995 年成功地实验了 6.6kV（有效值）/2kA（有效值）/4kA（峰值）（也被称为 6.6kV/1.5kA）的电阻型低温超导限流器模型机[54]。第 13 届国际超导研讨会上，日本超导技术研究所介绍，日本通产省工业技术院正在加紧研究开发高性能的高温超导限流器，作为第一步，首先研制了 6.6kV/2kA 限流器，下一步是在 2010 年将高温超导限流器安装在 500kV 输电系统中。2000 年成功测试了日本东芝公司牵头研究的 6.6kV/12.5kA 整流型限流器，在 64K 时超导材料为 BSCCO-

2223 带材的限流器临界电流为 70A[55]。2001 年测试了 66kV/750A 电阻型限流器，在 77K 时超导材料为 BSCCO-2223 带材的限流器临界电流为 125A[56,57]。

日本三菱电力(Mitsubishi Electric)公司参与了 MITI/NEDO(Ministry of International Trade and Industry/New Energy and Industrial Technology Development Organization) FCL 项目，与东京电力公司从 1990 年起合作开发基于钛酸锶基体的高温超导薄膜电阻型限流器；项目首先采用在 $SrTiO_3$ 基体上生长的 YBCO 薄膜制成电阻型限流器元件，装置可将电流从 400A 限制到 11.3A，并进行了实验演示。项目规划的长期目标为发展用于输电系统的 500kV/8kA 电阻型限流器[18]，初期则集中发展用于配电系统 6.6kV 级别的限流器。在此过程中还搭建了 200V/1kA、YBCO 薄膜的电阻型小模型，于 1998 年进行了测试。

日本的 Super-ACE 项目在 2000～2004 年的主要目标是建立制造高温超导限流器和超导材料的基础技术。该项目研制了两类电阻型限流器，即 6.6kV/100A 高压型和 200V/1kA 大电流型[58]。

京都大学(Kyoto University)和东京大学(Tokyo University)合作提出设计制作一套变压器型高温超导限流器装置。该限流器有两个同轴缠绕超导线圈，初级和次级超导线圈呈反绕结构。随后于 2011 年，结合 BSCCO 导线设计制成了一个小模型，并研究了所提出的变压器型限流器的基本特性。验证测试在实验室级的电力系统中进行，该限流器成功地将故障电流从 360A 限制到 260A；在故障过程中，初级、次级都处于正常态[59]。

变压器是重要的电力装置之一，它在电力输电和配电系统中已有 120 年的历史。1998 年，名古屋大学(Nagoya University)开始研究设计高温超导限流变压器。从第一阶段概念到设计、制造以及限流变压器的测试，直至第五个发展阶段，名古屋大学制成了一个利用 YBCO 二代带材的 22kV/6.6kV 的 2MVA 高温超导限流变压器，并于 2010 年对装置进行了一系列限流与恢复的测试和分析[35,60-62]。

5) 德国

德国在 1992 年初步完成电阻型高温超导限流器的实验和仿真分析，1994 年戴姆勒-奔驰(Daimler-Benz)公司完成 220VA YBCO 块材的磁屏蔽型高温超导限流器模型装置[35]。从 1997 年开始至今，德国卡尔斯鲁厄研究中心(Forschungszentrum Karlsruhe)的技术物理所、卡尔斯鲁厄大学电机系、以色列特拉维夫大学电机系及德国赫司特(Hoechst)公司一直在合作开展感应型高温超导限流器的研制及实验。德国西门子公司研制的 7.2kVA/100A 电阻型高温超导限流器，其超导材料为 YBCO 薄膜，于 2000 年对装置进行了测试。德国西门子公司与加拿大魁北克电力(Hydro-Quebec)公司合作，由西门子公司探讨厚膜 YBCO 电阻型限流器，魁北克电力公司研究熔铸 BSCCO-2212 屏蔽型限流器[63]，1999 年利用 YBCO 薄膜研制出 770V/135A 电阻型限流器，在 2001 年进行电网实验。在此基础上,2000年完成了1MVA限流器的研制,后又研制了12MVA电阻型限流器原型样机,并于2009年安装在德国Boxberg的一家大型发电厂的自备供电设备中[44]。

另外,有两个德国限流器项目开始于1997年1月。第一个项目是通过验证限流器进行系统研究,这个项目由德国的莱茵集团(RWE)、VEW公司、巴登工厂(Badenwerk)、EUS公司与卡尔斯鲁厄研究中心联合合作完成。第二个项目是关于小型感应型限流器的研究,由德国以色列基金会赞助。德国参与方有卡尔斯鲁厄研究中心、赫斯特有限公司、巴登工厂;以色列参与方有特拉维夫大学和本古里安大学。至今已经研制了多个限流器装置,最近的一个功率为43kVA的装置,额定运行工作电压为450V、工作电流为95A[64]。

德国限流器项目CURL 10由德国政府(BMBF/VDI)支持,目标是研究和研制应用于中压电网的三相10MVA的限流器装置。2003年,研制出10kV/10MVA三相电阻型高温超导限流器[15,65],于2004年在德国莱茵集团配电网成功测试[66];作为电阻型限流器,这是世界首次现场测试,进而强调了这种电阻型限流器在中压应用中的技术灵活性。CURL 10现在在卡尔斯鲁厄研究中心长期测试。对于18kA的短路电流,理论设计限流值为8.7kA,实际实验证明为7.2kA。在船舶及工业电网等的中压级中有极好的商业应用前景。

德国于2008年由耐克森公司牵头研制完成并测试了电阻-感应型限流器,其规格为63.5kV/1.8kA,超导材料为BSCCO-2212。此后,耐克森公司又于2010年末研制完成了三相电阻型高温超导限流器。该装置现在运行于德国Boxberg当地的发电站中[50]。同期完成的12kV/800A电阻型装置,超导材料采用BSCCO-2212块材,已于2009年开始投入商业应用[2]。

德国卡尔斯鲁厄研究中心和耐克森公司在2011年报道了12kV/800A电阻型并采用第二代高温超导导线的无感线圈的针对中等电压级别系统的模型。该项目开始于2009年,限流器中超导材料为YBCO带材,临界电流为275A[67]。

据报道,2012年耐克森公司成功制造和入网了世界首个基于第二代高温超导带材的限流器。其超导元件与卡尔斯鲁厄研究中心合作完成,装置由Vattenfall Europe Generation公司安装在德国萨克森(Saxony)的Boxberg褐煤电厂,为煤粉碎设备供电的中压系统提供短路保护。在成功完成此项目后,耐克森公司以YBCO-123高温超导带材替换原有的BSCCO-2212高温超导块材,并对这种新型的电阻型高温超导限流器进行在线测试。结果表明,高温超导带材将已经很低的导体损耗进一步降低90%,因此降低运行成本;第二代高温超导材料相比第一代材料具有更快的响应。新型限流器的额定电流为560A(12kV),但允许短暂通过2700A的电流而无触发[3]。

由施耐德电气能源(Schneider Electric Energy)德国分公司牵头研究的13MVA

(6.4kV/2kA)磁屏蔽型高温超导限流器已于 2010 年完成样机制造,其超导材料为 YBCO 块材[68]。

由德国(耐克森公司)、瑞典、意大利、法国等合作完成了欧洲项目 ECCO-FLOW。该项目于 2012 年研制出 24kV/1kA 电阻型高温超导限流器样机,其超导材料为 ReBCO 带材,并于同年完成了短路测试,该高温超导限流器能将预期 26kA 的故障电流限制在 10kA 以下[4]。

6) 韩国

韩国在 2000 年后开始加强高温超导限流器的研制。韩国对高温超导限流器的研究遵循应用超导技术 DAPAS 计划的构想框架。这个十年计划开始于 2001 年,目标是使超导设备实现商业化。该计划第一阶段于 2002 年建成了一个 6.6kV/200A 电阻型高温超导限流器[69],其材料为 YBCO 二代导线线圈;并在 2005 年成功测试[70]。在第一阶段中,1.2kV/80A 的单相桥路型验证模型研制成功,并于 2002 年 6 月成功测试[71]。与此同时,制成了 6.6kV/200A 桥路型装置,并于 2004 年 3 月测试[72]。

韩国电力研究院(Korea Electric Power Research Institute)和韩国电力(Korea Electric Power)公司在 2001 年完成采用 YBCO 薄膜的电阻型模型,在 2006 年完成采用 YBCO 薄膜的混合变压器模型。韩国延世大学(Yonsei University)于 2002 年研制完成了 1.2kV/80A 感应型样机;其超导材料为 YBCO 二代导线,临界电流为 115A。另外,与韩国现代重工业(Hyundai Heavy Industries)有限公司合作于 2004 年开始研制 13.2kV/630A 无感线圈型超导限流器;其超导材料为 YBCO 二代导线,临界电流为 1200A(65K)。该模型于 2006 年正式完成[6]。

LS 工业系统(LS Industrial Systems)公司和韩国电力研究院着手研究混合型高温超导限流器,这个工作由韩国科学技术部提供资金支持。在研制过程中首先进行了单相 14kV/630A 混合型的模型设计并获得成功,同时进行了短路测试。2006 年底,24kV/630A、超导材料为 YBCO 薄膜的混合型(电阻-感应型)装置研制成功,其宽为 1m、长为 2.5m、高为 2m,随后在韩国电力公司进行了测试[73]。

除了一些大学和研究单位合作研制集成阵列式限流器,韩国电力研究所也研究了 22.9kV/3kA 混合型(变压器-超导限流器)限流器。其中主变压器为 154kV/22.9kV,限流器为 22.9kV/630A 混合型,超导材料为 YBCO 块材[74]。在 22.9kV/630A 概念设计完成,并设计制成及测试后,于 2009 年设计完成了 22.9kV/3kA 混合型高温超导限流器,其体积约为 22.9kV/630A 的 25 倍[75]。

2014 年,韩国电力研究所开启了研制 154kV/2kA 高温超导限流器的项目,高温超导材料为 YBCO 带材,其 71K 的临界电流密度为 400A/cm,并于同年完成了样机研制和短路测试,该限流器在第一个峰值时将故障电流从 13kA 限制到 3.7kA,在第五个峰值时,能将故障电流从 7.8kA 限制到 2.8kA[76]。

2015 年,韩国延世大学研制了一台单相 6.6kV/100A 桥路型超导限流器样机,超导材料采用 GdBCO 导线,12mm 宽导线的电感为 10.4mH,其临界电流大于 200A,并完成了相关的短路测试[77]。

7）英国

英国研究超导限流器较早,最早是 NEI 公司于 1982 年利用传统低温超导导线线圈,制备了基于饱和铁芯电抗器原理和超导直流偏置的限流器模型,并构建了 3kV/556A 样机[78,79]。

英国的 KTekletsadik 公司等合作采用 CRT（composite reaction texture）方法研制出了 BSCCO-2212 棒材,并将多个这种棒材无感串联起来置于低温容器中,外面绕一层磁场线圈产生均匀磁场。磁场的作用是使所有的棒材处在均匀的外场当中,防止高温超导棒材局部失超。在故障时,外场还可以使高温超导从磁通流动态迅速转变为正常态,最大限度地限制第一峰值[80]。这种设计的缺点是 BSCCO-2212 的临界电流受磁场作用有所降低。其后,又设计了一个 7.5MVA 的电阻型限流器。

VATECH 公司领导研究的 6.3kV/400A 电阻型限流器,其超导材料元件为由 BSCCO-2212 薄膜制备的无感线圈,于 2004 年完成了测试[44]。

英国劳斯莱斯（Rolls Royce）公司旨在研制船舶用的 6.6kV/400A 电阻型超导限流装置,其超导材料是 MgB_2 导线。2006 年报道了其小型及中等样品的成功测试[45]。这个项目中,电阻型超导限流器选用的是无制冷剂冷却装置。

8）法国

法国在 1989 年利用 NbTi 制备了 5MVA 电阻型限流器;于 1991 年已较系统地总结了基于低温超导材料的超导限流器及 25kV/200A 实验模型,于 1992 年报道了基于低温超导材料 CuNi/NbTi 的超导线圈触发混合式电抗器型超导限流器[81]。

法国电力（Electricite de France）公司、阿尔斯通（GEC Alstom）公司和阿尔卡特（Alcatel）公司于 1992 年研制了 63kV（有效值）/1.25kA（有效值）/53kA（峰值）的变压器型低温超导限流器,短路电流被限制在 350A 以下[82]。1995 年,开始研制一台基于 YBCO 薄膜的单相 150V/50A 混合型高温超导限流器,于 2001 年研制出样机。实验表明,它能将 1.4kA 的短路电流限制到 210A[45]。

施耐德公司牵头的法国项目,即利用 YBCO 块材研制的 210V/200A 混合型高温超导限流器,于 2000 年进行了短路测试[44]。

阿尔卡特公司研制的 100V/1.4kA 电阻型限流器于 2001 年进行了测试,其超导材料为 YBCO 涂层导体,样品临界电流约为 170A[45]。

法国继 1993 年研制 7.2kV/1kA 电阻型限流器后,1995 年又制成了 40kV/315A 实验样机,1998 年又利用 BSCCO-2212 高温超导棒材研制了电阻型高温超导限流器,并经过了 1100V/1080A 的实验。法国电力公司已将配电高温超导限流器的产业化提上日程[83]。

9) 以色列

以色列很早就开始关注高温超导限流器,并于 1995 承办了国际高温超导限流器专题讨论会[84,85]。以色列本古里安大学(Ben Gurion University of the Negev)于 1994 年制备了 1kV/25A、超导材料为 BSCCO 的圆环磁屏蔽型限流器实验模型[86]。

在 2006 年,以色列研制了 120kVA(400V/300A)磁饱和型高温超导限流器实验模型[87];该限流器采用了 270 匝直流/170 匝交流线圈,其中直流偏置高温超导线圈采用制冷机制冷,随后进行了测试。在研制 400V/300A 的限流器过程中,为了验证其可行性,先设计开发了一个 4.2kVA(400V/10.5A)的小模型。

10) 加拿大、苏联

1994 年,加拿大魁北克水电公司与德国西门子公司合作,制备了 9kVA BSCCO 块材磁屏蔽型限流器模型[88];同期,合作设计了电阻型限流器模型装置,该三相设计装置的单相电压为 15kV、额定电流为 2kA、设计的限制电流为 4kA,而未限制的短路电流为 30kA[89,90]。

加拿大和苏联合作,于 1992 年初步完成磁屏蔽型高温超导限流器的设计分析。苏联在高温超导发展初期,在块形及筒形高温超导材料制备方面有较多工作,1990 年苏联的一家电力公司(Krzhinzhanovsky Power Eng. Inst.)曾利用 YBCO 高温超导磁屏蔽筒材料尝试制备磁屏蔽型限流器模型[35]。

11) 意大利

20 世纪 90 年代中期,意大利的 CISE 公司由 ENEL(ENEA Ricerca sul Sistema Elettrico)公司资助,利用日本 ISTEC 研究中心的 YBCO 超导环样品,开展了研制电感型高温超导限流器模型工作。该超导样品为钻孔的熔融织构圆饼[91]。意大利博洛尼亚大学(University of Bologna)于 2010 年研制了 25MVA 直流电阻型限流器模型[92,93]。该模型基于同时利用电阻和整流器的概念设计,旨在应用于 20kV 的配电系统。此限流器的超导材料为 MgB_2,其临界电流为 1200A。

ERSE 公司和 A2A 集团公司于 2008 年开始合作,目标是设计、建造、验证一个配电系统中特定位置的中压级电阻型超导限流器。随后不久,其 9kV 超导限流器原型的概念设计出炉,而后又制备了一个 4MVA 超导限流器原型,并计划五年左右完成 9kV/15MVA 电阻型超导限流器的原型设计[94]。

12) 其他国家

西班牙 CEDEX/ICMAB 于 1994 年研究了小型 YBCO 磁屏蔽型限流器模型[35]。

波兰卢布林超导技术实验室研制了一个 230V/2.5kA 利用 BSCCO-2223 筒的感应型高温超导限流器,该限流器于 2005 年完成测试[95]。该实验室随后又研制了利用 YBCO 二代导线的 6kV/600A 无芯感应型限流器,并于 2011 年完成电力系统测试[96]。

　　匈牙利凯奇凯梅特学院于 2006 年开始研究超导环的各种特性,这样的超导环的优点是 YBCO 带材在 77K 或者更低的温度下运行时不会在纵轴上产生扭矩使其产生裂缝;而后又研制出 400VA 的超导环三相限流变压器[97]。

　　其他相关研究工作,还包括荷兰特温特大学在 1982 年完成的用 NbTi 制备的 3 相 25kA/1.5kW 热开断超导整流器-变压器-开关型限流器。

　　13) 中国

　　中国高温超导限流器的研究工作起步较晚,在 20 世纪 90 年代中后期开始研究,但之后的工业化应用取得了较好的发展。超导限流器的研究在 1995 年后逐渐开展,并在随后研制了不同的实验样机。1997 年,完成 1kV/100A 桥路型低温超导限流器模型初步设计,并采用 NbTi 线绕制了内径 142mm、外径 158mm、高 277mm 的磁体。2001 年 6 月,研制了一台 400V/25A 的新型混合型三相高温超导限流器小型实验室模型,成为一种新型桥路型高温超导限流器模式——零序阻断型高温超导限流器,其具有桥路型限流器反应速度快和恢复速度快的优点。2002 年,由中国科学院等单位与湖南娄底电业局合作,进行了 10.5kV/5MVA 挂网实验测试。作为中国首台挂网的高温超导限流器,该装置于 2005 年 12 月 1 日顺利通过了专家验收。这也是继瑞士、德国之后世界上第三台成功并入实际电网进行示范运行的高温超导限流器。

　　北京云电英纳超导电缆有限公司进行了合理和有效的设计方案评估和选型,开发的产品技术相对成熟,具有典型工业化应用的代表性,因而其研究和开发得到顺利发展,成为领域内具有代表性的典型。该公司从 2004 年就致力于磁饱和型高温超导限流器的研制,在 2005 年完成单相原理样机的开发,研制出 1 台 220V/100A 磁饱和型高温超导限流器实验室样机,其利用 BSCCO-2223 导线制备了直流偏置线圈。2006 年,利用 BSCCO-2223 带材成功研制了一台三相 380V/50A 实验样机,随即在国家"十一五"863 计划、2005 年天津市科委创新专项和 2005 年云南省科技攻关项目的支持下开始新型磁饱和型三相 35kV/1500A 超导限流器的研制。

　　2008 年 1 月 10 日,由云南电网公司组织,北京云电英纳超导电缆有限公司负责,昆明供电局、云南电网实验研究院共同参与研制的世界上电压等级最高、容量最大的 35kV 磁饱和型高温超导限流器,在云南电网昆明普吉变电站成功实现了挂网运行,并连续运行至今[98-100]。该 35kV 超导限流器,曾是当时世界上挂网运行的电压等级最高、容量最大的超导限流器,其研制和成功挂网运行标志着中国在超导限流器技术发展和投入实际电网运行方面走在了该技术领域的前列。为了检验超导限流器在系统发生三相短路故障时的技术性能是否满足要求,2009 年 7 月 20 日,对该 35kV 云南电力系统入网测试的 35kV/90MVA 磁饱和型高温超导限流器成功进行了一系列在线人工短路限流实验。此次短路限流实验是当时世界上在实际电网中进行的短路容量最大的超导限流器限流实验。实验结果证明,该台挂网样机的全部技术参数均满足设计及项目指标要求,接入超导限流器后对抑制系统短路电流效果显著,其重合闸动作时序准确,与电网继电保护程序匹配合理。

2012 年初,由北京云电英纳超导电缆有限公司、国家电网天津市电力公司、天津百利机电控股集团组成的课题组负责研制的 220kV/800A 磁饱和型高温超导限流器完成调试,并于年中开始入网测试[101]。

随着第二代高温超导带材研制的进展,利用二代带材的高温超导限流器也得到了发展。例如,上海交通大学等单位在上海市科学技术委员会的支持下,合作制备的 10kV/200A 电阻型超导限流器,采用 6 节导线串联,以承受高达 800V 的电压降[102]。2011 年 11 月,南京亚派科技股份有限公司合作开发新课题——10kV 电阻型超导限流器,受上海交通大学和赣商联合股份有限公司邀请,对"电阻型超导限流器样机制造及挂网运行示范工程建设"这一课题进行联合开发,南京亚派科技股份有限公司主要负责限流器并网运行测试数据监控系统的设计开发和制造,该项目已经在上海市科委正式立项。2011 年,南方电网公司决定开展 500kV 高温超导限流器在珠江三角洲电网的应用研究。

针对高温超导限流器的应用模式,尤其是针对高温超导智能电网的应用研究,电子科技大学在原有磁饱和型、电阻型和磁屏蔽型高温超导限流器研究基础上,提出了输电限流功能复合型输电限流新概念,电阻型和磁饱和型功能复合强化模式和储能限流复合调控等创新方案,并开展新型阵列式电阻型设计[103-108]。

此外,还有其他数家单位,也开展了高温超导限流器相关研究,如四川大学磁饱和型的电力系统仿真研究[109]、东北大学磁饱和型的模型研究[110],以及西北有色金属研究院和华中科技大学磁屏蔽型[111]、天津大学磁饱和型和直流电抗器型等研究。

高温超导限流器技术的国内外发展状况,可概括总结于表 4-4-3 中。

表 4-4-3　高温超导限流器技术的发展状况

国家	研究单位	模式	超导体	$I_c, J_c(77\text{K})$	进展
澳大利亚	卧龙岗大学 新南威尔士大学 澳大利亚超导公司	10kV/1kA, 磁饱和型[29]	BSCCO-2223 导线线圈	100A	1991 年开始研究; 1993 年完成实验模型制备和测试;2002 年完成工业原型机
瑞士	ABB 公司	480V/250A, 单相电阻型[37]	—	—	样机完成于 1994 年
		10.5kV/1.2MVA, 三相磁屏蔽型[37]	BSCCO-2212 块材	—	1996 年试运行成功, 1997 年短路测试
		8kV/800A, 单相电阻型[38]	BSCCO-2212 块材	—	短路测试于 2001 年
		6.4MVA, 电阻型[38]	BSCCO-2212 块材	3000~ 5000A/cm²	样机完成于 2002 年

续表

国家	研究单位	模式	超导体	$I_c, J_c(77K)$	进展
美国	美国超导公司 美国洛克希德马丁公司 洛斯阿拉莫斯国家实验室	15kV/20kA, 桥路型[42]	BSCCO-2223 带材	—	短路测试于 2000 年
	美国通用原子能公司 SuperPower 公司	80kV/—kA, 电阻型[45]	YBCO 线圈	—	短路测试于 2009 年
	美国能源部 美国通用原子能公司 磁通用公司 美国超导公司	15kV/20kA, 感应型[43]	BSCCO-2223 导线线圈	100～115A	短路测试于 1999 年
	美国通用原子能公司 磁通用公司 美国超导公司 洛斯阿拉莫斯国家实验室 南加州爱迪生公司	7.2kV/1.2kA, 桥路型[45]	BSCCO-2223 带材	102A	短路测试于 2002 年
	SuperPower 公司 耐克森公司	15kV/800A, 阵列式电阻型[46]	BSCCO-2212 块材	1590A	项目开始于 2002 年,完成于 2004 年
	美国能源部 SuperPower 公司	138kV/0.8kA, 电阻型[45]	BSCCO-2212 块材	120A	样机完成于 2006 年
		138kV/13.8kA, 阵列式电阻型[45]	BSCCO-2212 块材	130～145A	短路测试于 2002 年
	美国超导公司 西门子公司 耐克森公司 洛斯阿拉莫斯国家实验室	2.2MVA(115kV/ 1kA),电阻型[47]	YBCO 导线双绕 无感线圈	350A/cm	样机完成于 2008 年
	Zenergy Power 公司	15kV/1.2kA, 三相磁饱和型[49]	BSCCO-2223 带材	115A	样机运行于 2009 年
		138kV/1.3kA, 三相磁饱和型[50]	YBCO 带材	—	2012 年挂网运行
		12kV/800A, 三相磁饱和型[50]	BSCCO-2223 带材		2010 年挂网运行
		11kV/0.4kA, 电阻型[51]	BSCCO-2223 块材	—	2012 年挂网运行
		11kV/1250A, 磁饱和型[51]	BSCCO-2223 块材	—	2012 年挂网运行
	ASL 公司	12kV/1250A, 电阻型[51]	MgB_2 导线	—	短路测试于 2012 年
日本	东芝公司	66kV/750A, 电阻型[56]	BSCCO-2223 带材	125A	短路测试于 2001 年
		6.6kV/12.5kA, 单相整流型[55]	BSCCO-2223 带材	70A(64K)	短路测试于 2000 年

续表

国家	研究单位	模式	超导体	I_c, J_c(77K)	进展
日本	日本中央电力实验研究所	6.6kV/400A, 磁屏蔽型[18]	BSCCO-2212 薄膜圆筒	100～105A	样机完成于 1997 年
		1kV/40A, 电阻型[45]	YBCO 薄膜	150～170A	短路测试于 2004 年
		6.6kV/100A, 桥路型(饱和 直流电抗)[45]	YBCO 薄膜	160A	短路测试于 2003 年, 样机已接近实用化 水平
		6.6kV/2kA, 磁屏蔽型[45]	—	—	短路测试于 2003 年
	日本三菱公司	200V/1kA, 电阻型[45]	YBCO 薄膜	160A	短路测试于 1998 年
	京都大学	变压器型[59]	BSCCO-2223 导线	100A	样机完成于 2011 年
		变压器型[59]	BSCCO-2223 导线	70A	样机完成于 2006 年
	名古屋大学	2MVA/22kV/6.6kV, 变压器型[61]	YBCO 带材	—	样机完成于 2010 年
德国	西门子公司	7.2kVA/100A, 电阻型[44]	YBCO 薄膜	—	短路测试于 2000 年
		770V/135A, 电阻型[44]	YBCO 薄膜	—	短路测试于 1998 年
	耐克森公司	10MVA (10kV/1kA), 三相电阻型[65]	BSCCO-2212 筒	250～320A	样机完成于 2004 年
		63.5kV/1.8kA, 电阻-感应型[45]	BSCCO-2212 块材	—	样机完成于 2008 年
		12kV/800A,12kV/ 100A,电阻型[2]	BSCCO-2212 块材	10A/mm²	短路测试于 2009 年, 提供客户
		24kV/1kA, 电阻型[4]	ReBCO 带材	—	短路测试于 2012 年
		12kV/533A, 电阻型[3]	YBCO 薄膜	—	短路测试于 2011 年
		138kV/3.6kA, 阵列式电阻型[45]	BSCCO-2212 带材	130～150A	—
	德国卡尔斯鲁厄研究 中心技术物理所 耐克森公司	12kV/800A, 电阻型[67]	YBCO 带材	275A	项目开始于 2009 年
	施耐德公司	13MVA (6.4kV/2kA), 感应型[68]	YBCO 块材	—	样机完成于 2010 年

续表

国家	研究单位	模式	超导体	I_c, J_c(77K)	进展
韩国	韩国电力研究所 LS工业系统公司	6.6kV/200A, 电阻型[69]	YBCO导线螺旋 无感线圈	3MA/cm²	短路测试于2005年
	韩国延世大学	1.2kV/80A, 感应型[71]	YBCO导线盘形 无感线圈	115A	样机完成于2002年
		6.6kV/100A, 桥路型[77]	GdBCO导线	>200A	短路测试于2015年
	韩国电力研究所	14kV/630A, 单相混合型[73]	YBCO薄膜	160A	样机完成于2006年
		24kV/630A, 混合型[73]	YBCO薄膜	160A	样机完成于2006年
	韩国电力公司 韩国电力研究所 汉阳大学	22.9kV/630A, 混合型 (电阻-感应型)[73]	YBCO块材	900A	短路测试于2006年
	韩国电力公司 LS工业系统公司	22.9kV/630A, 混合型(变压器- 超导限流器)[74]	YBCO块材	900A	样机完成于2008年
		154kV/2kA, 混合型[76]	YBCO块材	400A	项目开始于2014年
	韩国又石大学	集成矩 阵式[112,113]	YBCO薄膜	2.5MA/cm²	样机完成于2011年
		6.6kV/200A, 桥路型[72]	BSCCO-2223 导线	115A	短路测试于2005年
	韩国现代重工业有限公司 韩国延世大学	13.2kV/630A, 无感线圈型[6]	YBCO导线	1200A	项目开始于2004年; 样机完成于2006年
英国	VATECH公司	6.3kV/400A, 电阻型[44]	BSCCO-2212薄膜	—	短路测试于2004年
	劳斯莱斯公司	6.6kV/400A, 电阻型[45]	BSCCO-2212薄膜; MgB₂导线	—	短路测试于2006年
法国	法国电力公司	150V/50A, 混合型[45]	YBCO薄膜	165A	样机完成于2001年
	施耐德公司	210V/200A, 混合型[44]	YBCO块材	—	短路测试于2000年
	阿尔卡特公司	100V/1.4kA, 电阻型[45]	YBCO涂层	155~170A	短路测试于2001年
以色列	本古里安大学	1kV/25A, 感应型[86]	BSCCO导线	30A	样机完成于1994年
意大利	博洛尼亚大学	25MVA, 电阻型[92]	MgB₂导线	1200A	样机完成于2010年

续表

国家	研究单位	模式	超导体	I_c,J_c(77K)	进展
波兰	卢布林超导技术实验室	6kV/600A, 无芯感应型[96]	YBCO 带材	270A	短路测试于 2011 年
		230V/2.5kA, 感应型[95]	BSCCO-2223 筒	2.5kA/cm²	短路测试于 2005 年
中国	中国科学院电工研究所	400V/25A, 新型混合型	—	—	样机完成于 2001 年
		6kV/1.5kA, 桥路型[45]	BSCCO-2223 导线	500A	短路测试于 2004 年
		10.5kV/1.5kA, 整流型[9]	BSCCO-2223 导线	330A	短路测试于 2004 年
		10.5kV/1.5kA, 新型桥路型[9]	BSCCO-2223 导线	500A	短路测试于 2005 年
	北京云电英纳超导电缆有限公司	220V/100A, 电阻型	BSCCO-2223 导线	—	样机完成于 2004 年
		35kV/90MVA, 磁饱和型[98-100]	BSCCO-2223 导线	325A	2007 年研制完成, 2008 年成功运行
		220kV/90MVA, 心式磁饱和型[8,10,101]	BSCCO-2223 导线	325A	2011 年研制完成, 2012 年成功运行
	上海交通大学	10kV/200A, 电阻型[102]	YBCO 块材	150~200A	样机完成于 2011 年
	电子科技大学	输电限流复合型; 电阻型和磁饱和型的复合型[107,108]	BSCCO-2223 和 YBCO 导线	1600A	概念样机完成于 2007 年

4.4.3　高温超导限流器的实用化问题

结合前面描述的世界各主要国家限流器装置的发展过程,可以发现高温超导限流器的规律和实用化问题。

目前已经挂网运行的超导限流器采用的材料主要为 BSCCO-2223、BSCCO-2212 和 YBCO-123。Bi 系高温超导带材为第一代带材,它以优良的可加工性而得到了广泛的开发,目前制备 Bi 系高温超导带材的技术已相对成熟,并已开始商品化。制备的 Bi 系复合导线的临界电流、长度等已经基本上达到了电力应用的要求,并已在实际挂网运行的限流器中得到了应用,如采用 BSCCO-2223 高温超导带材制成并于 2008 年开始在云南普吉变电站并网运行的 35kV/90MVA 磁饱和型高温超导限流器。该实际装置的运行,验证了高温超导带材的可靠性和稳定性,以及这种模式高温超导限流器的有效性。

钇系是当前已知的高温超导体中研究得最透彻的一种,YBCO 大约在 92K 显示出超导性,并且其临界电流大于第一代高温超导材料。目前已能从多种商业渠道获得优质的 YBCO-123 粉末、块材和薄膜,但尚未实现商品化。制备超导性能优异的粉末、高致密块材或薄膜的方法和工艺条件已相当成熟,并且也在实际应用中得到了体现。例如,由韩国电力研究院研制的 22.9kV/630A 混合型超导限流器于 2011 年在韩国利川(Icheon)变电站挂网运行,其超导限流器主要采用 YBCO 块材研制而成。

从超导限流器实用化的角度,用于超导限流器的高温超导材料在临界电流、长度、制备工艺、经济性等方面必须达到要求。目前,使用第二代高温超导带材已成为主流;也有的使用 MgB_2 超导材料制作超导限流器,MgB_2 具有良好的机械性能和电磁性能,且价格相对低廉,有可能成为未来超导限流器重要的选择方案。

近年来,各国主要研究的高温超导限流器的模式大致分布为:中国主要在开发磁饱和型、电阻型和直流电抗型,日本为变压器型,韩国为混合型和阵列式电阻型,美国为电阻型,德国为磁屏蔽型和电阻型,瑞士为磁屏蔽型。而最具有实用价值的当属电阻型超导限流器和磁饱和型超导限流器。对于电阻型超导限流器,世界范围内已经有多个电阻型中压配电级超导限流器项目在工程示范性运行或者并网运行;从应用情景上看,并网的电阻型超导限流器多安装于变电站内,用于输配电线路故障电流的处理;也有安装于发电厂中发电机附近,用于处理发电端的故障电流。对于磁饱和型限流器,目前实现挂网运行的有北京云电英纳超导电缆有限公司研制的 35kV/90MVA 和 220kV/300MVA 磁饱和型超导限流器以及美国 Zenergy Power 公司研制的 12kV/0.8kA 与 138kV/1.3kA 磁饱和型超导限流器。考虑到高温超导限流器各个模式的工作电流级别和电压级别,最适合电力系统的模式是磁饱和型。随着高温超导材料的不断发展,以及对一些关键技术问题的解决,电阻型高温超导限流器和磁饱和型高温超导限流器能够实现商业化生产。

从各国实际挂网运行和在研的高温超导限流器的电压等级可以看出,目前应用最广泛的属于中低压的高温超导限流器,但是对于中低压电网,断路器或其他传统的限流设备基本可以满足电网的保护要求,且发生事故的损失较少,因此对高温超导限流器的需求相对较少。从市场需求来看,中高压输电级别的高温超导限流器的需求相对较高。高压输电级别的高温超导限流器有待进一步研发。表 4-4-4~表 4-4-6 为不同国家研制的不同模式、不同等级的高温超导限流器。

表 4-4-4　美国 Zenergy Power 公司磁饱和型高温超导限流器

年份	2009	2010	2011
电压等级	12kV/0.8kA	15kV/1.25kA	138kV/1.3kA
限流能力	20%	30%	43%

表 4-4-5　德国耐克森公司电阻型高温超导限流器

年份	2004	2009	2012
电压等级	10kV/1kA	12kV/0.8kA	24kV/1kA
限流能力	50%	55%	61%

表 4-4-6　中国北京云电英纳超导电缆有限公司磁饱和型高温超导限流器

年份	2008	2012	2014
电压等级	35kV/1.5A	220kV/0.8kA	500kV/—
限流能力	50%	60%	—

由表 4-4-4～表 4-4-6 可以看出,电网的容量随着年份的增长逐渐增大,各个国家所研制的高温超导限流器的电压等级也在不断增大,其限流能力也在不断提高。例如,中国北京云电英纳超导电缆有限公司 2008 年研制的 35kV/1.5kA 磁饱和型高温超导限流器,其预期短路电流约为 40kA,限制后的短路电流约为 20kA,其限流能力(受到限制的短路电流与未受到限制的预期短路电流的比值)约为 50%;2012 年研制的 220kV/0.8kA 磁饱和型高温超导限流器,其预期短路电流约为 50kA,限制后的短路电流约为 20kA,其限流能力约为 60%。

基于各种高温超导限流器的优缺点和实际的应用情况,在将来,高温超导限流器的研究重点主要还是磁饱和型、电阻型以及复合型。但是考虑到高温超导限流器各个模式的工作电流级别和电压级别,最适合电力系统的模式是磁饱和型及桥路型。从市场需求看,需要进一步研发中高压输电级别的高温超导限流器。

4.4.4　高温超导限流器的应用前景

至此,本书对高温超导限流器已进行了全面和深入的分析和总结,包括:①高温超导限流器的研究背景;②高温超导体的发展及特征;③高温超导限流器的模式及原理介绍;④高温超导限流器的装置及应用技术介绍;⑤高温超导限流器的研究历程。

超导电力是超导技术和电力技术的交叉与结合,为实现高效节能的电力系统提供了新的理念;由于超导材料的实用化取得了很大进展,超导电工新装置将会成为 21 世纪电力技术发展的重要方向之一。

随着目前电网规模日益扩大,短路电流也随之增大,现有继电保护措施面临瓶颈,常规限流器影响电能质量,超导限流器的转实用化发展非常迫切。超导限流器是近年发展起来的限制短路电流的新技术装备,是智能电网建设的关键设备,可以有效提高智能电网的暂态稳定性。

国际上普遍认为高温超导限流器将是超导技术大规模应用的产品,将最早实现产业化。目前美国能源部已将超导限流器列为智能电网建设的关键设备,并赞助多个高温超导限流器研发项目。英国方面也比较积极,有西门子公司生产的多台超导限流器在联网试运行,而且又从美国 Zenergy Power 公司购进一台磁饱和型高温超导限流器。德国耐克森公司近年来一直致力于研究电阻型高温超导限流器,并有多台电阻型高温超导限流器挂网运行。从应用范围来讲,凡是存在短路电流过大问题的场所均可使用超导限流器,如在发电厂、输电网、变电站和大用户系统均可应用,超导限流器潜在市场巨大。就实际应用而言,目前受超导材料技术限制,超导限流器制造成本高,应用初期主要是用于变电站,考虑到性价比,对于35kV 和 110kV 等级的电站,断路器和限流器等其他保护措施即可基本满足电网保护要求,且发生事故的损失相对较小,因此对超导限流器的需求不会那么紧迫。目前,超导限流器的使用主要起示范作用。在中国,需求最广的将是 220kV 等级的超导限流器,在未来市场中预计占 70% 左右,35kV 和 110kV 等级的约占 15%,更高电压等级的用量也在 15% 左右。由于超导限流器体积较大,对于存量电站,如果没有预留空间,则面临改造难题,因此不是所有存量电站都可以使用超导限流器,对于新建电站则没有这个问题。目前,500kV 及以上的高温超导限流器还在研制中,因此这部分需求短期内无法满足。中国的 220V/300MVA 高温超导限流器已进入现场试运行阶段,一旦实验和运行结果达到工业应用的要求,几年内 35kV、110kV 和 220kV 高温超导限流器有望在小范围内试点应用。高温超导限流器在电力系统中的大量应用依赖于高温超导线材的发展。若能开发出新型价格低的高温超导线材,完善现有高温超导线材的机械加工、成材性能以提高实际临界电流密度,进一步提高高温超导限流器的限流性能和稳定性,是降低运行成本、促进超导限流器产业化时代到来的关键。

高温超导限流器是一项发展前景良好、市场容量巨大的产品。中国电器工业协会曾估算,2012～2020 年中国高温超导限流器潜在市场容量约为 1500 亿元。中国需求最广的将是 220kV 等级的超导限流器。从理论上讲,220kV 等级以下在技术上基本不存在壁垒。高温超导限流器成功挂网运行,预示着其为电力行业带来新技术的同时,也将带来新的利润增长点和年百亿美元规模的市场。

目前的高温超导限流器实用装置还主要处于试运行阶段,与大规模产业化还有差距,仍有许多技术难题需要解决。随着高温超导材料应用特性的改进与提高,以及新型超导材料的发现与发展,高温超导限流器潜在的广泛应用前景值得期待,一个具有变革性的高温超导新技术应用时代一定会到来。

参 考 文 献

[1] Noe M, Oswald B R. Technical and economical benefits of superconducting fault current limiters in power systems. IEEE Transactions on Applied Superconductivity, 1999, 9(2): 1347-1350.

[2] Bock J, Bludau M, Dommerque R, et al. HTS fault current limiters-first commercial devices for distribution level grids in Europe. IEEE Transactions on Applied Superconductivity, 2011, 21(3): 1202-1205.

[3] Elschner S, Kudymow A, Brand J, et al. ENSYSTROB—Design, manufacturing and test of a 3-phase resistive fault current limiter based on coated conductors for medium voltage application. Physica C Superconductivity, 2012, 482(11): 98-104.

[4] Hobl A, Goldacker W, Dutoit B, et al. Design and production of the ECCOFLOW resistive fault current limiter. IEEE Transactions on Applied Superconductivity, 2013, 23(3): 5601804.

[5] Hyun O B, Yim S W, Yu S D, et al. Long-term operation and fault tests of a 22.9kV hybrid SFCL in the KEPCO test grid. IEEE Transactions on Applied Superconductivity, 2011, 21 (3): 2131-2134.

[6] Kang H, Lee C, Nam K, et al. Development of a 13.2kV/630A(8.3MVA) high temperature superconducting fault current limiter. IEEE Transactions on Applied Superconductivity, 2008, 18(2): 628-631.

[7] 信赢, 龚伟志, 高永全, 等. 35kV/90MVA 挂网运行超导限流器结构与性能介绍. 稀有金属材料与工程, 2008, (S4): 275-280.

[8] Xin Y, Gong W Z, Hong H, et al. Development of a 220kV/300MVA superconductive fault current limiter. Superconductor Science and Technology, 2012, 25(10): 105011-105017.

[9] Hong H, Su B R, Niu G J, et al. Design, fabrication, and operation of the cryogenic system for a 220kV/300MVA saturated iron-core superconducting fault current limiter. IEEE Transactions on Applied Superconductivity, 2014, 24(5): 1-4.

[10] Hui D, Wang Z K, Zhang J Y, et al. Development and test of 10.5kV/1.5kA HTS fault current limiter. IEEE Transactions on Applied Superconductivity, 2006, 16(2): 687-690.

[11] Xin Y, Gong W Z, Sun Y W, et al. Factory and field tests of a 220kV/300MVA statured iron-core superconducting fault current limiter. IEEE Transactions on Applied Superconductivity, 2013, 23(3): 5602305.

[12] Xiao X Y, Liu Y, Jin J X, et al. HTS applied to power system: Benefits and potential analysis for energy conservation and emission reduction. IEEE Transactions on Applied Superconductivity, 2016, 26(7): 5403309.

[13] 机械电子工业部. GB 10229—1988. 电抗器. 北京: 中国标准出版社, 1988.

[14] Bock J, Breuer F, Walter H, et al. Development and successful testing of MCP BSCCO-2212 components for a 10MVA resistive superconducting fault current limiter. Superconductor Science and Technology, 2004, 17(5): S126.

[15] Bock J,Elschner S,Herrmann P. Melt cast processed(MCP)-BSCCO-2212 tubes for power applications up to 10kA. IEEE Transactions on Applied Superconductivity,1995,5(2): 1409-1412.

[16] Noe M,Kudymow A,Fink S,et al. Conceptual design of a 110kV resistive superconducting fault current limiter using MCP-BSCCO-2212 bulk material. IEEE Transactions on Applied Superconductivity,2007,17(2):1784-1787.

[17] Ichikawa M,Kado H,Shibuya M,et al. Inductive type fault current limiter with Bi-2223 thick film on a MgO cylinder. IEEE Transactions on Applied Superconductivity,2003,13 (2):2004-2007.

[18] Ichikawa M, Okazaki M. Magnetic shielding type superconducting fault current limiter using a Bi2212 thick film cylinder. IEEE Transactions on Applied Superconductivity,1995, 5(2):1067-1070.

[19] Jin J X,Dou S X,Liu H K,et al. Preparation of high T_c superconducting coils for consideration of their use in a prototype fault current limiter. IEEE Transactions on Applied Superconductivity,1995,5(2):1051-1054.

[20] Jin J X,Grantham C,Dou S X,et al. Prototype fault current limiter built with high T_c superconducting coils. Journal of Electrical and Electronics Engineering,1995,15(1):117-124.

[21] Jin J X,Dou S X,Grantham C,et al. Consideration of design current limiting devices with high T_c superconductors. The 2nd International Power Engineering Conference,Singapore, 1995:170-175.

[22] Jin J X,Dou S X,Grantham C,et al. Prototype fault current limiter with high T_c superconducting coils. The 8th CIMTEC—World Ceramic Congress and Forum on New Materials, Florence,1994:755-762.

[23] Jin J X,Dou S X,Grantham C,et al. The application of high T_c superconducting ceramic $(Bi,Pb)_2 Sr_2 Ca_2 Cu_3 O_{10+x}$ Ag clad wires in a prototype fault current limiter. Proceedings of the International Ceramics Conference,Sydney,1994:1188-1193.

[24] Jin J X,Grantham C,Guo Y C,et al. Magnetic field properties of Bi-2223/Ag HTS coil at 77K. Physica C Superconductivity,1997,278(1):85-93.

[25] Guo Y C,Jin J X,Liu H K,et al. Long lengths of silver-clad Bi-2223 superconducting tapes with high current-carrying capacity. Applied Superconductivity,1997,5(1-6):163-170.

[26] Liu H K,Yau J,Guo Y C,et al. Long Ag-clad Bi-based superconducting tapes and coils. Physica B Condensed Matter,1994,S194-196(194):2213-2214.

[27] Dou S X,Liu H K,Guo Y C,et al. Critical current density and irreversibility behaviour in Ag-sheathed Bi-based superconducting wires fabricated using a controlled melt procedure. Applied Superconductivity,1993,1(10-12):1515-1522.

[28] Dou S X, Liu H K, Guo Y C, et al. Enhanced flux pinning through a controlled melting process in Ag-sheathed Bi-Pb-Sr-Ca-Cu-O systems. Proceedings of the International Ce-

ramic Conference, Sydney, 1992:635-640.

[29] Jin J X, Dou S X, Liu H K, et al. Electrical application of high T_c superconducting saturable magnetic core fault current limiter. IEEE Transactions on Applied Superconductivity, 1997, 7(2):1009-1012.

[30] Jin J X, Grantham C, Dou S X, et al. Consideration of electrical power system application of a high T_c superconducting fault current limiter. Proceedings of the Australasian Universities Power Engineering Conference/Institution of Engineers Australia Electric Energy Conference, Sydney, 1997:509-514.

[31] Jin J X, Dou S X, Grantham C, et al. Towards electrical applications of high T_c superconductors. Proceedings of the 4th International Conference on Advances in Power System Control, Operation and Management, Hong Kong, 1997:427-432.

[32] Li X Y, Liu H L, Liu X C, et al. Study of high T_c superconducting fault current limiters for power systems. Automation of Electric Power Systems (China), 1996, 20(7):36-39.

[33] Leung E M, Albert G W, Dew M, et al. High temperature superconducting fault current limiter for utility applications. Advances in Cryogenic Engineering Materials, 1996, 42B: 961-968.

[34] Giese R . Introduction to and overview superconducting-fault-current limiters. Proceedings of the International Workshop on Fault Current Limiters, Jerusalem, 1995:13-17.

[35] Giese R. Overview/Introduction to superconducting-fault-current limiters. Proceedings of the International Workshop on Fault Current Limiters, Jerusalem, 1995:18-90.

[36] Platter F, Paul W. Superconducting current limiters. Proceedings of the International Workshop on Fault Current Limiters, Jerusalem, 1995:208-215.

[37] Paul W, Lakner M, Wildenhorn L. Test of 1. 2MVA high-T_c superconducting fault current limiter. Superconductivity Sciences and Technology, 1997, 10(12):914-918.

[38] Chen M, Paul W, Lakner M, et al. 6. 4MVA resistive fault current limiter based on Bi-2212 superconductor. Physica C Superconductivity, 2002, 372:1657-1663.

[39] Boenig H J, Paice D. Fault-current limiter using a superconducting coil. IEEE Transactions on Magnetics, 1983, 19(3):1051-1053.

[40] Rogers J D, Boenig H J, Chowdhuri P, et al. Superconducting fault current limiter and inductor design. IEEE Transactions on Magnetics, 1983, 19(3):1054-1058.

[41] Leung E M, Rodriguez I, Albert G W, et al. High temperature superconducting fault current limiter development. IEEE Transactions on Applied Superconductivity, 1997, 7(2): 985-988.

[42] Leung E M, Burley B, Chitwood N, et al. Design and development of a 15kV, 20kA HTS fault current limiter. IEEE Transactions on Applied Superconductivity, 2000, 10(1):832-835.

[43] Leung E M. Surge protection for power grids. Spectrum IEEE, 1997, 34(7):26-30.

[44] Hassenzahl W V, Hazelton D W, Johnson B K, et al. Electric power applications of super-

conductivity. Proceedings of the IEEE,2004,92(10):1655-1674.

[45] Noe M,Steurer M. Topical review: High-temperature superconductor fault current limiters: Concepts, applications, and development status. Superconductor Science & Technology,2007,20(3):R15-R29.

[46] Yuan X,Tekletsadik K,Kovalsky L,et al. Proof-of-concept prototype test results of a superconducting fault current limiter for transmission-level applications. IEEE Transactions on Applied Superconductivity,2005,15(2):1982-1985.

[47] Neumueller H W,Schmidt W,Kraemer H P,et al. Development of resistive fault current limiters based on YBCO coated conductors. IEEE Transactions on Applied Superconductivity,2009,19(3):1950-1955.

[48] Kraemer H P,Schmidt W,Wohlfart M,et al. Test of a 2MVA medium voltage HTS fault current limiter module made of YBCO-coated conductors. Journal of Physics,2008,97(1):012091.

[49] EPRI. Superconducting fault current limiters. Technology Watch 2009. Palo Alto:EPRI,2009.

[50] Rogalla H,Kes P H. 100 Years of Superconductivity. Boca Raton:CRC Press,2012.

[51] Klaus D,Waller C,et al. Superconducting fault current limiters—UK network trials live and limiting. The 22nd International Conference on Electricity Distribution, Stockholm,2013:10-13.

[52] Ito D,Tsurunaga K,Yoneda E S,et al. Superconducting fault current limiter development. IEEE Transactions on Magnetics,1991,27(2):2345-2348.

[53] Kado H,Ichikawa M. Performance of a high-T_c superconducting fault current limiter-design of a 66kV magnetic shielding type fault current limiter. IEEE Transactions on Applied Superconductivity,1997,7(2):993-996.

[54] Ito D,Yoneda E S,Tsurunaga K,et al. 6. 6kV/1. 5kA-class superconducting fault current limiter development. IEEE Transactions on Magnetics,1992,28(1):438-441.

[55] Yazawa T,Yoneda E,Matsuzaki J,et al. Design and test results of 6. 6kV high-T_c superconducting fault current limiter. IEEE Transactions on Applied Superconductivity,2006,11(1):2511-2514.

[56] Yazawa T,Ootani Y,Sakai M,et al. Development of 66kV/750A high-T_c superconducting fault current limiter magnet. IEEE Transactions on Applied Superconductivity,2004,14(2):786-790.

[57] Yazawa T,Ono M,Nomura S,et al. Design and experimental results of 66kV fault current limiter magnet. The 6th European Conference on Applied Superconductivity, Sorrento,2003:328-330.

[58] Yasuda K,Ichinose A,Kimura A,et al. Research and development of superconducting fault current limiter in Japan. IEEE Transactions on Applied Superconductivity,2005,15(2):1978-1981.

[59] Oda S, Noda S, Nishioka H, et al. Current limiting experiment of transformer type super-conducting fault current limiter with rewound structure using BSCCO wire in small model power system. IEEE Transactions on Applied Superconductivity, 2011, 21(3): 1307-1310.

[60] Hayakawa N, Kojima H, Hanai M, et al. Progress in development of superconducting fault current limiting transformer (SFCLT). IEEE Transactions on Applied Superconductivity, 2011, 21(3): 1397-1400.

[61] Kotari M, Kojima H, Hayakawa N, et al. Development of 2MVA class superconducting fault current limiting transformer (SFCLT) with YBCO coated conductors. The 9th European Conference on Applied Superconductivity, Dresden, 2010: 032070.

[62] Kojima H, Kotari M, Kito T, et al. Current limiting and recovery characteristics of 2MVA class superconducting fault current limting transformer (SFCLT). IEEE Transactions on Applied Superconductivity, 2011, 21(3): 1401-1404.

[63] Ries G, Gromoll B, Neumuller H W, et al. Siemens Hydro-Quebec superconducting fault current limiter program—Fault current limiter program at Siemens. Proceedings of the International Workshop on Fault Current Limiters, Jerusalem, 1995: 91-126.

[64] Larbalestier D, Blaugher R D, Schwall R E, et al. Power applications of superconductivity in Japan and Germany. Maryland: Loyola College, 1997.

[65] Bock J, Breuer F, Walter H, et al. CURL 10: Development and field-test of a 10kV/10MVA resistive current limiter based on bulk MCP-BSCCO-2212. IEEE Transactions on Applied Superconductivity, 2005, 15(2): 1955-1960.

[66] Kreutz R, Bock J, Breuer F, et al. System technology and test of CURL 10, a 10kV, 10MVA resistive high-T_c superconducting fault current limiter. IEEE Transactions on Applied Superconductivity, 2005, 15(2): 1961-1964.

[67] Elschner S, Kudymow A, Fink S, et al. ENSYSTROB—Resistive fault current limiter based on coated conductors for medium voltage application. IEEE Transactions on Applied Superconductivity, 2011, 21(3): 1209-1212.

[68] Bauml K, Kaltenborn U. Inductive shielded superconducting fault current limiter—A new cost effective solution for industrial network applications. Petroleum and Chemical Industry Conference Europe Conference Proceedings, Rome, 2011: 1-7.

[69] Kim H R, Choi H S, Lim H R, et al. Resistance of superconducting fault current limiters based on $YBa_2Cu_3O_7$ thin films after quench completion. Physica C Superconductivity, 2002, 372-376(9): 1606-1609.

[70] Hyun O B, Kim H R, Sim J, et al. 6. 6kV resistive superconducting fault current limiter based on YBCO films. IEEE Transactions on Applied Superconductivity, 2005, 15(2): 2027-2030.

[71] Kang H, Min C A, Yong K K, et al. Design, fabrication and testing of superconducting DC reactor for 1. 2kV/80A inductive fault current limiter. IEEE Transactions on Applied Superconductivity, 2003, 13(2): 2008-2011.

[72] Lee S, Kang H, Bae D K, et al. Development of 6. 6kV-200A DC reactor type superconducting fault current limiter. IEEE Transactions on Applied Superconductivity, 2004, 14 (2):867-870.

[73] Lee B W, Park K B, Sim J, et al. Design and experiments of novel hybrid type superconducting fault current limiters. IEEE Transactions on Applied Superconductivity, 2008, 18 (2):624-627.

[74] Lee G H, Park K B, Sim J, et al. Hybrid superconducting fault current limiter of the first half cycle non-limiting type. IEEE Transactions on Applied Superconductivity, 2009, 19 (3):1888-1891.

[75] Hyun O B, Park K B, Sim J, et al. Introduction of a hybrid SFCL in KEPCO grid and local points at issue. IEEE Transactions on Applied Superconductivity, 2009, 19(3):1946-1949.

[76] Kim H R, Yang S E, Yu S D, et al. Development and grid operation of superconducting fault current limiters in KEPCO. IEEE Transactions on Applied Superconductivity, 2014, 24(5):1-4.

[77] Lee J, Lee W S, Nam S, et al. Fabrication and experimental analysis of 6. 6kV/100A class single-phase superconducting fault current controller with superconducting DC reactor coil. IEEE Transactions on Applied Superconductivity, 2015, 25(3):1-5.

[78] Raju B P, Parton K C, Bartram T C. A current limiting device using superconducting DC bias applications and prospects. IEEE Transactions on Power Apparatus and Systems, 1982, (9):3173-3177.

[79] Raju B P, Bartram T C. Fault-current limiter with superconducting DC bias. IEE Proceedings C, 1982, 129(4):166-171.

[80] Weber C. Superconductivity for electric systems 2004 annual DoE peer review. New York: SuperPower Inc. , 2004.

[81] Thuries E, Pham V D, Laumond Y, et al. Towards the superconducting fault current limiter. IEEE Transactions on Power Delivery, 1991, 6(2):801-808.

[82] Verhaege T, Cottevieille C, Weber W, et al. Progress on superconducting current limitation project for the French electrical grid. IEEE Transactions on Magnetics, 1994, 30(4):1907-1910.

[83] Noudem J, Barbut J M, Belmont O, et al. Current limitation at 1080A under 1100V with bulk Bi-2223. IEEE Transactions on Applied Superconductivity, 1999, 9(2):664-667.

[84] Velner S. The need for FCL in the Israel electric power utility. Proceedings of the International Workshop on Fault Current Limiters, Jerusalem, 1995:127-138.

[85] Meerovich V, Sokolovsky V, Jung G, et al. HTSC current limiter: State of the art and prospects. Proceedings of the International Workshop on Fault Current Limiters, Jerusalem, 1995:139-143.

[86] Meerovich V, Sokolovsky V, Jung G, et al. High-T_c superconducting inductive current limiter for 1kV/25A performance. IEEE Transactions on Applied Superconductivity, 1995, 5(2):

1044-1046.

[87] Rozenshtein V, Friedman A, Wolfus Y, et al. Saturated cores FCL—A new approach. IEEE Transactions on Applied Superconductivity, 2007, 17(2): 1756-1759.

[88] Roberge R, Cave J, Willen D, et al. Siemens Hydro-Quebec superconducting fault current limiter program—Materials needs for fault current limiter based on the superconducting to resistive transition. Proceedings of the International Workshop on Fault Current Limiters, Jerusalem, 1995: 91-126.

[89] Fleishman L S, Bashkirov Y A, Aresteanu V A, et al. Design considerations for an inductive high T_c superconducting fault current limiter. IEEE Transactions on Applied Superconductivity, 1993, 3(1): 570-573.

[90] Bashkirov Y A, Fleishman L S, Patsayeva T Y, et al. Current-limiting reactor based on high-T_c superconductors. IEEE Transactions on Magnetics, 1991, 27(2): 1089-1092.

[91] Botta G, Zannella S. Preliminary research on high-T_c FCL at CISE. Proceedings of the International Workshop on Fault Current Limiters, Jerusalem, 1995: 179-196.

[92] Morandie A, Imparato S, Grasso G, et al. Design of a DC resistive SFCL for application to the 20kV distribution system. IEEE Transactions on Applied Superconductivity, 2010, 20(3): 1122-1126.

[93] Morandie A, Imparato S. A DC-operating resistive-type superconducting fault current limiter for AC applications. Superconductor Science and Technology, 2009, 22(4): 1-8.

[94] Martini L, Bocchi M, Brambilla R, et al. Design and development of 15MVA class fault current limiter for distribution systems. IEEE Transactions on Applied Superconductivity, 2009, 19(3): 1855-1858.

[95] Kozak J, Janowski T, Kozak S, et al. Design and testing of 230V inductive type of superconducting fault current limiter with an open core. IEEE Transactions on Applied Superconductivity, 2005, 15(2): 2031-2034.

[96] Kozak J, Majka M, Kozak S, et al. Design and tests of coreless inductive superconducting fault current limiter. IEEE Transactions on Applied Superconductivity, 2012, 22(3): 3015-3019.

[97] Kosa J. Detailed review and application of the 3-phase self-limiting transformer with magnetic flux applied. Physics Procedia, 2012, 36: 835-840.

[98] Xin Y, Gong W, Niu X, et al. Development of saturated iron core HTS fault current limiters. IEEE Transactions on Applied Superconductivity, 2007, 17(2): 1760-1763.

[99] Xin Y, Gong W Z, Niu X Y, et al. Manufacturing and test of a 35kV/90MVA saturated iron-core type superconductive fault current limiter for live-grid operation. IEEE Transactions on Applied Superconductivity, 2009, 19(3): 1934-1937.

[100] Xin Y, Hong H, Gong W Z, et al. Superconducting cable and superconducting fault current limiter at Puji substation. International Conference on Applied Superconductivity and Electromagnetic Devices, Chengdu, 2009: 392-397.

[101]　Wang H Z, Niu X Y, Hong H, et al. Saturated iron core superconducting fault current limiter. The 1st International Conference on Electric Power Equipment—Switching Technology, Xi'an, 2011; 340-343.

[102]　Hong Z, Sheng J, Zhang J, et al. The development and performance test of a 10kV resistive type superconducting fault current limiter. IEEE Transactions on Applied Superconductivity, 2012, 22(3): 5600504.

[103]　Jin J X, Liu Z Y, Grantham C, et al. Prototype of a resistive HTS fault current limiter. Proceedings of Australasian Universities Power Engineering Conference, Hobart, 2005: 709-712.

[104]　Jin J X, Fu X K, Liu H K, et al. Performance and applications of bulk Bi2223 HTS bars produced using a hot-press technique. Physica C Superconductivity, 2000, 341(3): 2621-2622.

[105]　Jin J X, Dou S X, Cook C, et al. Magnetic saturable reactor type HTS fault current limiter for electrical application. Physica C Superconductivity, 2000, 341-348(1-4): 2629-2630.

[106]　金建勋. 高温超导体及其强电应用技术. 北京: 冶金工业出版社, 2009.

[107]　金建勋. 高温超导电缆的限流输电方法及其构造、应用和连接方式: 中国, CN101004959 A. 2007.

[108]　金建勋. 复合高温超导电力故障电流限流器: 中国, CN100385762 C. 2008.

[109]　Liu H L, Li X Y, Liu J Y, et al. Modelling and simulation of HTS fault current limiter. Proceedings of the 11th National Universities Conference on Electrical Power and Automation, Chengdu, 1995: 248-253.

[110]　Wang J X, Deng J N, Yan H Q. Design for an inductive high T_c fault superconducting current limit. Chinese Journal of Low Temperature Physics, 1995, (17): 114-117.

[111]　肖霞, 李敬东, 叶妙元, 等. 超导限流器研究与开发的最新进展. 电力系统自动化, 2001, (10): 64-68.

[112]　Dong C C, Pak B H, Yong S C, et al. Increase of current limiting capacity of SFCLs by using matrix-type SFCL module. IEEE Transactions on Applied Superconductivity, 2011, 21(3): 1280-1283.

[113]　Chung D C, Yoo B H, Cho Y S, et al. Design and characterization of the integrated matrix-type SFCL. IEEE Transactions on Applied Superconductivity, 2009, 19(3): 1831-1834.